普通高等教育"十二五"规划教材

环境工程项目管理

解清杰　高永　郝桂珍　编

化学工业出版社

·北京·

环境工程项目管理是现代工程管理学的组成部分，是提高环境工程项目建设效率的实际方法和理论。本书以培养环境类学生具有工程项目管理的能力为目标，全面地、系统地讲述环境工程项目管理的理论、方法和实例，以环境工程项目形成决策意见后到投产前的整个生命期为主线，围绕工程项目建设过程中管理主题，系统介绍了环境工程项目组织、项目合同管理、招标投标、项目监理与索赔、项目计划、项目风险管理、项目成本、工期与质量控制、项目采购管理、沟通与协调及项目验收等内容，具有很强的可操作性。本书吸收了国内外的工程项目管理科学的传统内容和最新成果，紧密结合我国环境工程项目的建设实际，着力与国际做法衔接。

本书可作为环境类专业本科生、研究生学习工程项目管理知识的教材，还可作为环保工程师、工程项目经理、工程技术人员和管理人员学习工程项目管理知识、进行工程项目管理工作的参考书。

图书在版编目（CIP）数据

环境工程项目管理/解清杰，高永，郝桂珍编.
北京：化学工业出版社，2011.6
普通高等教育“十二五”规划教材
ISBN 978-7-122-11043-5

Ⅰ.环…　Ⅱ.①解…②高…③郝…　Ⅲ.环境工程-工程项目管理-高等学校-教材　Ⅳ.X5

中国版本图书馆CIP数据核字（2011）第067129号

责任编辑：满悦芝　杨　宇　　　文字编辑：郑　直
责任校对：战河红　　　装帧设计：尹琳琳

出版发行：化学工业出版社（北京市东城区青年湖南街13号　邮政编码100011）
印　　装：三河市延风印装厂
787mm×1092mm　1/16　印张12½　字数309千字　　2011年8月北京第1版第1次印刷

购书咨询：010-64518888（传真：010-64519686）　售后服务：010-64518899
网　　址：http://www.cip.com.cn
凡购买本书，如有缺损质量问题，本社销售中心负责调换。

定　　价：39.00元

前　言

随着我国经济建设的大规模发展，环境污染也随之加大，人们赖以生存的自然环境遭到破坏，环境生态成为制约经济发展的重要因素，也严重威胁着人们自身的健康。

环境工程作为解决环境污染的主要手段之一，是运用工程学的基础知识和方法，结合环境科学的理论，研究保护自然环境所应采取的具体工程措施，开发和设计去除各种污染物的设施和设备，实现保护环境、改善或修复破坏的环境的目标。

环境工程项目管理主要是为了实现环境工程的投资目标和期望，以及努力使环境工程项目投资控制在预定或可接受的范围之内，并保证环境工程项目建成后在项目功能与质量上达到设计标准。

环境工程专业在我国高等院校已经开办多年，但是适用于本专业学生的工程项目管理类专门教材极其缺乏；有鉴于此，笔者结合多年来从事环境工程项目管理类课程教学的工作经验编写了此书，以期起到抛砖引玉的作用。同时，由于环境工程项目管理尚属一门发展中的新兴学科，其理论体系还不完备，许多问题还需进一步研究和讨论。本书中对环境工程项目管理的相关概念、理论的分析，大多借鉴了其他行业工程项目管理中的类似理论，并考虑到环境工程项目的特点，还有一些是笔者的个人体会。书中难免存在不妥之处，希望得到读者的指正。

本书第 1 至第 4、第 10、第 11 章由解清杰负责编写，段明飞、何锋、董小波、厉青、范翠萍、杨大恒等也参与了部分内容的撰写工作；第 5 章由高永编写；第 6、第 7 章由郝桂珍编写；第 8、第 9 章由杨国丽编写。全书由解清杰统稿。

在本书的编写过程中还参考了许多国内外正式出版的书籍和发表的文章，以及许多网络的资料。有些已在本书相关章节后列出，有些可能遗漏了，在此向各位作者表示深深的谢意。

笔者真诚地希望国内同行们多提出意见和建议。

编　者

2011 年 8 月

目　录

第1章　环境工程项目管理概论 ………… 1
1.1　工程项目的含义和特点 ………… 1
1.1.1　工程项目的含义 ………… 1
1.1.2　工程项目的特点 ………… 1
1.2　环境工程项目管理 ………… 2
1.2.1　环境工程项目管理的含义 ………… 2
1.2.2　环境工程项目的特点 ………… 2
1.3　环境工程项目管理的类型和任务 ………… 2
1.3.1　环境工程项目管理的类型 ………… 2
1.3.2　环境工程项目的分类 ………… 3
1.3.3　环境工程项目管理的目标 ………… 3
1.3.4　环境工程项目管理的任务 ………… 4
1.4　环境工程项目管理的国内外背景及其发展趋势 ………… 5
1.4.1　环境工程项目管理的国内外背景 … 5
1.4.2　环境工程项目管理发展的趋势 …… 5
1.5　环境工程建设监理 ………… 6
1.5.1　环境工程建设监理的概念 ………… 6
1.5.2　环境工程建设监理的性质 ………… 6
1.5.3　环境工程建设监理的意义 ………… 7
1.5.4　环境工程建设监理单位的组织机构和组织形式 ………… 7
1.5.5　监理工程师 ………… 8
1.5.6　环境工程建设监理的目标控制 …… 10
1.5.7　环境工程建设监理工作文件 ……… 11
复习思考题 ………… 12
参考文献 ………… 12
实例1　某城市水体清淤一期工程监理实施细则 ………… 13
第2章　环境工程项目管理的组织理论 ………… 17
2.1　组织论概述 ………… 17
2.1.1　组织的含义 ………… 17
2.1.2　组织的特征 ………… 17
2.1.3　项目组织的概念及特征 ………… 18
2.1.4　项目组织中的非正式组织 ………… 18
2.2　组织结构模式 ………… 19
2.2.1　项目的职能型组织结构 ………… 20
2.2.2　项目的项目型组织结构 ………… 20
2.2.3　项目的矩阵型组织结构 ………… 21
2.3　管理任务分工 ………… 24
2.4　管理职能分工 ………… 25
2.5　工作流程组织 ………… 27
2.5.1　项目工作阶段划分 ………… 27
2.5.2　项目管理的管理工作流程 ………… 27
2.5.3　项目管理工作的流程关系 ………… 28
2.6　环境工程项目结构 ………… 29
2.7　环境工程项目管理的组织结构 ………… 34
2.7.1　业主方管理的组织结构 ………… 34
2.7.2　业主方管理组织结构的动态调整 ………… 35
2.8　环境工程项目管理规划与建设项目组织设计 ………… 35
2.8.1　环境工程项目管理规划 ………… 35
2.8.2　环境工程项目组织设计 ………… 36
复习思考题 ………… 36
参考文献 ………… 36
第3章　环境工程项目策划 ………… 37
3.1　环境工程项目策划的基本概念 ………… 37
3.1.1　定义及目的 ………… 37
3.1.2　项目策划特点 ………… 37
3.1.3　基本原则 ………… 38
3.1.4　策划方法及操作步骤 ………… 39
3.2　环境工程环境调查与分析 ………… 40
3.2.1　环境调查内容及作用 ………… 40
3.2.2　环境调查步骤 ………… 41
3.2.3　环境预测 ………… 41
3.2.4　环境分析及实现目标 ………… 42
3.3　环境工程项目前期策划 ………… 43
3.3.1　前期策划的定义及重要性 ………… 43
3.3.2　前期策划的主要工作及过程 ……… 44
3.3.3　工程项目构思的产生和选择 ……… 44
3.3.4　项目的目标设计和项目定义 ……… 45
3.3.5　项目可行性研究 ………… 46
3.4　环境工程项目实施策划 ………… 51
复习思考题 ………… 53
参考文献 ………… 53
实例2　某城镇污水处理厂项目建议书（简本）………… 53
第4章　环境工程项目投资控制 ………… 56

4.1 环境工程项目投资控制的含义和目的 …… 56
4.1.1 环境工程项目的投资费用 …… 56
4.1.2 环境工程项目投资控制的含义 …… 56
4.1.3 环境工程项目投资控制的原理 …… 57
4.1.4 环境工程项目投资控制的任务 …… 58
4.2 环境工程设计阶段投资控制的意义和技术方法 …… 58
4.2.1 环境工程项目前期和设计阶段对投资的影响 …… 59
4.2.2 环境工程项目投资控制的重点 …… 60
4.2.3 设计阶段投资控制的技术方法 …… 60
4.3 环境工程项目投资规划 …… 61
4.3.1 投资规划的概念和作用 …… 61
4.3.2 投资规划编制的依据 …… 61
4.3.3 投资规划的主要内容 …… 61
4.3.4 投资规划编制的方法 …… 61
4.4 环境工程项目的投资控制 …… 62
4.4.1 在项目决策阶段对投资的控制 …… 62
4.4.2 在设计阶段对投资的控制 …… 62
4.4.3 在工程招投标阶段对投资的控制 …… 63
4.4.4 在施工阶段对投资的控制 …… 63
4.4.5 在竣工结算阶段对投资的控制 …… 63
复习思考题 …… 63
参考文献 …… 64
实例 3 某环境工程施工阶段成本控制 …… 64
第 5 章 环境工程网络计划技术与建设项目进度管理 …… 68
5.1 网络计划技术概述 …… 68
5.2 常用网络计划技术 …… 69
5.2.1 常用术语与代号 …… 69
5.2.2 双代号网络计划的绘制 …… 70
5.2.3 双代号网络计划的时间参数计算 …… 73
5.2.4 单代号网络计划的绘制 …… 74
5.2.5 单代号网络计划的时间参数计算 …… 76
5.2.6 双代号时标网络计划 …… 76
5.2.7 网络计划的优化 …… 78
5.3 环境工程项目进度计划 …… 82
5.3.1 施工项目进度计划 …… 82
5.3.2 施工进度计划基本类型和要求 …… 86
5.3.3 施工资源进度计划 …… 89
5.4 环境工程项目进度控制 …… 90
5.4.1 施工项目进度控制的方法 …… 90
5.4.2 施工项目进度控制的主要措施 …… 91
5.4.3 影响施工进度的因素 …… 91
5.4.4 施工项目进度控制原理 …… 91
5.4.5 施工项目进度控制的实施 …… 92
5.4.6 施工项目进度控制的检查 …… 93
5.4.7 施工项目进度的比较方法 …… 94
5.4.8 施工项目进度计划的调整 …… 98
复习思考题 …… 99
参考文献 …… 99
实例 4 某污水处理厂施工进度管理案例 …… 99
第 6 章 环境工程项目质量和安全管理 …… 104
6.1 环境工程项目质量管理概述 …… 104
6.1.1 环境工程项目质量 …… 104
6.1.2 环境工程项目质量管理 …… 105
6.2 建设参与各方的质量责任和义务 …… 108
6.2.1 建设单位的质量责任和义务 …… 108
6.2.2 勘察、设计单位的质量责任和义务 …… 108
6.2.3 施工单位的质量责任和义务 …… 109
6.2.4 监理单位的质量责任和义务 …… 109
6.3 环境工程项目质量控制 …… 110
6.3.1 环境工程项目质量控制的概念及内容 …… 110
6.3.2 环境工程项目勘察设计质量控制 …… 111
6.3.3 环境工程项目材料设备采购质量控制 …… 114
6.3.4 环境工程项目施工质量控制 …… 115
6.3.5 工程项目竣工验收质量控制 …… 121
6.4 环境工程项目安全管理概述 …… 123
6.4.1 环境工程项目安全管理概念 …… 123
6.4.2 环境工程项目安全管理内容 …… 123
6.5 环境工程项目施工现场管理与文明施工 …… 124
6.5.1 环境工程施工现场管理的概念及意义 …… 124
6.5.2 环境工程施工现场管理的内容 …… 125
6.5.3 文明施工 …… 125
复习思考题 …… 127
参考文献 …… 127
第 7 章 环境工程项目信息管理 …… 129
7.1 环境工程项目信息管理的含义和目的 …… 129
7.1.1 信息的含义和特征 …… 129
7.1.2 环境工程项目信息管理的含义及

目的 …… 129
7.2 环境工程项目信息管理的过程和内容 …… 130
7.2.1 建设项目信息的收集 …… 130
7.2.2 环境工程建设项目信息的加工整理 …… 131
7.2.3 建设项目信息的存储、检索和传递 …… 132
7.3 环境工程项目文档资料管理 …… 132
7.3.1 环境工程项目文档资料概念与特征 …… 132
7.3.2 项目文档管理各方的职责 …… 133
7.3.3 环境工程建设项目档案资料编制质量要求 …… 134
7.3.4 环境工程建设项目档案资料验收与移交 …… 135
7.3.5 环境工程建设项目档案资料的分类 …… 135
复习思考题 …… 135
参考文献 …… 136
第 8 章 环境工程设计阶段的项目管理 …… 137
8.1 设计阶段的项目管理概述 …… 137
8.1.1 设计过程的特点 …… 137
8.1.2 设计阶段项目管理的类型 …… 138
8.1.3 设计阶段项目的管理任务 …… 139
8.2 设计任务的委托及设计合同管理 …… 140
8.2.1 设计任务的委托 …… 140
8.2.2 设计合同管理 …… 141
8.3 设计阶段的目标控制 …… 143
8.3.1 设计阶段投资控制 …… 143
8.3.2 设计阶段进度控制 …… 144
8.3.3 设计阶段质量控制 …… 146
8.4 设计协调 …… 146
8.5 设计阶段信息管理 …… 147
复习思考题 …… 149
参考文献 …… 149
第 9 章 环境工程发包与物资采购的项目管理 …… 150
9.1 环境工程发包与物资采购项目管理的任务 …… 150
9.2 环境工程项目采购规划 …… 151
9.3 资格审查 …… 153
9.4 招标文件 …… 153
9.5 评标 …… 154
复习思考题 …… 155
参考文献 …… 155
第 10 章 环境工程施工阶段项目管理 …… 156
10.1 环境工程施工阶段的造价管理 …… 156
10.1.1 施工阶段造价管理基本流程 …… 156
10.1.2 主要工作内容 …… 156
10.1.3 影响造价的因素 …… 157
10.1.4 施工阶段工程造价控制的措施 …… 158
10.2 环境工程施工阶段工程质量控制 …… 158
10.2.1 环境工程施工阶段质量控制的目标 …… 158
10.2.2 环境工程项目质量的影响因素 …… 159
10.2.3 施工阶段质量管理的工作内容 …… 160
10.2.4 施工阶段质量控制流程 …… 161
10.2.5 施工质量控制依据 …… 161
10.3 环境工程项目工程价款结算 …… 162
10.3.1 价款结算的主要方式 …… 162
10.3.2 工程预付款 …… 162
10.3.3 工程进度款 …… 163
10.3.4 竣工结算 …… 166
10.4 环境工程竣工验收 …… 168
10.4.1 竣工验收的目的和方式 …… 168
10.4.2 竣工验收的范围、条件及依据 …… 169
10.4.3 竣工验收的组织工作 …… 170
10.4.4 竣工验收的程序 …… 171
10.4.5 遗留问题处理 …… 172
复习思考题 …… 173
参考文献 …… 173
实例 5 某污水厂的运行调试管理 …… 173
第 11 章 环境工程项目管理前沿 …… 177
11.1 信息化的内涵 …… 177
11.1.1 信息化的一般定义 …… 177
11.1.2 国民经济和社会信息化的内涵 …… 177
11.1.3 国家信息化的定义 …… 177
11.2 环境工程项目管理信息化的内涵 …… 178
11.2.1 环境工程项目信息的特征 …… 178
11.2.2 环境工程项目信息的分类 …… 179
11.3 环境工程项目管理信息化的实施 …… 180
11.3.1 环境工程项目管理信息化实施的

可行性 …………………………… 180
11.3.2 环境工程项目管理信息化实施的要求 ………………………………… 181
11.3.3 环境工程项目管理信息化实施方式 ………………………………… 181
11.3.4 环境工程项目管理信息化实施的意义和作用 ……………………… 182
11.4 环境工程项目管理的网络平台 …… 183
11.4.1 环境工程项目管理网络平台的构成 ………………………………… 183
11.4.2 项目管理网络平台的建立 ……… 184
11.5 网络平台上的虚拟项目管理组织 …… 184
11.5.1 项目管理组织的特点 …………… 185
11.5.2 网络平台上的虚拟项目管理组织 ………………………………… 185
11.6 网络平台上的项目信息管理 ………… 187
11.6.1 网络平台上项目信息管理的特点 ………………………………… 187
11.6.2 项目信息的创建 ………………… 187
11.6.3 项目信息的收集 ………………… 188
11.6.4 项目信息的集中管理 …………… 189
11.6.5 项目信息共享 …………………… 189
复习思考题 ………………………………… 189
参考文献 …………………………………… 189

第1章 环境工程项目管理概论

1.1 工程项目的含义和特点

1.1.1 工程项目的含义

工程项目是以工程建设为载体的项目，是作为被管理对象的一次性工程建设任务。它以建筑物或构筑物为目标产出物，需要支付一定的费用、按照一定的程序、在一定的时间内完成，并应符合质量要求。

工程项目是最为常见的最典型的项目类型，它在投资项目中是最重要的一类，是一种既有投资行为又有建设行为的生产组织活动。

1.1.2 工程项目的特点

工程项目有以下特点。

① 工程项目是在一定时期内为实现一定经济或社会目标而设计的投资方案。项目具有明确的功能和时限，如工业项目是在一定时期内为满足某种社会需求而提供产品或服务，通过产品或服务实现获取一定经济目标的投资方案。再如交通工程项目是为满足社会对公共交通的需求而进行的投资方案。

② 工程项目是一个为实现一定功能而设计的物质系统。如工业项目为实现经济目标就必须生产产品或服务，而生产产品就必须建设厂房、安装设备以及其他工程设施等。

③ 工程项目是通过一套完整的知识体系来实现其预期目标的，如建设前期的可行性研究，建设时期的工程技术设计，施工组织监督和控制，生产时期的组织、管理和经营等。

④ 工程项目必须具有清晰的界定范围。工程项目管理是项目管理的一个分支，是其中的一大类，工程项目管理的对象主要是指建设工程。按照建设工程生产组织的特点，一个项目往往有许多不同单位来承担不同的建设任务，而且各个参与单位的工作性质、任务和利益各不相同，所以就形成了类型不同的项目管理。

⑤ 工程项目是特殊的组织，遵从相关的法律规定。项目的一次性决定了项目管理组织是一个临时性的组织，不同的项目其组织形式、规模各不相同，项目任务结束，项目组织也会随之解散，项目组织也会随着项目过程的变化而改变，项目组织是一个具有一定可变性的特殊组织。

工程项目与一般项目不同，它对人民群众和周围环境影响较大，因此它必须遵循一些专门的法律条文，例如，《建筑法》、《中华人民共和国合同法》、《中华人民共和国环境保护法》、《建设工程质量管理条例》、《中华人民共和国招投标法》等。

根据建设工程项目不同参与方的工作性质和组织特征划分，工程项目管理可分为：业主方的项目管理、施工方的项目管理、设计方的项目管理、供货方的项目管理、建设项目总承包方的项目管理。业主方是建设工程实施的总组织者，业主方的项目管理是管理的核心。

1.2 环境工程项目管理

1.2.1 环境工程项目管理的含义

环境工程是研究和从事防治环境污染和提高环境质量的科学技术。环境工程同生物学中的生态学、医学中的环境卫生学和环境医学，以及环境物理学和环境化学有关。由于环境工程处在初创阶段，学科的领域还在发展，但其核心是环境污染源的治理。

环境工程项目是运用工程技术和有关基础科学的原理和方法防治环境污染和生态破坏，合理利用自然资源，保护和改善环境质量，使人类社会和经济与生态环境达到协调而持续的良性发展的各类设施。20 世纪 70 年代初，我国环保工作从“三废”治理和综合利用起步，随着社会经济和环保事业的不断发展，又开展了城市环境综合整治、生态环境保护，至今已涉及全球环境问题的工程项目。

环境工程项目管理是为满足环境污染治理工程处理设备和处理流程的需要，以建筑构筑物为载体，通过一个临时性的专门的团队组织，对环境工程项目进行有效的计划、组织、控制和指导，在各种约束条件下，在保证质量的同时，高效、及时、经济地实现项目目标的科学管理方法体系。

1.2.2 环境工程项目的特点

环境工程项目除了具有工程项目的特点外，还有自身的特征。

(1) 特定的对象　环境工程项目有自己特定的对象，可以是一座污水处理厂、一个大型的脱硫除尘装置构筑物或一个环境保护工程，它的功能、周期和造价都是独特的；建成后发挥的作用也是不尽相同的。所以说，任何环境工程项目的目标都是特定的。

(2) 资金限制　任何一个环境工程项目，投资方都不可能无限地投入资金，为达到最大的经济性，投资方希望投入最少，达到的质量最好。项目只能在资金许可的范围内完成其各个目标——功能要求、使用时间及处理规模等。

(3) 时间限制　因为建设规模不同，建设地条件不同，建设单位不同，环境工程项目建设的周期也不同，但是只要是工程，必定有工期限制，即必须要在业主要求的时间内完成项目的建设任务。

(4) 管理的复杂性和专业性　现代环境工程项目具有专业化程度高、规模大、质量要求高等特点，其专业的组成、人员和环境不断变化，这些都增加了环境工程项目管理的复杂性。由于环境工程项目是涉及环保处理技术的工程项目，需要管理人员对环境工程专业有一定的了解，在工程的建设当中，能够准确把握工程的技术标准，最大程度地满足该工程的环境保护及处理功能要求。

1.3 环境工程项目管理的类型和任务

1.3.1 环境工程项目管理的类型

环境工程项目管理的类型包括：

① 对环境有影响的建设项目的环境保护实施的建设项目管理；

② 对环境有影响的城市人群生活所产生的污水和固体废物处理设施建设项目管理；

③ 对环境有影响但没有环保设施的老企业新增环境保护设施的建设项目管理，或者是虽有环保设施但不能达标排放的老企业环境保护设施的改造建设项目管理；

④ 满足对周边环境进行监测功能的建设项目管理。

以上第①类项目一般是指某个大型建设项目下面的一个子项目，如一些新建发电厂的烟气除尘、脱硫系统的建设；一些高浓度有机污染物或重金属污染废水生产车间的简单、小型污水处理系统的建设；而第②、③类项目本身就是一个独立实施的建设项目，如城市污水处理厂和城市生活垃圾填埋场的建设项目，大型老电厂脱硫、除尘系统的改建建设项目等。

1.3.2 环境工程项目的分类

环境工程项目按对环境保护的功能划分，可分为如下几个大类：

① 水污染防治类工程建设项目；

② 固体废物污染防治类工程建设项目；

③ 大气污染防治类工程建设项目；

④ 噪声污染控制类工程建设项目；

⑤ 放射性电磁污染防治类工程建设项目。

1.3.3 环境工程项目管理的目标

无论什么样的项目，不论项目的复杂程度如何，项目的目标是大致相同的，现在普遍认同的是项目的思维目标：时间、资源、质量要求、客户满意度。这些目标是相互关联的，其中一个或几个条件的变化势必引起其他目标的变化，所以项目管理者的任务就是要平衡这4个目标，这是事关项目成功与否的关键因素。

遗憾的是，4个目标是难以同时实现的，因为项目实施中的各种不确定因素会影响到项目的执行，可能会导致项目延期，可能会使项目费用超出预期或者大大超出预期，也可能使技术指标达不到预定要求，最终导致客户拒绝接受产品。

环境工程项目管理作为项目管理中的一部分，同样遵循四维目标理论。在环境工程项目中，要对环境治理方法以及相应工艺流程非常了解，它会影响到环境设备安放的合理性，整套工艺运行的高效性，能否达到用户对污染治理的要求等。在整个项目管理中，设备选型、工艺计算、构筑物布置等工作都需要认真研究。

我们知道，即使是在最好最理想的条件下，项目依然难以同时实现4个目标。因为它们之间的关系非常复杂，而且相互影响，它们是一个串在一起的整体，一个发生变化，必定影响项目的其他因素。在有些情况下，项目经理可能要做出一些不得已或者巧妙的决定，使项目最大程度地成功完成。他们可能要牺牲时间而追求高质量，或者不惜费用而缩短时间，或者为满足客户的要求而不惜大量的时间和费用。到底哪个目标要优先考虑，哪个目标可以暂时放弃，都是因具体的情况而定的。下面做一个简单的讨论。

(1) 时间　也就是项目经理制定的项目最后完成期限。在一定程度上，时间是和费用、实际完成质量成正比，和客户满意度成反比的。对于项目经理而言，要想在规定时间内完成项目，项目进度的安排是十分重要的。随着项目的发展，会产生延误，项目经理的工作就是处理发生的延误，并且尽可能地预期可能发生的延误，提前思考解决措施，使项目进度时间控制在计划之内。

如果项目经理想缩短时间，提前完成项目工程，比较好的一个方法是降低工程技术标准等级。如果项目可以在合格标准（满足用户使用和国家的安全标准）下正常使用，就可以放弃优良标准，这样不但可以缩短工程时间，减少了费用开支，还可以满足客户的要求。

(2) 资源　投资者或者客户最希望看到的是项目经理花最少的钱或者什么都不需要就能完成这个项目。然而，从项目开始立项到最后结束的过程中，项目经理又无时无刻不在小心地计划着资源的使用，从各方面争取资金。资源不足几乎是项目的通病，许多项目经理都在为这个问题而苦恼。

克服费用限制的有效方法是减少资源的投入，但是这样可能会导致产品不符合技术标准要求，或者无法达到客户的预期要求。

(3) 质量要求　这是一个非常重要的目标。项目的最后产品只有满足了要求的技术指标，才能达到预期的功能要求。在项目开始时，要依据功能需要及资源数量确定合理的产品技术标准，还要考虑其在预算和时间条件下实施的可行性。具体制定一个什么样的标准，要充分平衡客户的需求、资源预算和进度计划三个因素，做出经济合理的决定。

(4) 客户满意度　项目经理的首要任务就是做出使客户满意的产品。客户的要求往往是苛刻的，他们希望项目经理能在最短的时间内，消耗最少的资源，生产出质量最好的产品。这对于项目经理来说，是很难实现的。但是，为了能让客户满意，并最终接受产品，项目经理就必须不断地权衡其他因素，尽量向着客户满意的方向靠近。不然的话，即使做出了好的产品，客户因为其他因素的开销巨大，而拒绝接受产品，那这个项目也是失败的。

1.3.4 环境工程项目管理的任务

正是在以上4个目标作为工作原则的指导下，我们可以知道环境工程项目管理的任务主要有以下几个方面。

(1) 项目管理的启动　了解客户的需求，确认项目目标。项目的目标是时间目标、质量目标、资源目标和客户满意度；要明确项目范围，使团队成员和客户清楚地知道所要完成的任务；建立项目的优先级，项目经理要给项目排出优先顺序，确保完成那些最能满足客户需要，同时也是收益最高的项目；创建项目计划；对项目进行风险评估。

(2) 建立项目管理组织　明确项目各参加单位在项目实施过程中的组织关系和联系渠道，选择合适的项目组织结构形式；做好项目启动前的各项准备工作和组织工作；建立一个职能分明的领导班子；聘任项目经理和项目组成员。

(3) 资源控制　起草投资计划，业主编制投资计划，施工单位编制施工成本计划；均衡各个因素，把资源控制在计划目标内。

(4) 进度控制　通过进度计划，项目团队管理时间和完成项目所要的相关资源。可以采用基于网络的关键路线法（CPM）来编制进度计划，安排好各项工作的先后顺序，规定其开工、完工时间，明确关键路线的时间；经常检查计划进度执行情况，及时处理过程中出现的延误进度的问题，认真做出解决方案，必要时可以适当调整原计划。

(5) 质量控制　项目伊始就要规定项目工作的技术标准；对各项工作进行质量监督；对不合格的工作进行及时处理。

(6) 安全控制　保证施工人员和用户的健康与安全；依据具体的情况和条件，制定相关的安全生产、作业规范，建立安全组织检查机构；遵守国家法律法规规定；及时、正确处理安全事故。

(7) 合同管理　起草合同文件，修改合同，签订合同；处理合同纠纷。

(8) 信息管理　确定参与项目单位及项目组内的信息收集和处理的方法、手段；保持相互间信息传递的畅通、准确；明确信息传递的形式、时间和内容。

1.4 环境工程项目管理的国内外背景及其发展趋势

1.4.1 环境工程项目管理的国内外背景

近年来，随着人口的不断增长和经济的飞速发展，人类正面临着一系列严重的环境问题。日益严重的大气污染、水污染和固体废物污染，雨林锐减，土地沙漠化，生态系统的破坏，生物多样性减少，全球变暖，都在严重威胁着人类的健康和生存。日益恶化的环境问题，使人们意识到环境保护和环境治理的重要性，大量的环境保护设施和环境治理工程项目开始上马，环境工程项目管理应运而生。

工程项目管理理论首先从德国和日本传入我国。鲁布革水电站饮水系统工程是我国使用世界银行贷款，按照世界银行的规定，要进行国际竞争招标和项目管理的工程。工程用了4年多的时间，创造了著名的“鲁布革项目管理经验”。而后，我国首先在施工企业中推行项目管理经验，并于1987年在全国推行项目法施工。

环境工程项目管理源于建筑业工程项目管理，与建筑业工程项目不同的是，环境工程项目管理者要求具有环境专业人员的背景，因为建筑业的要求是坚固、美观，而环境类工程项目要求是坚固、经济，还要符合环境处理工艺流程的需要。

人们开始认识到“项目”也只是近几十年的事情，在中国也仅有20多年。现在项目管理已在世界范围被应用于大大小小的各种工程，很多领域。可以说，现在的项目管理已经非常成熟。像美国的曼哈顿计划，澳大利亚的悉尼歌剧院，中国的国家大剧院、上海世博园等，都是项目管理智慧的成功作品。

为适应现代会社会的要求，依照项目内在的客观规律，环境工程项目管理也需要与时俱进，充分依托现代科学管理手段和方法，以达到更经济、更高效、更节能的目标。

1.4.2 环境工程项目管理发展的趋势

环境工程项目管理发展的趋势主要表现在以下几个方面。

(1) 管理思想由传统的粗放式管理向现代化精细式管理转变　要将现代化管理思想和理论运用于环境工程项目管理，像现代项目管理理论体系的系统论、信息论、控制论、行为科学等。另外，环境工程项目管理中还要建立工程思维，要确立强烈的时间价值观念、充分认识工程合同的开放性等。在管理中，还应树立起市场观念、竞争观念等，以指导项目顺利进行。

(2) 管理组织由传统的臃肿滞后向现代精简高效转变　依据现代管理组织理论，制定科学的法规和制度规范组织行为，依据具体的工程项目分工确定组织功能和目标，及时解决、协调组织内部及其组织同外部环境之间的关系，提高管理组织的工作效率。

(3) 管理方法由传统的经验化向科学化转变　要对现代化工程模式有一个科学的管理方法，对生产施工进行科学分析、调度，可以用决策技术、预测技术、数学分析方法、计算机技术、数理统计方法等去解决项目管理中的一些复杂问题。

(4) 管理信息的现代化　要善于使用现代通讯工具和先进的技术装置，现代环境工程的复杂程度越来越高，工程规模在扩大，项目管理的信息量迅速增加，将电子计算机运用于现代项目管理，可以有效地节省人力、物力，更快、更准确的传递信息。

（5）管理成员向专业化转变　现代环境工程类施工活动规模大、质量要求严格、精准度要求高、经济核算要求准确，这就要求更加专业化的项目管理团队，从施工管理、质量管理、设备选用、设备安装、工期把握和财务管理等各个方面做到科学协调、科学管理。要求项目经理和团队成员不仅要熟悉业务，对环境专业类工程非常了解，同时还要学会运用现代管理方法，成为各项专业管理的行家。

（6）管理方式民主化　项目经理要在保证科学决策的同时，充分调动项目组成员的积极性和创造性，使大家紧紧的团结在一起，为共同实现项目目标而努力工作。

以上 6 个方面是相互联系，相互影响，互相依存，互惠互利，缺一不可的。随着经济的不断发展、管理方法体系的日趋完善，环境工程项目管理也在向着科学化、高效精细化的方向发展，同时其自身的管理特点也在不断显现，不断发展，不断完善。

1.5 环境工程建设监理

1988 年 7 月，原建设部颁发了《关于开展建设监理工作的通知》，标志着我国建设工程监理机制开始试点。1998 年出台的《中华人民共和国建筑法》第三十条规定“国家推行建筑工程监理制度”，从此我国开始全面推行建设工程监理制度。

建设监理制目的在于提高建设工程的投资效益和社会效益，它使传统的建设工程两元结构（业主与承包商）转化成三元结构，即在两元结构中增加了客观、公正的第三方——监理单位。监理制逐步取代了我国传统的由建设单位自行管理和工程建设指挥部管理的模式，使得建设单位的工程项目管理更加专业化和社会化，同时，也提高了工程建设质量，保证了工程建设的项目目标的实现。

1.5.1 环境工程建设监理的概念

环境工程建设监理是指针对环境工程建设工程项目，具有相应资质的建设监理单位接受业主的委托和授权，依据国家批准的工程建设文件、有关的法律法规和标准规范、有关工程建设法规和工程建设监理合同以及有关建设工程合同所进行的监督管理活动。

1.5.2 环境工程建设监理的性质

（1）服务性　在环境工程建设过程中，工程监理单位利用监理工程师在环境类工程建设方面的丰富知识、技能和经验为建设单位提供专业化管理服务，以满足建设单位对工程项目管理的需要。工程建设监理的服务对象是委托方，是客户，这种服务性的活动是按工程建设监理合同进行的，是受法律约束和保护的。

（2）独立性　环境工程建设监理单位是独立的一方，与业主、承包商之间的关系是平等的、横向的。《中华人民共和国建筑法》第三十四条规定“工程监理单位与被监理工程的承包单位以及建筑材料、建筑构配件和设备供应单位不得有隶属关系或者其他利害关系”。我国建设监理有关规范中规定：“监理单位应公正、独立、自主地开展监理工作，维护建设单位和承包单位的合法权益。”

环境工程建设监理单位在履行监理合同义务和开展监理活动的过程中，要铭记自己的第三方地位，要确立自己的工作准则，通过自己的方法和判断，独立地开展工作，这是监理单位开展工程建设监理工作的重要原则。

（3）科学性　工程监理是为业主提供高智能管理服务，是协助建设单位实现其项目目标，这就要求监理工程师具有相当的学历以及长期从事工程建设的工作经验，最好有一定的环境工程专业背景。

（4）公正性　在环境工程建设过程中，监理单位一方面要严格履行建立合同的各项义务，同时还要成为公正的第三方，以公正的态度对待委托方和被监理方。

《中华人民共和国建筑法》第三十四条规定“工程监理单位应当根据建设单位的委托，客观、公正地执行建立任务”。当业主与承包方发生利益冲突时，工程监理单位既要维护建设单位的利益，又不能损害承包商单位的合法利益，要站在第三方的位置上，公平地加以解决和处理。

1.5.3　环境工程建设监理的意义

如今，建设工程监理在环境工程建设中发挥着越来越重要的作用，实行建设监理制度，使监理组织承担起投资控制、进度控制、质量控制和安全控制的责任，解决了建设单位自行管理不力以致控制失效、项目目标无法完成的问题。

建设工程监理的作用主要表现在以下几个方面。

① 规范了参与工程建设各方面的建设行为。

② 提高了建设工程投资决策的科学化、合理化。

③ 保证建设工程质量和使用安全。

④ 提高了建设工程的投资效益和社会效益。

1.5.4　环境工程建设监理单位的组织机构和组织形式

工程监理单位是指取得工程监理企业资质证书并从事建设工程监理工作的经济组织，是监理工程师的职业机构，公司制监理企业具有法人资格。

依据工程项目的特点、委托方委托的任务以及监理单位的自身特点，可以把监理机构的组织形式分为以下几种类型。

① 按监理职能设置。项目总监理工程师负责，下设投资控制、进度控制、安全控制、质量控制、合同管理、信息管理等组织。

② 按监理子项设置。项目总监理工程师负责，下设若干项目监理组，各项目监理组再设各职能控制范围。这种组织形式适用于监理项目分为若干相对独立事项的大中型建设项目。

③ 矩阵制监理组织形式。矩阵制监理组织形式是上述两种组织形式的综合形式。它适用于大型监理项目，既有利于各子项目监理工作的责任制，又有利于各方位的职能管理。

工程监理企业按照组织形式分为公司制工程监理企业、合伙工程监理企业、个人独资工程监理企业、中外合资经营工程监理企业和中外合作经营工程监理企业。

（1）工程监理企业作用及资质　为了维护建筑市场秩序，保证建设工程的质量、工期和投资效益的发挥，国家对工程监理企业实施资质管理。

工程监理企业应当按照其拥有的注册资本、专业技术人员和工程监理业绩等资质条件申请资质，经有关部门审查合格，取得相应的等级资格证书后，方可在其资质等级许可的范围内从事工程监理活动。

（2）工程监理企业的资质等级　根据原建设部2001年发布的《工程监理企业资质管理规定》，工程监理企业的资质等级分为甲级、乙级和丙级。

① 甲级

a. 企业负责人和技术负责人应当具有15年以上从事工程建设的经历，企业技术负责人应当取得监理工程师注册证书。

b. 取得监理工程师注册证书的人员不少于 25 人。

c. 注册资本不少于 100 万元。

d. 近三年内建立过 5 个以上二等房屋建筑工程项目或者 3 个以上二等专业工程项目。

② 乙级

a. 企业负责人和技术负责人应当具有 10 年以上从事工程建设的经历，企业技术负责人应当取得监理工程师注册证书。

b. 取得监理工程师注册证书的人员不少于 15 人。

c. 注册资本不少于 50 万元。

d. 近三年内建立过 5 个以上三等房屋建筑工程项目或者 3 个以上三等专业工程项目。

③ 丙级

a. 企业负责人和技术负责人应当具有 8 年以上从事工程建设的经历，企业技术负责人应当取得监理工程师注册证书。

b. 取得监理工程师注册证书的人员不少于 5 人。

c. 注册资本不少于 10 万元。

d. 近三年内建立过 2 个以上房屋建筑工程项目或者 1 个以上专业工程项目。

甲级工程监理企业可以监理经核定的工程类别中一、二、三等工程；乙级工程监理企业可以监理经核定的工程类别中二、三等工程；丙级工程监理企业可以监理经核定的工程类别中三等工程。甲、乙、丙级资质工程监理企业的经营范围均不受国内地域的限制。

工程监理企业的资质包括主项资质和增项资质。若工程监理企业申请多项专业工程资质，则主要选择的一项为主项资质，其余各项均为增项资质，且增项资质的级别不能高于主项资质级别。该工程监理企业的注册资本应达到主项资质等级标准的要求，从事增项专业工程监理业务的注册监理工程师应当符合专业要求。

(3) 工程监理企业资质管理　国务院建设行政主管部门负责全国工程监理企业资质的归口管理工作，并对其资质实行年检制度。甲级工程监理企业资质，由国务院建设行政主管部门负责年检；乙、丙级工程监理企业资质，由企业注册所在地省、自治区、直辖市人民政府建设行政主管部门负责年检。

1.5.5 监理工程师

监理工程师是指在全国监理工程师执业资格考试中成绩合格，取得《监理工程师执业资格证书》，经注册取得《监理工程师注册证书》，从事建设工程监理的专业人员。

从事建设工程监理工作，但尚未取得《监理工程师注册证书》的人员称为监理员。

工程监理企业在履行委托监理合同时，须在工程建设现场建立项目监理机构。项目监理机构是工程监理企业派驻工程项目负责履行委托监理合同的组织机构。我国将项目监理机构中工作的监理人员按其岗位职责的不同分为四类，即总监理工程师、总监理工程师代表、专业监理工程师和监理员。

(1) 总监理工程师　是由工程监理企业法定代表人书面授权，全面负责委托监理合同的履行、主持项目监理机构工作的监理工程师。总监理工程师要求由具有三年以上同类工程监理经验的监理工程师担任。

总监理工程师的基本职责如下。

① 组建项目监理班子，明确各工作岗位的人员和职责。

② 代表监理公司与业主沟通有关方面的问题。

③ 主持制订项目的监理规划，编写审批项目监理实施细则，负责管理项目机构的日常工作。

④ 指导检查项目监理工作，根据项目的进展情况可进行适当的人员调整，保证项目目标的实现。

⑤ 提出工程承包模式，设计合同结构，为业主发包提供决策依据。

⑥ 主持监理工作会议，签发项目监理机构的文件和指令。

⑦ 协助业主进行工程设计、施工和招标工作，主持编写招标文件，进行投标人资格预审、开标、评标，为业主决策提供依据。

⑧ 审查或处理工程变更；主持或参与工程质量事故的调查。

⑨ 负责与各承包单位、设计单位负责人联系，协调有关事宜。

⑩ 调解建设单位与承包单位的合同争议、审批工程延期和处理索赔。

⑪ 定期或不定期检查工程进度和施工质量，及时发现问题并进行及时处理。

⑫ 定期或不定期向本公司报告监理情况。

⑬ 组织编写并签发监理月报、监理工作阶段报告、专题报告和项目监理工作总结。

⑭ 审核和签认分部工程和单位工程的质量检验评定资料，审查承包单位的竣工申请，组织设计单位和施工单位进行工程结构验收，参与工程项目的竣工验收。

(2) 总监理工程师代表　为经工程监理企业法定代表人同意，由总监理工程师授权，代表总监理工程师行使其部分职责和权利的项目监理机构中的监理工程师。总监理工程师代表由具有两年以上同类工程监理经验的监理工程师担任。

总监理工程师代表的职责如下。

① 完成总监理工程师指定或交代的监理工作。

② 按总监理工程师的授权，行使总监理工程师的部分权利和职责。

总监理工程师不得将下列工作委托总监理工程师代表。

① 主持编写项目监理计划、审批监理细则。

② 签发工程开工/复工报审表、工程暂停令、工程款支付证书和工程竣工报验单。

③ 调解建设单位与承包单位的合同争议、处理索赔、审批工程延期。

④ 审核签认竣工结算。

⑤ 根据工程项目的进展情况进行监理人员调配，调换不称职的监理人员。

(3) 专业监理工程师　专业监理工程师是根据监理岗位职责分工和监理工程师的指令，负责实施某一专业或某一方面的监理工作，具有相应监理文件签发权的监理工程师。专业监理工程师应由具有一年以上同类工程监理经验的监理工程师担任。

专业监理工程师的职责如下。

① 负责编写本专业的监理实施细则。

② 负责本专业监理工作的具体实施。

③ 组织、指导、检查和监督本专业监理员的工作，需要调整人员时，向总监理工程师提出建议。

④ 审查承包单位提交的本专业设计的计划、方案、申请、变更，向总监理工程师提出报告。

⑤ 定期向总监理工程师提交本专业监理工作实施情况报告，若有重大问题及时向总监理工程师汇报和请示。

⑥ 做好本专业实施情况的监理日记。

⑦ 负责本专业分项工程验收及隐蔽工程验收。

⑧ 检查进场设备、材料、构配件的原始凭证、检测报告等质量证明文件及真实质量情况。

⑨ 负责本专业的工程计算工作，审核工程计量的数据和原始凭证。

⑩ 负责本专业的监理资料收集、汇总及整理，参与编写监理月报。

(4) 监理员　监理员是经过监理业务培训，具有某类工程相关专业知识，从事具体监理工作的监理人员。

监理员的职责如下。

① 负责进场的人力、材料、构件、半成品、机械设备等的检查，做好检查记录。

② 工序间交接检查验收及签署。

③ 复核或从施工现场直接获取工程计量有关的数据并签署原始凭证。

④ 负责现场施工安全、防火的检查、监督。

⑤ 根据设计图纸及有关标准，对承包单位的工艺过程或施工工序进行检查和记录。

⑥ 坚持记监理日记，如实记录原始记录。

⑦ 发现问题及时向专业监理工程师报告。

1.5.6 环境工程建设监理的目标控制

(1) 环境工程建设监理目标系统　环境工程建设监理的目标控制是指对工程项目的投资、进度、安全、质量等目标组成的项目目标进行控制。

监理工程师在进行目标控制时，应该了解投资、进度、安全、质量等目标之间既存在着矛盾的方面，又有着统一的一面，在进行实际操作时，要把它们当作一个整体来控制。

项目投资、进度、安全、质量等目标之间存在着对立矛盾的一面。如果一项工程要加快进度，就要增加投资，工程质量可能也会受到影响，安全风险会加大；如果想提高工程质量，那么就要投入较多的资金和时间；而如果要降低投资，势必会降低质量标准，也会带来一定的安全问题。所以，各个目标之间存在着对立关系。

然而，各大目标之间不仅存在着对立的一面，而且还存在着统一的一面。例如，适当增加投资以支持加快进度的措施，可以加快项目建设速度，缩短工期，使项目提前投入使用，可以尽早收回投资，使得项目的整个寿命经济效益得到提高。适当提高项目的质量标准，虽然会使得一次性投资的提高和工期的延迟，但是这能够节省项目投入使用后的维护费用，降低了综合成本，从而获得更好的投资效益和安全效益。以上说明了工程项目的各大目标之间也存在着统一的一面。

(2) 项目实施各阶段建设监理目标控制的任务

① 设计阶段　设计阶段是确定工程价值的主要阶段，设计质量对项目总体质量具有决定性的影响。设计阶段工程建设监理目标控制的基本任务是通过目标规划和计划、组织协调、动态控制、信息管理、合同管理，力求使工程项目的设计能够满足工程项目的安全可靠性，满足项目的经济适用性，保证设计工期的要求，使设计阶段的各项工作能够达到预期的目标。

a. 投资控制　在设计阶段，监理单位投资控制的主要任务是：搜集类似项目投资数据和资料，协助业主制订项目投资计划；开展技术经济性分析等活动，协调和配合设计单位了解实际情况，力求使设计经济合理化；审核概预算，征求改进意见，优化设计，满足业主对项目投资的经济性要求。

b. 进度控制　在设计阶段，监理单位进度控制的主要任务是：依据项目总工期的要求，协助业主制定合理的设计工期要求；根据设计的阶段性输出，由粗到细地制订进度计划，为项目进度控制提供依据；协调各个设计单位一体化开展工作，争取使设计能按进度计划要求进行；依据合同的要求准确、及时、完整地提供设计所需的基础资料和数据。

c. 质量控制　在设计阶段，监理单位质量控制的主要任务是：根据业主的要求，协助业主制订项目质量目标规划；协调和配合设计单位进行优化设计，对设计提出的主要材料和设备进行比较，并最终对设计进行确认。

d. 安全控制　在设计阶段，监理单位安全控制的主要任务是：根据项目总的安全管理的要求，协助业主制订项目安全目标规划；配合设计单位在建设工程设计中充分考虑施工安全问题。

② 施工招标阶段　这一阶段主要目标控制的任务是通过编制施工招标文件、编制标底、对投标单位资格预审、组织评标和定标、参加合同谈判等工作，依据公开、公正、公平的竞争原则，协助业主选择理想的施工单位，力求以合理的价格、较短的时间、高效的管理、较好的质量来完成工程施工任务。

③ 施工阶段　这一阶段监理的主要任务是：在具体的施工过程中，根据施工阶段的目标规划和任务计划，通过组织协调、动态控制、信息管理、合同规定，使项目的投资、进度、安全和质量符合预期的目标。

a. 投资控制　在施工阶段，监理单位投资控制的主要任务是：通过工程付款控制、设计变更与新增工程费用控制及索赔处理等手段，力求实现实际使用费用不超过计划投资。

b. 进度控制　在施工阶段，监理单位进度控制的主要任务是：完善项目控制计划、审查施工单位的施工计划、协调各单位工作进度计划、做好进度动态控制工作、预防并处理好施工索赔等工作，力求实际施工进度达到计划施工进度的要求。

c. 质量控制　在施工阶段，监理单位质量控制的主要任务是：通过对施工人员和单位资质、施工机械和工具、材料和设备、施工方案和方法、周围施工环境进行控制，努力使实际标准达到预定的施工质量等级。

d. 安全控制　在施工阶段，监理单位安全控制的主要任务是：监理工程师和工程监理单位按照法律、法规和工程建设强制性标准对环境工程建设实施监理，通过经济、法律、科技和文化等手段对施工阶段进行安全控制，尽量避免和减少安全事故的发生。

1.5.7　环境工程建设监理工作文件

建设监理工作文件是指：监理大纲、监理规划和监理实施细则。

(1) 监理大纲　监理大纲是在建设单位监理招投标过程中，工程监理企业为承揽监理业务而编写的监理方案性文件，是工程监理企业投标书的核心内容。

监理大纲有如下两个作用：一是使建设单位认可大纲中的方案，从而使得工程监理企业承揽到监理业务；二是中标后项目监理机构编写监理规划的直接依据。

监理大纲由工程监理企业指定经营部门或技术部门管理人员，或者拟任总监理工程师负责编写。

监理大纲的内容应当根据监理招标文件的要求制定。主要内容如下。

① 拟采用的监理方案。工程监理企业根据建设单位所提供的及自己初步掌握的工程信息，制定准备采用的监理方案。内容包括：设计方案、监理机构、建设工程三大目标的控制方案、合同管理方案、监理档案资料管理方案和组织协调方案等。

② 工程监理企业拟派往项目监理机构的监理人员的资格介绍。重点介绍拟任总监理工程师在这一项目监理机构的核心任务，这是能否揽到业务的一个关键因素。

③ 计划提供给建设单位的监理阶段性文件。

(2) 监理规划　监理规划是工程监理企业接受建设单位委托并签订委托监理合同后，由项目总监理工程师主持，根据委托监理合同，在监理大纲的基础上，结合实施项目的具体情况，广泛收集工程信息和资料的情况下制订的指导整个项目监理机构开展监理工作的指导性文件。

监理规划应在签订委托监理合同及收到设计文件后开始编制。监理规划由项目总监理工程师主持，各专业或子项目监理工程师参加编写，经工程监理企业技术负责人审批批准，并在召开第一次工地会议前报送建设单位，最后由建设单位审核、确认并监督实施。

监理规划将委托合同中规定的工程监理企业应承担的责任和任务具体化，是后期有序地开展监理工作的基础。在实施过程中，如发生重大问题而需要调整项目规划时，应由总监理工程师组织专业监理工程师研究具体情况，做出修改，按原报审批程序经过批准后，报建设单位。

另外，监理规划是建设监理主管机构对工程监理企业实施监督管理的依据，是建设单位确认工程监理企业是否全面履行委托监理合同的依据，也是工程监理企业内部考核的依据和重要的存档资料。

(3) 监理实施细则　监理实施细则由专业监理工程师编写，经总监理工程师审批。细则是针对项目中某一专业或某一方面监理工作的操作性文件。尤其是对中型及以上或专业性较强的工程项目，项目监理机构应该编制监理实施细则。

监理实施细则的主要内容包括：监理工作的流程、专业工程的特点、监理工作的控制要点及目标值、监理工作的具体方案及措施。

(4) 监理大纲、监理规划及监理细则的关系　见图 1.1。

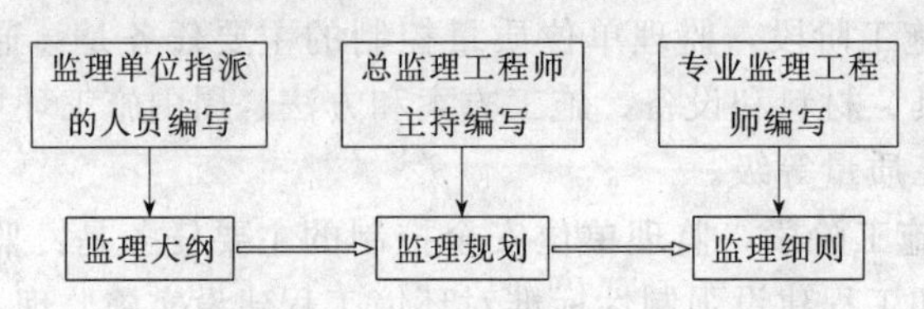

图 1.1　监理大纲、监理规划及监理细则的关系

复习思考题

1. 何谓工程项目？它有哪些特点？
2. 什么是环境工程项目管理？它有哪些自己的特点？
3. 环境工程项目管理的类型有哪些？
4. 环境工程项目管理的基本目标是什么？
5. 简述环境工程项目管理发展的趋势。
6. 什么是环境工程项目监理？
7. 简述环境工程建设监理的意义。
8. 工程监理企业的资质等级的划分依据有哪些？
9. 建设监理规划文件有哪些？它们的相互关系如何？

参 考 文 献

[1] 仲景冰，王红兵. 工程项目管理. 北京：北京大学出版社，2006.
[2] 梁世连. 工程项目管理. 北京：清华大学出版社，2006.
[3] 童华. 环境工程设计. 北京：化学化工出版社，2009.

[4] 任宏，张巍．工程项目管理．北京：高等教育出版社，2005.
[5] Frederick E. Gould，Nancy E. Joyce．工程项目管理．第2版．孟宪海译．北京：清华大学出版社，2006.

实例1　某城市水体清淤一期工程监理实施细则

一、工程概况

本工程位于某市长江路以北，以水体现状南堤为起点开始，对现有的6.45km^2水面进行清淤，清淤面积3.45km^2，清淤土方700多万立方米。

二、监理工作流程

1. 施工方案：施工单位编制、申报→专业监理工程师审核、优化→总监理工程师审定、批准。

2. 工程施工与工序报验：施工单位按照批准的施工方案实施（监理检查、督促）→施工单位自检、报审→监理复查，专业监理工程师签署意见→合格，进入下道工序施工，不合格，返工重新报验。

3. 工程计量：施工单位自测，计算申报→监理复核，施工单位配合→专业监理工程师签署意见→总监理工程师审定签署意见。

三、监理工作控制目标及控制要点

1. 控制目标

(1) 工期目标　监理中心将服从业主的总体工期计划安排，根据业主的总体工期安排，站在全局的高度，结合施工单位上报的施工组织设计和进度计划进行审核和优化，监理过程中严格对照进度计划进行控制，确保在合理工期内完成工程建设。

(2) 投资目标　以发包人和承包人签订的合同额作为监理投资控制的基本目标，通过预控不间断地监测施工过程中各项费用的实际支付，认真做好现场签证工作，正确地处理变更、索赔事宜，达到对工程实际造价的控制。

(3) 质量目标　在实施阶段我们将和项目部一道根据《江苏省水利工程质量检验和评定标准》统一进行单元划分，并报送业主和质监部门等有关部门批准后实施。按照《疏浚工程施工规范》，抓住质量控制不放松，确保清淤工程质量全部达到合格或以上标准。

2. 控制要点

本工程为清淤工程，由于本工程清淤量较大，达700多万立方米，施工工期仅7个月时间，工期十分紧张，且内江清淤对北湖滨水区的形成具有关键作用，必须高度重视工程施工进度的控制。

本工程在施工过程中，必须注意以下主要技术关键、难点要点。

(1) 本工程的关键线路为芦苇的割运——水下清淤　工程总体的进度计划必须围绕这根主线进行编制。监理机构必须花大力气检查督促这一关键线路的具体实施情况。只有抓住了这根主线，工程的工期才能得到保证。监理机构要根据合同总工期要求，与各承包人密切合作，协助编制各项工程的进度计划，分析确定影响施工关键线路的因素，对工程进度实行动态管理，协调好承包人以及业主之间的关系，防止和减少干扰，并提出改进措施和进度纠偏预案。对此在工程施工初期，各种监理事务繁杂的情况下，监理机构要有纵览全局的观念。

为确保工程如期完成，必须严格审查承包商上报的施工进度计划，并根据现场实际情况核对施工进度计划中准备投入的人员、设备是否到位，若有出入，必须立即整改。

施工工期采用节点控制法，这是监理在工程实践中比较成功的经验。监理对承包商的最大约束就是工程款支付，要求承包商必须在上报批准的工期内完成其应该完成的工程内容，从而才能确保计划工期的实现，才能保证最终目标的实现。对不能在上述工期内完成的暂停支付工程款，采用这一方法可促使承包商想方设法加快进度，确保工程工期目标的实现。具体节点工期我们将督促承包商编制，监理部进行审核优化，报业主批准后实施。

(2) 主体工程部分　根据工程特点，结合工程实际，认为主体部分的重点为：a. 清淤的施工组织，所采用的施工机械与数量；b. 芦苇的割运与堆放；c. 泥库的布置与安全；d. 测量控制。下面着重阐述以上几方面的技术关键、监理要点和实施意见：

① 清淤的施工组织　清淤的施工组织，主要应控制所使用的施工机械以及数量，这直接涉及工程目标和工程质量。管理人员将根据试运行考察每日工作量，确定施工所需机械以及数量。一方面所采用的施工机械必须满足工程的质量要求，另一方面必须满足在合理布置情况下的工期要求。所谓合理布置，一方面指作业面，另一方面指施工成本最低或较低。所谓工程质量在本项目上主要体现在两方面：一方面是无超挖欠挖，另一方面是尾水的达标排放。

控制方法：

a. 事先审查所配备的机械工作能力，是否满足工期目标要求。

b. 监测施工工况以及日平均出泥量是否满足计划要求。

c. 每隔一个月分析进度执行情况，讨论对策。

d. 按照对策检查施工单位的组织调整情况。

② 芦苇的割运与堆放　芦苇的割运与堆放是本项目的关键线路。如何组织芦苇的割运与堆放直接涉及整个项目的工期目标的实现以及项目的投资成本。

芦苇的割运，关键控制的有三方面。一方面是劳动力的组织；另一方面是水位的掌握，只有在低水位的条件下组织足够的劳动力进行施工，才能保证在最短的时间内完成任务；再一方面就是施工安全，在割芦苇和运输芦苇过程中必须配备足够的救生设施，作为保障，才能保证工程安全无事故，才能保证调动劳动力的积极性，才能保证工期目标的实现。

与此同时，要必须注意质量标准的掌握，必须及时组织后续施工方对已完工程的验收认可。只有这样才能保证不返工，才能避免索赔，才能保证工程目标和投资目标的实现。

控制方法：

a. 根据历年水文资料，以及清淤施工进度要求编制芦苇割除施工进度计划，保证清淤施工要求。

b. 督促承包商按进度计划实施。

③ 泥库的布置与安全　泥库的布置与安全是本项目实施的生命线，管理人员将督促承包商编制专项施工方案，并组织有关专家进行审查和专题讨论。

控制方法：

a. 督促承包商编制各泥库以及出水口专项施工方案。

b. 组织有关专家对泥库及出水口进行专题讨论，形成意见批复给承包人实施。

④ 测量控制　本工程测量控制主要包括“清淤前各滩面高程及面积，清淤后河底高程，各泥库的测量放样等”。现场的高程控制点，必须注意保护，并经常进行校核，防止被破坏或下沉。

本次工程的河道和配套建筑物有平面与高程的控制要求。项目监理机构应督促承包商布设平面控制、高程控制网。

四、工作方法与措施

本工程技术比较单一，但工程范围大，外围矛盾设计面广，对工程进度控制十分不利，很容易产生数目较大的索赔金额，因此合理安排施工进度计划，优化施工单位所报进度计划，安排好芦苇割除和清淤与水位的时间关系以及泥库的及时施工、泥库的安全是本项目监理成功与否的关键，因此监理的工作方案必须是科学、公正且有预见性。

监理的措施应包括组织措施、技术措施、合同措施以及其他的把关控制措施。

组织措施包括建立健全监理组织机构，完善监理工作制度，明确监理人员职责分工，细化监理方法，同时帮助施工单位建立健全质量、进度、安全管理体系，使其在实施过程中发挥最大的作用，以推进工程高效、快速、稳步施工。

技术措施就是要结合现场实际情况，帮助施工单位制定合理的施工方法，以免在施工过程中走弯路，保质保量完成全部施工任务。

合同措施就是要严格执行工程合同，站在公正立场，处理好质量、进度和投资成本的关系，维护施工合同双方的合法权益。

其他的把关控制措施是管理人员多年监理工作的经验，就是要通揽全局，严格控制施工方法、施工进度前后顺序安排。

五、其他方面实施细则

1. 工程档案资料管理

根据目前上级档案管理部门的要求，编者参照省水利厅苏水办［2003］1号《江苏省水利厅水利基本建设项目（工程）档案资料管理规定》和国标GB/T 502328—2001《建设工程文件归档整编规范》及GB 50319—2000《建设工程监理规范》的要求，加强对工程资料文档的整理，拟采取如下措施。

① 监理机构内部首先学习上述文件要求，并按中心要求编制监理文件归档整编目录上报有关部门批准执行。

② 要求承包商编制施工文件归档整编目录，上报后批准执行。

③ 工程实施过程中要求工程施工资料同步上报，确保工程资料的完整性。

④ 检查督促并辅以采用工程款支付手段要求承包商及时整理完成各种类资料。

⑤ 监理中心定期和不定期地对现场监理机构进行考核，并且将施工资料的上报和监理资料的完备性作为考核的主要指标。

2. 安全监理

经过研究本工程的监理招标文件，对监理的安全生产监督提出了严格的要求，为此监理机构应特别重视以下方面。

① 审查施工组织设计时，必须严格审查安全施工措施，只有安全施工措施切实可行，施工项目部专责持证安全员到岗到位，明确项目经理为安全施工第一责任人的前提下，方可同意施工方案。

② 对水上作业人员进行水上作业安全常识教育，每人配有救生衣等安全设施，挖泥船要十分注意周边建筑物的安全，因河道窄、船只多，运泥船要注意航行安全，防止船与船碰撞、人员伤亡等事故。

③ 监理机构明确专职或兼职安全监理工程师，做到勤查勤访，发现安全隐患，立即要求项目部予以改进。如果发现重大安全隐患，应要求暂停施工予以立即整改，直至由总监理工程师与业主联系，要求全面停工整改。

④ 监理机构应定期组织各承包商进行拉网式安全检查，坚持平时的巡查互查，坚持“安全第一，预防为主”的方针，实行安全生产一票否决制。

⑤ 临时施工用电，必须要有临时用电施工组织设计，实行“三相五线制”，做到“三级配电，两级保护”，临时电源的架设应可靠、安全，必须有专业电工按照用电施工方案实施。

⑥ 在日常监理过程中，充分利用监理合同所赋予监理机构的权力，发现不安全因素，要求及时予以整改，对可能存在的严重安全隐患，及时行使签发停工令的权力，督促承包商确保安全施工。

3. 创文明工地

按照上级有关部门的要求，创优质工地，必须要先创文明工地。为此要积极创建文明工地，做到：

① 积极协助搞好工程基本建设程序的建设，完善各种基本建设程序，包括各种报批手续。

② 加强施工质量管理，建立健全质量管理保证体系，包括监理内部和承包商内部督促到位。

③ 根据本工程的特点突出关键线路的质量管理。以点带线、以线带面，重大问题采用“事前商定”解决。

④ 加强工程例会制度，总结上次的情况，指出本次应完成的内容。

⑤ 加强工地安全、文明建设和管理。

建立安全生产和文明施工的体系。坚持安全生产一票否决制，对有安全隐患的绝不放过。对各种材料要求堆放合理整齐并设有标志，并加强现场人员的安全教育、文明施工，不得随意扔垃圾。

⑥ 加强精神文明建设。要求搞好工地现场的卫生环境、食堂卫生，开展健康有益的职工娱乐活动，杜绝各种不良行为。

⑦ 加强现场各种标识、标语、宣传标牌的统一管理，做到布置合理、重点突出、内容齐全。

第2章 环境工程项目管理的组织理论

2.1 组织论概述

2.1.1 组织的含义

现代社会中每个人都生活和工作在一些组织中。人类由于受生理、心理、物质和社会的限制，为了达到个人的和共同的目标，就必须合作，从而形成某种组织。专业化的人员经过有机地组合，就能使每个人集中精力做好最能胜任的事情，而不必去做每一件事情。正是生产的社会化使得人们认识到，没有他人的协作和支持就很难有所作为。为了能得到这种彼此的协作并进一步实现目标，人们之间必须建立一种存在结构性联系的系统。这种为达到特定目标而建立协作关系所产生的系统，就是组织的基本含义。

“组织”广泛地用于我们的生活中，而且人们也认识到了它的重要性，但是我们经常使用的“组织”却有两层含义。首先，“组织”作为一个名词，是一个实体结构，是指有意形成的职务结构。例如一个学校会有横向和纵向的多种职务，这些职务之间并不是相互孤立的，它们为了一个共同的目标而存在并相互联系，从而形成一个组织，这可以用组织结构图来表示。其次，“组织”作为一个动词，是指为成功实现组织目标，人们设计、建立并维持一种科学合理的组织结构的一个连续过程。即将工作分解并安排给组织中的成员，以有效地实现既定组织目标的过程。组织将工作任务与组织成员有机地结合起来。或者更为形象的，就像一个需要多个零件的机器，组织工作就需要把企业按生产不同部件划分为生产车间和组装车间，每个车间再细化成不同的班组。

作为动词的“组织”也称“组织过程”、“组织设计”等，就是将大量而广泛的工作分解成可以管理和精确确定的职责，同时又能保证工作协调的手段。

2.1.2 组织的特征

在现代社会中有不计其数的组织，企业、学校、家庭、政府等都是一种组织。尽管组织的形态各异，但是它们有着共同的特征。

（1）目的性　任何组织都有其目的性，目的既是组织产生的缘由，也是组织形成后的使命。例如，为了建造一个生活小区而形成的项目组织，小区的落成就是它的目的。同时项目组织的目的性还在于组织成员对目的的共享性，即组织成员共同认可同样的组织目的。

（2）分工协作性　组织是在分工的基础上形成的，组织中不同的职务或职位承担不同的组织任务，专业分工便于处理工作的复杂性及人的生理、心理等有限性特征的矛盾，便于积累经验及提高效率。为了完成任务，组织之间以及组织与外部环境之间必须有良好的沟通协作，以便使工作顺利进行。

（3）依赖性　组织内部的不同职位或职务并非孤立，而是有相互联系和依赖关系的，这种依赖性一方面可以从结构图上看出，另外可以在具体岗位的说明书中看到，它具体详细地描述了不同职务或职位的工作关系。

（4）等级制度　任何组织的成员都存在上下级关系，下属有责任执行上级的指示，而上级不可以推卸掉组织下属活动的责任。

（5）开放性　组织是一个开放的社会技术系统，它必须具有环境适应性才能生存发展。组织与外界环境存在着资源及信息的交流，比如组织要招聘、解聘组织的人员，企业要从环境中获取原材料，经过企业内部加工制造的产品需要输出到组织外需要此产品的顾客中去。组织的决策也要依赖从外部环境取得信息。

2.1.3　项目组织的概念及特征

项目是具有目标、期限、预算约束与资源消耗以及专门主旨的一次性独特任务。项目组织是为完成项目而建立的组织，是指为完成项目任务而由不同部门、不同专业人员组成的一个临时性特别组织，对项目的各种资源进行优化和合理的配置，以保证项目目标的顺利、成功的实现。

项目组织作为组织的一种类型，与普通的组织具有相同之处，但又有自己的独特之处。

（1）一次性　项目组织是为完成项目而组建的。项目组织的组建是为了更好地完成项目，是为完成项目而服务的。由于项目是一次性的，所以项目组织也是一次性的。当成功地完成了项目，项目组织的任务也就完成了，项目组织就随着项目的完成而解散。同项目一样，项目组织也有生命周期，是一个建立、发展、解散的过程。

（2）柔性与灵活性　项目组织与一般组织相比，具有更大的柔性与灵活性。项目组织和项目一样具有其生命周期，在项目的不同阶段，项目的主体会发生变化。项目组织的柔性与灵活性表现在，在项目的不同阶段，项目的主体不同。比如在项目的评价阶段，项目组织的主体是环评人员，但是当项目进入施工阶段后，项目组织的主体就变成建筑公司。项目组织的柔性与灵活性还表现在项目组织没有明显的组织边界，项目相关者之间的联系都是有条件的、松散的，他们通过合同、协议及其他社会关系联系在一起，这决定了项目具有灵活的组织形式和用人机制。

（3）强调项目经理的作用　项目经理就是项目的负责人，是项目的直接管理者，他负责项目的组织、计划和实施的全过程，以保证项目目标的成功实现，他是沟通和协调项目相关利益者的核心人物。成功的项目无一不反映了项目管理者的卓越才能，但是失败的项目，也反映了项目经理的重要作用。

（4）团队精神发挥更大的作用　项目组织是将服务于项目的不同部门、不同工序、不同层次的人员组合在一起，通过协作，围绕项目的目标一起努力工作，以保证项目目标的达成。项目组织成员之间分工不是很明确，彼此之间的工作内容交叉程度高，相互间协作性强，需要成员之间团结一致、密切配合。因此，项目组织更加强调团队的协作精神。

（5）跨职能部门的特点　项目是一个综合的系统，项目组织内部需要多领域专业人员的协作与分工，拥有多种技能，项目成员来源于多个部门，注重跨职能部门的横向协调。

2.1.4　项目组织中的非正式组织

组织设计的目的是建立合理的机构，规范人员在项目活动中的关系。设计的结果是形成正式的项目组织。这种项目组织有明确的目标、任务、结构、职能以及由此而决定的成员间的责权关系，对个人有某种程度的强制性。

但是，不论项目组织设计的如何完善，项目设计是多么的合理，都无法完全规范项目成员的所有关系，都无法将所有关系纳入正式的项目组织中。在任何项目组织中都存在着非正式组织。

非正式组织是正式组织内的若干成员由于生活接触、感情交流、利害一致，未经人为的设计而产生的交互行为和共同意识，并由此形成自然的人际关系。这种关系既无法定地位，也缺乏固定形式和特定的目的。

非正式组织与正式组织的形成方式及存在目的不相同，正式组织是为了达到目标而存在，有明确的规章、纪律维持约束组织成员的行为，还可通过组织成员在项目活动中的表现予以物质和精神奖励，或者给予惩罚。但是非正式组织中的成员主要由他们之间的感情来维系组织，具有不稳定性。

由于非正式组织是伴随着正式组织产生的，非正式组织能对人的心理和行为产生较大的影响，因此其作用也有两个方面，一方面是它的积极作用，能够与正式组织协调起来，促进组织目标的完成，成为一种动力；另一方面是它的消极作用，会与正式组织发生矛盾，抵消正式组织的作用，阻碍组织目标的完成，成为一种阻力。

(1) 非正式组织的积极作用　有助于正式项目组织的开展和项目目标的达成。由于非正式组织成员之间往往抱有相似的价值观和心理需求，为了共同的目标团结一致，具有较大的凝聚力，使组织稳定。另外非正式组织能够满足成员间的心理需求，成员之间可以互诉生活和工作中不快的事，也可以交流工作经验，稳定组织成员的情绪。虽然非正式组织是一种非正式、非强制性的组织，但是其成员往往对正式组织的工作情况是很重视的。那些工作经验不足，或者技术不熟练的员工，能够得到其他成员的帮助和指导。非正式组织成员中的这种团结、合作以及融洽的情绪如果能带到正式组织中来，对正式组织工作的开展是有很大促进作用的。

(2) 非正式组织的消极作用　当非正式组织的利益与正式组织的利益发生矛盾时，非正式组织为了维护自己的利益，往往采取抵制的措施，阻碍正式组织活动的顺利进行。项目组织的变革若给非正式组织成员的交往带来障碍，则他们将抵制项目组织的变革。一个非正式组织成员也是正式组织的成员，当两者的利益发生矛盾，往往使人左右为难。因为如果有利于正式组织的事情，不一定有利于非正式组织，如满足非正式组织的利益，又可能损害正式组织的利益。这种矛盾使人陷入僵局，影响人们的有效工作，进而妨碍项目目标的顺利实现。

2.2 组织结构模式

组织结构模式是系统内的组成部分及其相互之间关系的框架，它是组织根据系统的目标、任务和规模采用的各种组织管理架构形式的统称。一个组织中的工作部门、工作部门的等级，以及管理层次和管理幅度设计确定以后，各个工作部门之间内在关系的不同，就构成组织结构的不同形式或模式。组织结构设计的影响因素很多，通常主要取决于生产力的水平和技术的进步。组织规模的大小也影响组织结构设计，组织规模越大，专业化程度越高，分权程度也越高。组织所采取的战略不同，组织结构模式也不同。

由于项目具有一次性、临时性的特点，为了顺利及时地完成项目目标，就需要建立一个项目管理小组，根据项目的实际情况，负责项目的实施，进行项目的耗资控制、进度控制和质量控制，按项目的目标去实现项目。等项目结束之后，项目的管理小组完成自己的任务，也就不复存在了。

不同的项目组织形式对项目的成败有很大的影响，一般项目的组织形式有职能型组织结构、项目型组织结构、矩阵型组织结构等。

2.2.1 项目的职能型组织结构

在职能型组织结构中，工作部门的设置是按专业职能和管理业务来划分的，例如环境工程项目中，可设立的职能部门有设计部、采购部、施工部、财务部等。每一部门对所管辖的专业业务负责。职能部门在自己的职能范围内独立于其他职能部门进行工作，职能工作人员接受相应职能部门经理的领导。每个职能部门只有唯一的一个上级领导或者上级部门，即上下级成直线型的领导与被领导的权责关系，见图 2.1。项目的职能型组织结构是指在这种情况下，项目组织实施小组的组织并不十分明确，各职能部门均承担项目的部分工作，但是项目不是简单的各个职能部门的总和，是各个部门相互合作的结果。所以当设计职能部门之间的项目事物和问题时，由各个部门负责人处理和解决，在职能部门经理层进行协调。

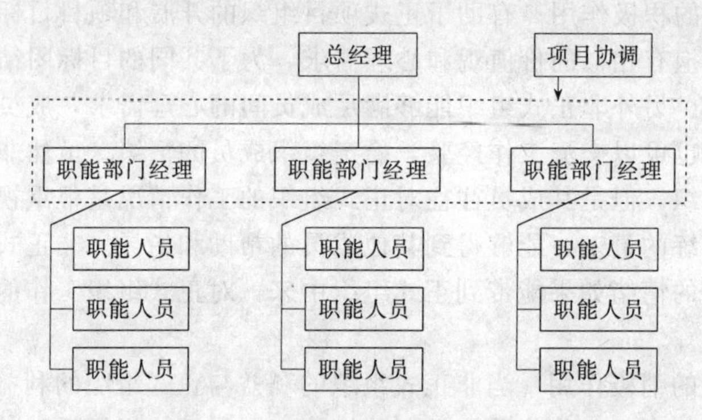

图 2.1　项目的职能型组织结构

由于职能型组织结构是以职能的相似性来划分组织部门的，同一部门的工作人员专业相近，有利于交流经验，相互学习，提高他们的业务水平，同时这种组织结构为项目提供了强大的技术支持。职能型组织结构是“纵向”划分的组织结构，每个职能部门只有一个上级领导或者上级部门，这有利于贯彻统一指挥原则，所以职能型组织结构有利于项目组织的控制。

职能型项目组织结构没有明确的项目经理，所有问题只能在经理层协调，项目将不能充分调动系统的资源来实现项目的目标。各职能部门经理往往总是从本部门的利益考虑，项目协调一般比较困难。组织人员的工作重心只能在部门，很难树立承担项目责任的意识，尽管在职能部门内承担相应的责任，但是项目是各个职能部门组成的有机体，必须有承担整个项目目标的人，这种职能型组织结构不能保证项目责任的完全落实。

2.2.2 项目的项目型组织结构

项目型组织结构中的部门是按项目进行设置的，每一个部门均有项目经理，负责整个项目的实施。项目经理直接受项目决策者的领导，领导本项目成员。以项目化设定组织结构，项目可以直接获得系统中大部分的组织资源，项目经理具有较大的独立性和对项目的绝对权力，项目经理对项目的总体负全责。虽然每个项目中也设置部门，但是部门隶属于项目，且直接向项目经理报告工作。整个组织的经营业务由一个个的项目组合构成，每个项目之间相对独立，见图 2.2。

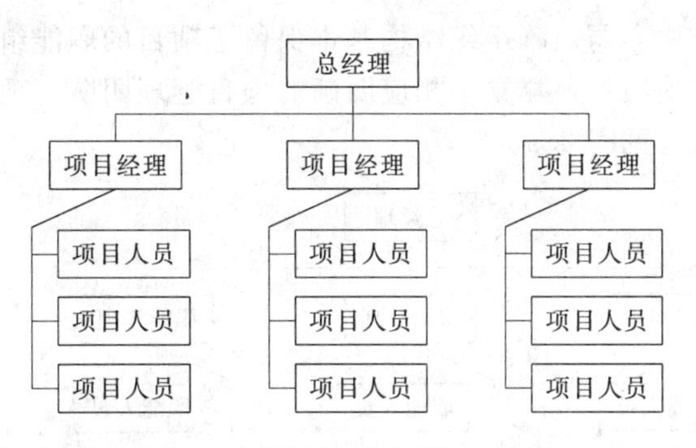

图 2.2 项目的项目型组织结构

在项目型组织结构中，项目成员的责任和目标明确，即圆满完成本项目组的目标。项目经理可以对项目从总体进行考虑，对项目实施统一的目标规划与目标控制，有利于项目目标的实现。项目成员只接受项目经理的领导，不会出现多源指令。项目的实施涉及计划、组织、用人、指挥、控制等多种职能，因此项目型组织结构为培养全面型管理人才提供了成长平台，从管理小项目的项目经理，到管理中大型项目的项目经理，直至成长成为企业的总管。

项目的项目型组织结构也存在不足之处，由于是按项目所需来设置部门，获取相应的资源，因此每个项目都拥有一套部门，一方面是项目本身的需要，另一方面是企业从整体上进行项目管理的必要，这就造成了机构重复设置。每一个部门的设施和人员不管使用的频率如何都要配备齐全，当这些资源闲置时，其他项目也很难利用，增加项目成本。在系统中，各部门之间的横向联系较少，系统内的专业化、标准化和通用化比较困难。项目经理要负责有关项目的所有部门，对项目经理的要求较高，责任也很重大。

2.2.3 项目的矩阵型组织结构

矩阵型项目管理组织结构是按照职能原则和项目原则结合起来建立的项目管理组织，既能发挥职能部门的纵向优势，又能发挥项目组织的横向优势，多个项目组织的横向系统与职能部门的纵向系统形成了矩阵结构。

传统的职能型组织结构很难使部分利益和项目目标一致，因为很难要求属于职能部门的部门主管兼顾本部门的利益与责任，并且使自己能够把项目作为一个整体，或者牺牲职能部门的利益，而把握整个项目的利益，并且对职能之外的项目各方面也加以专心致志的关注。

在矩阵型组织结构中，确定了工程项目目标后，由项目经理来决定做什么，什么时候做，需用费用多少等问题，最终完成该项目。他要制订项目进度计划，编制项目预算，为公司的各个职能部门划定具体的工作任务与预算，要直接向最高管理层负责，并有最高管理层授权，他将项目的各个部门进行综合，以此形成一个综合体运行。项目经理与有关职能部门领导协商，以使他得到项目所需的资源。项目职能经理的职责是决定如何完成分配的工作任务，每个项目由谁来负责完成，进行资源分配，在技术上指导和领导项目中的专业或职能工作人员，其有责任保证职能部门承担的所有任务都能够在既定的预算范围之内，并按照项目的技术要求按时完成，同时进行人员的分配，并监督其实施工作任务，对其他资源也需进行分配。

根据“横向”划分与“纵向”划分相结合的强弱程度，矩阵型组织结构又分为：弱矩阵、强矩阵和中矩阵。

(1) 弱矩阵组织结构　弱矩阵组织结构基本保留了项目的职能组织结构的主要特征，但在系统中为了更好地实施项目，建立了相应明确的项目管理团队。项目管理团队由各职能部门下属的职能人员组成，见图 2.3。

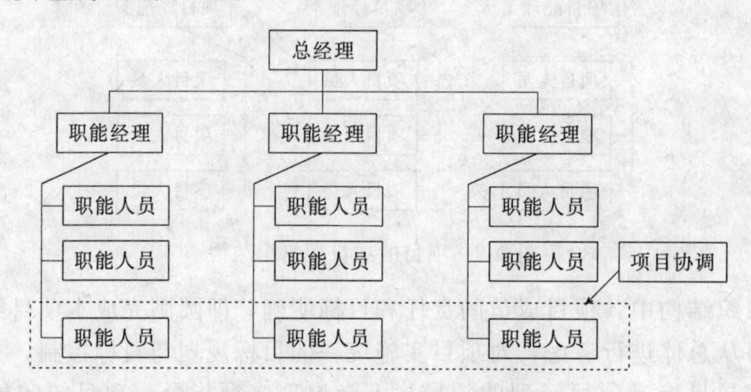

图 2.3　弱矩阵组织结构

(注：虚线内为参与项目活动的成员)

这样针对某一项目就有对项目整体负责的项目管理人员。然而，在弱矩阵组织结构中并未能明确对项目目标负责的项目经理，即使有项目负责人，他的角色不过是一个项目协调者或项目监督者。从实现项目目标这个角度来看，项目的弱矩阵组织结构优于项目的职能型组织结构，但由于项目化特征比较弱，当项目涉及各职能部门且产生矛盾时，因为没有权力集中的项目经理，来自各职能部门的项目人员很可能就把本部门的利益作为出发点来处理问题。职能部门的负责人也必然会按本部门的利益对本部门参加项目的项目人员施加影响力，而项目人员的唯一直接领导仍是各职能部门的负责人。所以，弱矩阵组织形式的项目协调还是比较困难的，项目实施的项目环境对项目不十分有利。

(2) 中矩阵组织结构　中矩阵组织结构是为了加强对项目的管理而对弱矩阵结构的改进，在项目管理团队中，从职能部门参与本项目活动的成员中任命一名项目经理。项目经理被赋予完成项目任务应有的一切权力和责任，对项目总体与项目目标负责，见图 2.4。中矩阵组织结构比弱矩阵组织结构对项目管理有利，项目经理可以调动和指挥相关职能部门的资源来实现项目，在项目上有相应的权力。

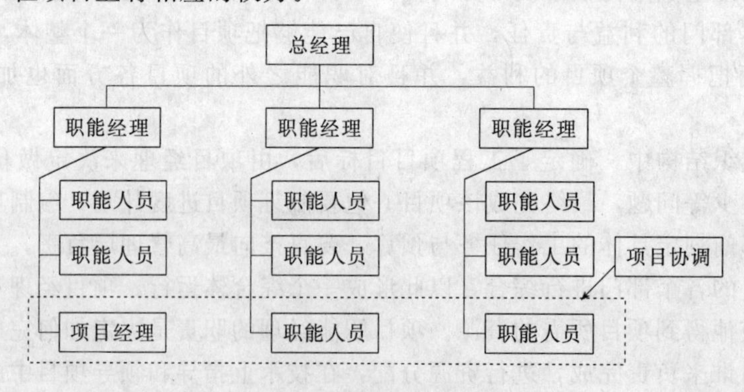

图 2.4　中矩阵组织结构

(注：虚线内为参与项目活动的成员)

但是中矩阵组织结构也有自身的局限性，首先项目经理是某一职能部门的下属成员，他必须接受本职能部门经理的直接领导，因此必然受本职能部门利益的影响。同时，项目经理又是其他职能部门经理的间接下级，项目经理的权力和工作也必然受到限制和影响，项目协调不能充分和完全顺利地进行。

(3) 强矩阵组织结构　强矩阵组织结构具有项目的项目型组织结构的特征。强矩阵组织结构在系统原有的职能型组织结构的基础上，由系统的最高领导任命对项目全权负责的项目经理，项目经理直接对最高领导负责。强矩阵的另一种组织结构是，在系统中增设与职能部门同一层面的项目管理部门，接受最高领导层的领导。项目管理部门再按不同的项目委任不同的项目经理。项目管理部门的经理也由此被称为项目经理的经理。强矩阵组织结构见图2.5、图2.6。

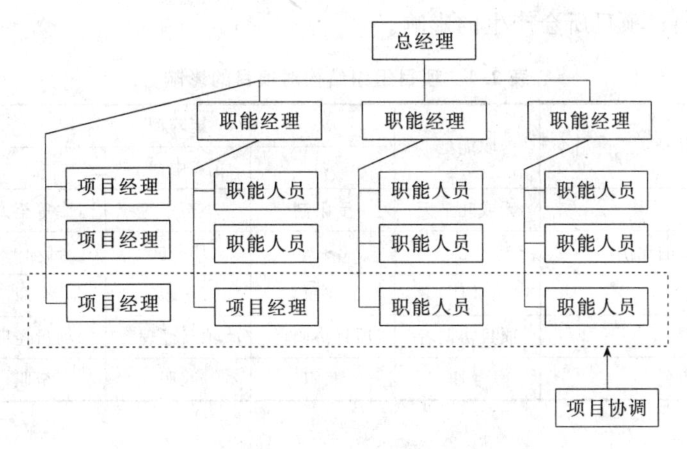

图 2.5　强矩阵组织结构Ⅰ

（注：虚线内为参与项目活动的成员）

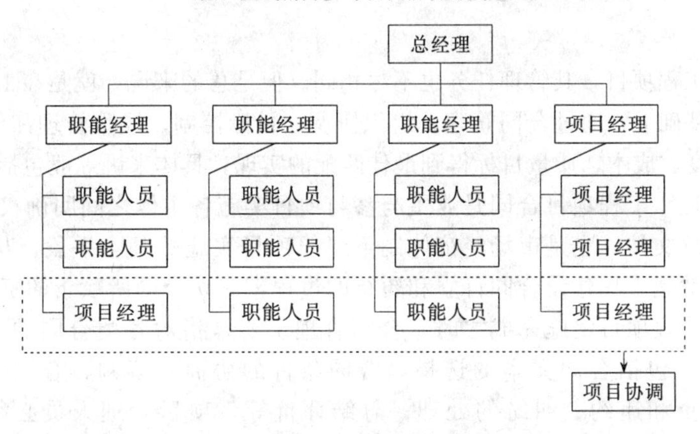

图 2.6　强矩阵组织结构Ⅱ

（注：虚线内为参与项目活动的成员）

在强矩阵组织结构中，项目经理是被任命专门完成一项集成型任务的负责人。他被赋予一定的权力，通过一个专门组织起来的机构及项目管理班子，有效地完成他所负责的项目。由于传统的职能部门只注重本部门的责任，对整个项目的总体或项目的目标关心不够，上层管理人员对管理的各个具体方面，不可能了解得非常仔细，也不可能都直接地参与进去。因此，为最好地实施项目，就需要一名被赋予了调动和指挥各种力量权力的经理，他可以超越各个职能部门的界限，集中精力努力地为实现项目的目标而工作。强矩阵组织结构中的项目经理正是被赋予了这样的权力，项目经理也正是为了实施项目的目标而设置的，他有权联合各个职能部门的力量协调各部门之间的关系，有效地支配和控制系统的资源，去实施一个项目以达到项目的整体目标。所以强矩阵组织结构对大型复杂的系统实施项目有利。一方面，它有对项目总体负责且具有相当权力的项目经理；另一方面，项目管理班子实际上又是加在传统职能部门之上的一个管理机构，其目的是为了能更有利于依靠整个系统的力量去完成项目规划中规定的任务。特大工程的出现，使得人们采用这种项目管理的组织结构形式。

前面介绍了三种项目组织结构，即职能型、项目型和矩阵型，它们各有各的优缺点，但是在实际应用中究竟选择那一种组织形式，没有公式可套，一般应该考虑组织结构的特点、项目的特点、项目所处的环境特点，尤其应该根据项目的目标来做出决策。表 2.1 列出了不同的项目组织结构对项目所会产生的影响。

表 2.1　项目组织结构对项目的影响

组织形式特征	职能型	矩阵型			项目型
		弱	中	强	
项目经理的权力	无或几乎无	受限制	小至中等	中等至大	大至几乎全部
全职参与项目活动成员的比例/%	无	0～25	15～60	50～95	85～100
项目经理的角色	兼职	兼职	全职	全职	全职
项目负责人的实际称谓	项目协调者	项目协调者	项目经理	项目经理	项目经理
参与项目活动成员的角色	兼职	兼职	兼职	全职	全职

2.3　管理任务分工

不同类型的工程项目，其管理任务也不尽相同。但是总的来说，就是在工程项目可行性研究、投资决策的基础上，通过合同管理、组织协调、目标控制、风险管理和信息管理等措施，保证工程项目进度、成本、质量目标得到最佳匹配的实现。具体来讲一般包括以下几个方面。

(1) 合同管理　工程项目合同是业主与参与项目实施各主体之间明确权利义务关系的具有法律效力的协议文件，也是市场经济体制下组织项目实施的基本手段。从某种意义上讲，项目的实施过程就是工程建设合同订立和履行的过程，一切合同所赋予的责任、权利履行到位之日，也就是工程项目实施完成之时。合同管理主要是指对各类合同的依法订立过程和履行过程的管理，包括合同文本的选择，合同条件的协商、谈判，合同书的签署；合同履行、检查、变更和违约、纠纷的处理；总结评价等。项目管理人员必须学习和掌握合同法律的基本知识，学会应用法律和合同手段，指导项目管理工作，正确处理好相关的经济合同关系。

(2) 信息管理　工程项目信息管理，主要是指对有关工程项目的各类信息的收集、储存、加工整理、传递与使用等一系列工作的总称。信息管理是项目目标控制的基础，其主要任务就是及时、准确地向各级领导、各参加单位及各类人员提供所需的综合程度不同的信息，以便在项目进展的全过程中，动态地进行项目规划，迅速正确地进行各种决策，并及时检查决策执行结果，反映工程实施中暴露的各类问题，为项目总目标服务。为了做好信息管理工作，需要建立一套完善的信息采集制度以收集信息；做好信息编目分类和流程设计工作，拟定科学的查找方法和手段；充分利用现有信息资源。

(3) 风险管理　随着工程项目规模的大型化和技术的复杂化，业主及承包商所面临的风险越来越多。工程建设客观现实告诉人们，要保证工程项目的投资效益，就必须对项目风险进行定量分析和系统评价，以提出风险对策，形成一套有效的项目风险管理程序。风险管理是一个确定和度量项目风险，以及制定、选择和管理风险处理方案的过程。其目标是通过风险分析减少项目决策的不确定性，以使决策更加科学，更好地实现项目质量、进度、成本目标。

(4) 成本控制　成本控制包括编制成本计划、审核成本支出、分析成本变化情况、研究成本减少途径和采取成本控制措施五项任务。前两项是对成本的静态控制，后三项是对成本的动态控制。

(5) 进度控制　进度控制是保证项目如期完成，合理安排资源供应，节约工程成本的重要措施。进度计划是表达项目中各项工作、工序的开展顺序，开始及完成时间及相互衔接关系的计划。通过进度计划的编制，使项目实施形成一个有机整体，进度计划是进度控制和管理的依据。在计划执行过程中要经常检查进度计划的执行情况，处理执行过程中出现的问题，协调各团队成员的进度，在必要时可对原计划做适当修改。

(6) 质量控制　质量控制的目的就是确保项目质量计划所提出的各项质量目标能完美实现，如项目的性能性目标、可靠性目标、安全性目标、经济性目标、时间性目标和环境适应性目标等。在项目实施过程中，对各项工作进行监控，将实际的质量指标与预先确定的质量标准进行对比，发现差距，分析原因，并及时处理质量问题。项目质量的形成是一个渐进的过程，受项目各阶段质量活动的直接影响。因此，质量控制是在整个项目形成的每个阶段和环节，对影响其工作及质量的因素进行控制，以保证项目最终符合所规定的质量要求。影响项目质量的因素主要有：人、材料、设备、方法和环境。对这五个方面因素的控制，是保证项目质量的关键。

(7) 环境保护　工程项目建设可以改造环境、为人类造福，优秀的设计作品还可以增添社会景观，给人们带来观赏价值。但一个工程项目的实施过程和结果，同时也存在着影响甚至恶化环境的种种因素。因此，应在工程项目建设中强化环保意识，切实有效地将环境保护和避免损害自然环境、破坏生态平衡、污染空气和水质、扰动周围建筑物和地下管网等现象的发生，作为项目管理的重要任务之一。

项目管理者必须充分研究和掌握国家和地区的有关环保法规和规定，对于环境方面有要求的工程项目在项目可行性研究和决策阶段，必须提出环境影响报告及其对策措施，并评估其措施的可行性和有效性，严格按建设程序向环境管理部门报批。在项目实施阶段，做到主体工程与环保措施工程同步设计、同步施工、同步投入运行。在工程承发包过程中，必须把依法做好环保工作列为重要的合同条件加以落实，并在施工方案的审查和施工过程检查中，始终密切关注落实环保措施、克服建设公害等重要的内容。

工程项目管理任务的核心问题是控制，合同管理、信息管理、风险管理和环境保护的实施，都是为了进行有效的控制，确保项目目标的实现。尤其是环境保护作为工程项目管理的重要任务之一，应予重视。工程项目管理的任务和目标是交织在一起的，相互联系。一方面，工程项目管理任务的完成是实现其目标的前提；另一方面，工程项目管理的目标是制定工程项目管理任务的基准。

2.4　管理职能分工

每一个建设项目都应编制管理职能分工表，这是一个项目的组织设计文件的一部分。如

图 2.7 所示，管理是由多个环节组成的有限的循环过程：

① 提出问题；

② 筹划；

③ 决策；

④ 执行；

⑤ 检查。

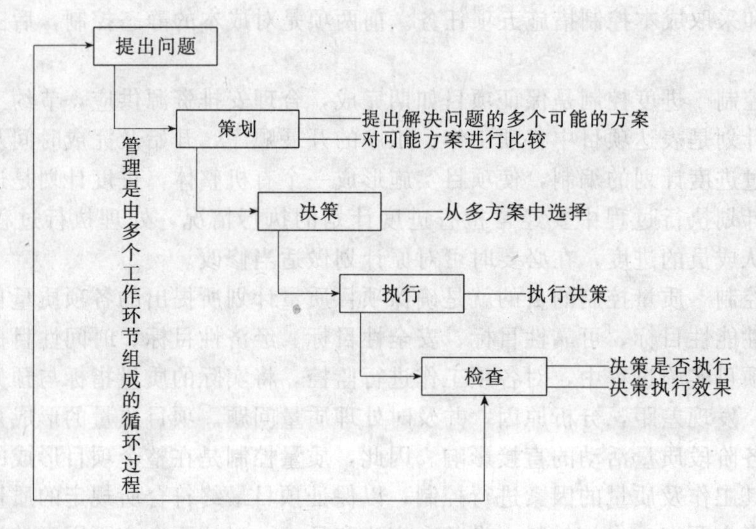

图 2.7 管理职能

这些组成管理的环节就是管理的职能。管理的职能在一些文献中也有不同的表述，但其内涵是类似的。

以下以一个示例来解释管理职能的含义。

① 提出问题——通过进度计划值和实际值的比较，发现进度推迟了。

② 筹划——加快进度有多种可能的方案，如改一班工作制为两班工作制，增加夜班作业，增加施工设备和改变施工方法，应对这三个方案进行比较。

③ 决策——从上述三个可能的方案中选择一个将被执行的方案，增加夜班作业。

④ 执行——落实夜班施工的条件，组织夜班施工。

⑤ 检查——检查增加夜班施工的决策有否被执行，如已执行，则检查执行的效果如何。

如通过增加夜班施工，工程进度的问题解决了，但发现了新的问题，施工成本增加了，这样就进入了管理的一个新的循环：提出问题、筹划、决策、执行和检查。整个施工过程中管理工作就是不断发现问题和不断解决问题的过程。

以上不同的管理职能可由不同的职能部门承担，如：

① 进度控制部门负责跟踪和提出有关进度的问题；

② 施工协调部门对进度问题进行分析，提出三个可能的方案，并对其进行比较；

③ 项目经理在三个可供选择的方案中，决定采用第二个方案，即增加夜班作业；

④ 施工协调部门负责执行项目经理的决策，组织夜班施工；

⑤ 项目经理助理检查夜班施工后的效果。

管理职能分工表（表 2.2）是用表的形式反映项目管理班子内部项目经理、各工作部门和各工作岗位对各项工作任务的项目管理职能分工。表中用拉丁字母表示管理职能。管理职能分工表也可用于企业管理。

表 2.2 管理职能分工表

工作部门 / 工作任务	项目经理部	投资控制部	进度控制部	质量控制部	信息控制部		

每个方块用拉丁字母表示管理的职能

2.5 工作流程组织

项目管理是一种系统化、整体化的管理，某一工作领域的活动一般会影响其他工作。不同工作领域之间的相互影响有时非常明显，易于觉察和理解，有些影响则很微妙，难以捉摸。这些影响因素有时相互矛盾，有时却彼此促进。因此，项目管理常常要求对各工作因素进行分析，协调各工作的目标与项目目标的关系。成功的项目管理要求对不同工作进行积极有效的控制和管理。

2.5.1 项目工作阶段划分

项目管理班子必须对项目和项目管理有正确的认识，才能使项目获得成功。项目是一种具有单件性的事业，实施项目的组织通常要把每一个项目划分成若干个项目阶段，以便进行更好的控制和管理。

每一个项目一般划分为一个或者多个可进行有效检查的工作阶段，例如可行性研究、设计、建造、试验等。这些工作阶段具有明确的可交付成果，可以用来评价项目的阶段性成果。

2.5.2 项目管理的管理工作流程

一个正常的项目一般由发起、规划、执行、控制和结束这五个基本管理过程组成。大多数经营管理模型均认为企业的经营管理活动可以概括为规划、执行和控制三个阶段。而项目的临时性特点要求项目管理增加发起和结束这两个过程。

(1) 发起过程　就是认为某一项目或阶段应该开始，并且开始去实现。项目的发起过程有时也称之为可行性分析或者项目建议说明过程。一般情况下，所有项目及其各阶段必须经过发起过程。

发起过程的内容只有一个，即批准。项目可能由于市场需要、经营需要、顾客需要、技术需要和法律需要等而获得批准。有些项目只有在可行性研究之后才可能获得正式批准，而有些项目的可行性研究本身也要单独获得批准。不过，所有项目均应经过适当的发起过程。

项目的某一阶段也存在发起过程，发起过程的基础是前段结束而形成的文件记录。

(2) 规划过程　就是制订实施方案和计划，满足实现项目目标的需要。规划过程在企业管理的不同层次上均存在，但形式可能不同，名称也可能不同。例如，企业经营管理人员可能制订企业的一个发展战略计划，计划实施时间长达 5～10 年；而企业中层管理人员可能制订一个年度计划或月度计划。

项目的规划过程非常重要，项目所需规划工作的多少与项目的规模大小以及规划工作的作用等相关。

① 核心过程　规划过程中有许多过程按顺序执行，前后相互依赖，形成规划的核心过程。这些核心过程的主要内容包括：项目的范围说明，阶段性成果分析，工作顺序安排，工作进度安排，资源规划，成本估算和预算，制订项目计划等。

② 保证性过程　保证性过程为实施规划过程而提供便利，确保规划过程顺利实施。例如，在某些项目上，当大部分规划工作完成后，项目班子才认识到项目的风险很大，项目的范围和进度目标不切合实际。这种情况的出现会对项目造成严重打击。为尽量降低风险，在项目规划期间必须进行保证性过程。主要内容包括：质量规划，组织规划，人员分配，信息沟通规划，风险识别，风险量化，风险应急措施，采购和询价计划等。

(3) 执行过程　就是协调人力和其他资源，并执行计划的过程。

执行过程就是执行项目计划的过程。执行的过程包括：质量管理、项目范围控制、信息发布、项目班子建设、询价、选择分包商和合同管理等。

(4) 控制过程　就是通过监测进展情况必要时修改项目活动而确保项目目标得以实现的过程。

在项目执行过程中必须进行定期检查，对比计划与执行结果，找出计划与实际执行的偏离之处。如果偏差很明显，则必须通过项目规划过程调整计划，或者调整项目执行过程。例如，项目的某项任务超期了，则项目管理人员可能调整工作计划，也可能依靠加班加点工作，也可能在预算和时间进度之间权衡等。控制过程的主要内容为进度报告和变更控制。

控制过程的保证性过程包括：项目范围变更控制、进度控制、成本控制、质量控制、风险控制等。

(5) 结束过程　就是正式接收项目或某一阶段，并使之有条不紊地结束的过程。结束有时称为移交、产品发行或启用。一般情况下，每个项目及其各阶段均有结束过程。

项目结束过程的主要内容为合同收尾等。

上述过程及相应影响适用于多数项目，但并不是所有项目均要用到这些过程。任何一个过程未出现，并不表示该过程不应进行，项目管理班子应了解和管理那些确保项目成功的所有过程。

项目管理的各过程并不是一个个独立的一次性事件，它们贯穿于项目的每一个阶段，并且活动强度有变化，相互交叉重叠。

在项目或阶段的开始，管理活动主要是发起过程，然后是规划和执行过程，控制过程贯穿于发起过程、规划过程和执行过程，最后是结束过程。结束过程可能是下一个项目或阶段发起的依据。

2.5.3 项目管理工作的流程关系

项目管理的各过程之间通过各自产生的结果而相互联系起来。一个过程的结束可能成为另一个过程开始的依据。管理工作过程之间时常会相互影响，例如，规划为执行项目而提供计划文件，但随着项目的进展和实施，反过来却为项目计划提供更新后的资料，计划文件随时修订，继续指导项目实施。可见，项目管理工作的相互影响比较明显，控制过程在其中起了非常重要的作用。图 2.8 描述了一个项目内各阶段的相互关系。

一个项目一般可以分为设计阶段、实施阶段等。项目阶段的划分与具体项目的特点有关。在每个阶段内，均存在发起、规划、执行、控制、结束等相互影响的管理过程。一个阶段的结束过程为下一个阶段发起过程的基础。例如，设计阶段的结束一般为业主或客户提供设计文件，而设计文件则是实施阶段的产品说明和要求，见图 2.9。

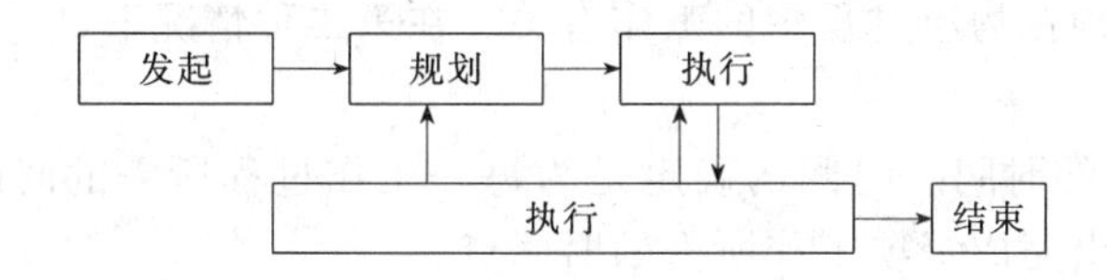

图 2.8　各阶段的相互关系

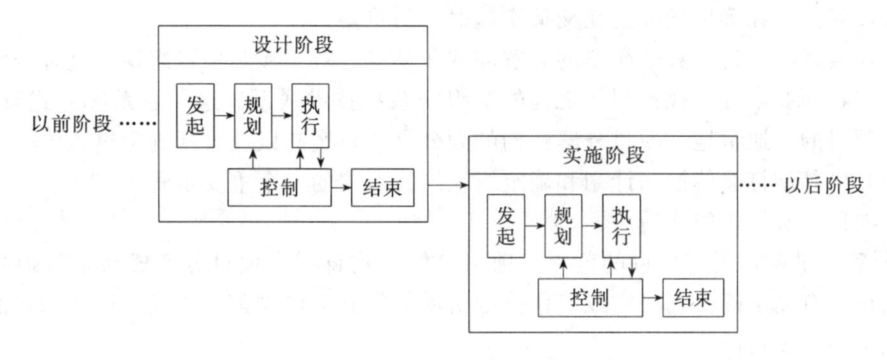

图 2.9　设计阶段的说明与要求

2.6　环境工程项目结构

项目分解结构是为了将项目分解成可以管理和控制的工作单元，从而能够更为容易也更为准确地确定这些单元的成本和进度，以及明确定义其质量的要求。项目分解结构的准备和完成的过程是项目组织规划的基础，项目经理可以将其与组织结构的设计结合起来，根据工作单元不同的技术和任务要求，赋予各项目班子成员以相应的职责。项目分解结构采用的编码系统也为对项目进展情况进行阶段性跟踪和控制提供了便利。

在建立项目分解结构的树状结构时，应将项目目标不断地分解到一些较小的工作单元，直至到达需要进行报告或控制的最低层水平为止。这一树状结构将项目实施中的相应工作分解为便于管理的相对独立单元，并将完成它们的责任赋予专门人员，从而在企业的资源和应完成的工作之间建立起一种切合实际的联系，这种联系就构成了组织规划的基础。

我们还应认识到，与项目有关的工作也必须包含在项目分解结构中。它们有可能是项目实施全过程中的阶段（过程结构），如规划或综合，或是某个组织单元的工作（组织结构），如法律事务等。此时，确定一些主要单元或子项目，即一系列相互关联而又相互独立于项目其他部分的工作，是十分有意义的。例如，在一个工程项目中，一旦外墙的形式和标准已经确定，如玻璃幕墙，它就完全可以作为一个独立的项目由另一家承包商实施。但当然，玻璃幕墙的施工不可能与主体结构的施工无关。

从严格意义上说，每一个工作单元都是项目的一个具体行为目标“任务”，它包括五个方面的要素。

① 工作过程或内容　表明了工作的性质或对工作的描述。

② 任务的承担者　如果由多人承担该项任务，则应进一步对人员的分工和合作进行明

确的职责分工。

③ 工作对象　与工作紧密相关的对象不仅仅是物质的，也可能是非物质的。在第一种情况下，该工作与一种在物质过程中的工作有关。在第二种情况下，它与一种信息处理过程相关。

④ 完成工作所需的时间　时间的确定是为每一工作过程所需的时间做出估计，时间估计还应当进一步确定出完成每项工作所需的时间点。

⑤ 完成工作所需的资源　这种资源是指为执行任务所需要的空间、材料、设备和设施、资金和人员等。这在多项任务正在交叉实施时尤为重要。

然而在实践中，这些看似简单的分解却并非易事，对于实际项目来说，这种分解并非是简单地分割，而要十分重视各部分之间的组织联系和技术联系。这种联系的方式有空间的、时间的和逻辑的。通常地，项目分解结构的划分是项目实施以及目标确定过程中不可缺少的环节，同时也是制订总体控制计划和确定组织结构形式的一个重要步骤。

(1) 项目分解结构的作用

① 明确、准确地说明项目的范围　项目分解结构将一个项目分解成易于管理的几部分或几个细目，有助于确保找出完成工作范围所需的所有工作要素。所以，这些细目的完成或产出构成了整个项目的范围。

只有通过将项目分解成较小的、人们对其具有控制能力和经验的部分，项目管理人员才能对整个项目进行控制。如果某个项目经理要控制一个工程项目的进度，他只有将其分解成设计阶段、招投标阶段和施工阶段等，同时，设计阶段又分解为方案设计阶段、初步设计阶段、技术设计阶段和施工图设计阶段等。项目经理如果对于这些子阶段的进度也无能力控制的话，他自然也就谈不上控制整个项目的进度了。

② 为每项细目分配人员并明确其责任　清晰划分责任，自上而下将总体目标划分成一些具体的任务，划分不同单元的相应职责，由不同的组织单元来完成，并将工作与组织结构相联系，形成责任矩阵。

项目的总体目标必须落实在每一个工作单元中实现，各工作单元的目标基本能得以实现是整个项目目标实现的基础。同时，这些子目标在工作单元中不再是一个个目标值，而是要实现这些目标值所应完成的工作和任务内容。当项目经理明确项目的范围、各项工作的内容和程序时，项目经理就应从组织角度落实人员及责任分工，形成责任分派矩阵。这也是组织规划的成果之一。

③ 为计划、预算、进度安排和成本控制提供共同的基础和结构　项目管理最为重要的和最为核心的两个职能就是项目规划和项目控制。但是，在日常的项目管理工作中，项目规划和项目控制的对象是明确的各项工作单元，项目的目标控制也落实到控制具体工作单元的进度、资金和质量。既然每一项工作单元都是目标的具体体现，是控制的对象，而计划工作、预算工作和进度安排等一般都分别属于不同的工作部门，因此有必要将其进行统一的编码。这个编码系统就来自项目分解结构工作。

④ 对各细目，进行较准确的时间、费用和资源需要量的估算，对项目整体和全过程的费用进行估算　如果在项目规划阶段，任何一个项目经理都很难对项目的进度、资金和其他资源做出精确的估计。项目经理提高估计精度的唯一办法就是对项目进行必要的分解。项目经理往往可以借助他自身的经验和类似项目的数据对新的项目进行预测，但每一个项目和它所存在的环境都具有其独特性，因此这种预测就有可能发生很大偏离。但如果将一个整体项目分解成若干较小的部分，这些小单元就与其他类似项目的小单元具有更

多的共性，同时也能更加切合实际地估计不同因素对其的影响，估计的精度也将得到提高。

⑤ 确定工作内容和工作顺序。

(2) 项目结构分解步骤

① 识别项目的主要组成部分，包括项目的主要可交付成果，即将总项目分解成单个定义的且范围明确的子项目。

② 判断每个可支付成果层次划分的详细程度，如果能够通过该种划分恰当地估算出完成各项工作所需要的费用和时间，则进入步骤④；否则继续进行步骤③的操作。

③ 在上述分层的基础上进行更细致的划分，将各组成部分分解为更小的组成部分，并说明所需要取得的切实、可验证的结果及完成他们的先后顺序。对于每个更小的组成部分，重复进行步骤②。

④ 核实分解的正确性。

a. 核实每一层次项目的必要性和充分性，即本层工作的完成要能够保证上层工作的完成；且如果不进行本层工作，则上层工作无法完成。尚不具备这两个条件，就必须对上一层的细目进行修改——增加、删除或者重新定义。

b. 每一层次各项的范围、内容和性质是否清晰完整？能否根据每项来恰当的编制进度和预算？是否能够将各项工作落实到具体的组织和个人？如果不能，需要做必要的修改，以便提供合适的管理控制。

项目分解完成之后所得到的成果就是工作分解结构。其中的每一项工作，或者称为单元都要编上号码，即以数字代码赋予其中的每一项一个唯一的标识符，以便于在项目规划和以后的各阶段中，为项目各基本单元的查找、变更、费用计算、质量要求、资源和时间安排等各个方面提供一个统一的编码系统。

(3) 项目分解结构的形式　对于一个系统来说，存在多种系统分解的方式，这些子系统是相互关联的，并且其综合构成系统的整体。项目是一个系统，同样也有多种分解的方式，但主要的两种方式有根据项目组成结构分解和根据项目的过程或阶段分解。

① 根据项目组成结构进行分解　根据项目组成结构进行分解是一种常用的方式，其分解可以是根据物理的结构或功能的结构进行划分，图 2.10 示意了按项目组成结构进行分解的方式。

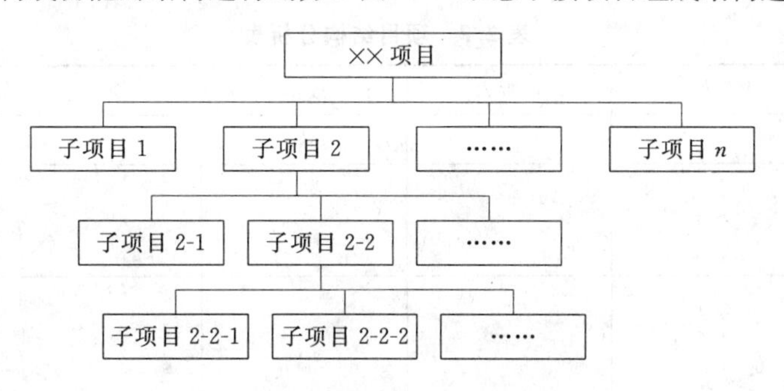

图 2.10　根据项目组成结构进行分解

② 根据项目的阶段进行分解　根据项目实施的阶段性对项目进行分解也是项目结构分解的方式。例如，工程项目的分解可按图 2.11 的方式进行。

(4) 项目结构分解图　项目结构分解图（work breakdown structure，WBS）是将项目按照其内在结构或实施过程的顺序进行逐层分解而形成的结构示意图。它可以将项目分解到独立的、内容单一的、易于成本核算与检查的项目单元，并能把各项目单元在项目中的地位与构成直观地表示出来，见图 2.12。

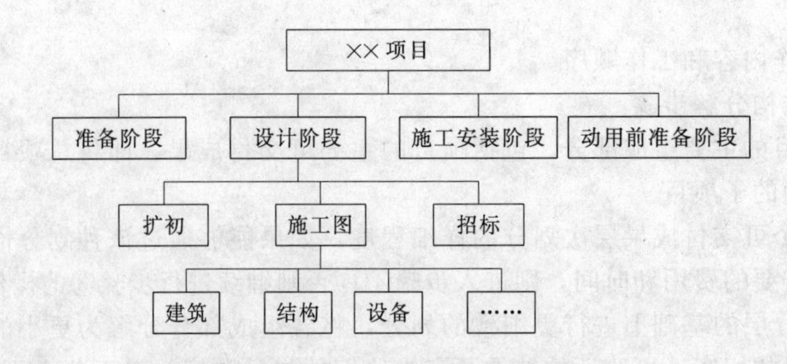

图 2.11 一般工程项目的项目分解结构示意

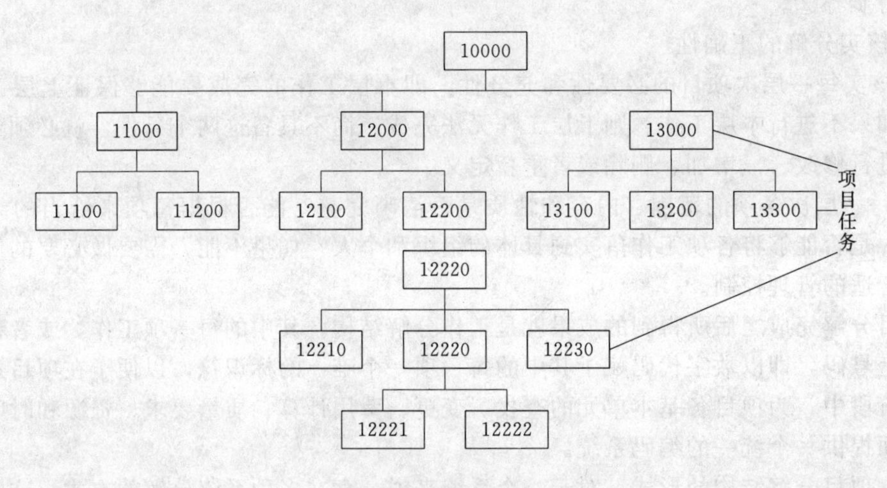

图 2.12 项目 WBS 图

将项目结构图用表来表示则为项目结构分析表。它类似于计算机文件的目录路径。例如，上面的项目结构图可以用一个简单的表表示，见表 2.3。在表上可以列出各项目单元的编码、名称、负责人、成本等。

表 2.3 项目结构分析表

编码	名称	负责人	成本	××	××
10000					
11000					
11100					
11200					
12000					
12100					
12200					
12210					
12220					
12221					
12222					
12230					
13000					
13100					
13200					

WBS 的编码：为了简化 WBS 的信息交流过程，常利用编码技术对 WBS 进行信息交换。图 2.13 所示的是某地区安装和试运行新设备厂项目的 WBS 图及编码。

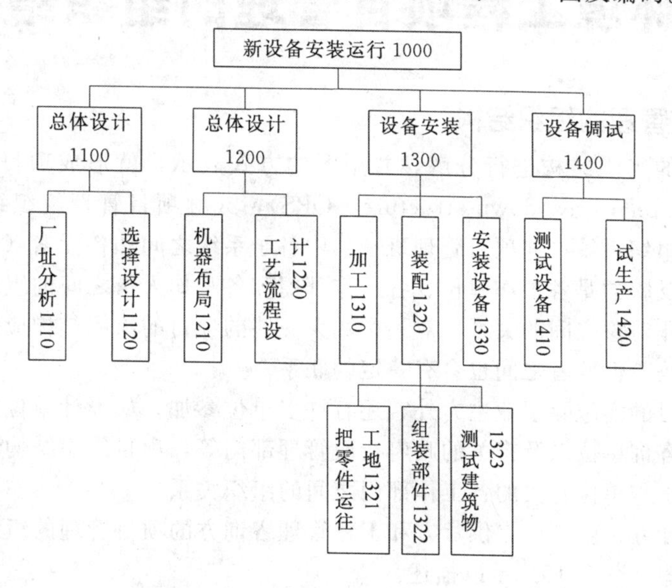

图 2.13　新设备安装的 WBS 图

在图 2.13 中，WBS 编码由 4 位数组成。第一位数表示处于 0 级的整个项目；第二位数表示处于 1 级的子项目单元（或子项目）的编码；第三位数表示处于 2 级的具体项目单元的编码；第四位数表示处于 3 级的更细更具体的项目单元的编码。编码的每一位数字，由左至右表示不同的级别，即第一位代表 0 级，第二位代表 1 级，第三位代表 2 级，第四位代表 3 级。

(5) 环境工程项目结构　虽然每个项目都是独一无二的，但是许多项目彼此之间存在着某种程度的相似之处。在进行项目分解时，可以考虑本项目的特点，参考过去类似项目的工作分解结构。图 2.14 是按阶段划分的污水处理厂的项目结构图。

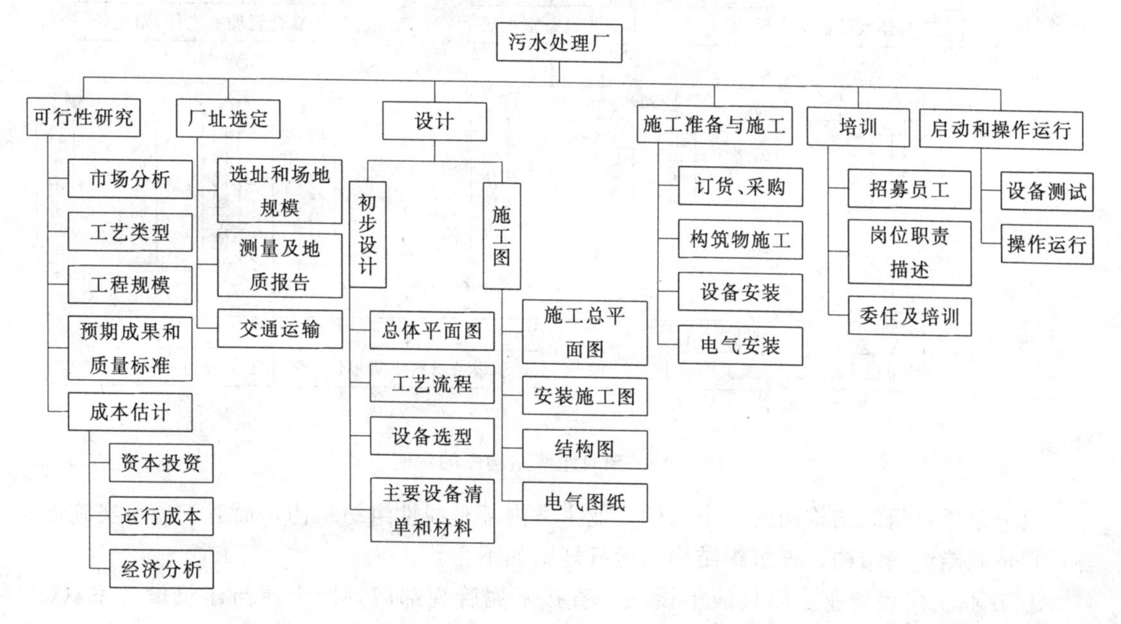

图 2.14　污水处理厂的项目结构图

2.7 环境工程项目管理的组织结构

2.7.1 业主方管理的组织结构

对一个项目的组织结构进行分解，并用图的方式表示，就形成项目组织结构图（diagram of organizational breakdown structure，OBS），或称项目管理组织结构图。项目组织结构图反映一个组织系统（如项目管理班子）中各子系统之间和各元素（如各工作部门）之间的组织关系，反映的是各工作单位、各工作部门和各工作人员之间的组织关系。而项目结构图描述的是工作对象之间的关系。对一个稍大一些的项目的组织结构应该进行编码，它不同于项目结构编码，但两者之间也会有一定的联系。

一个建设项目的实施除了业主方外，还有许多单位参加，如设计单位、施工单位、供货单位和工程管理咨询单位以及有关的政府行政管理部门等，项目组织结构图应注意表达业主方以及项目的各参与单位有关的各工作部门之间的组织关系。

业主方、设计方、施工方、供货方和工程管理咨询方的项目管理的组织结构都可用各自的项目组织结构图（图2.15）予以描述。

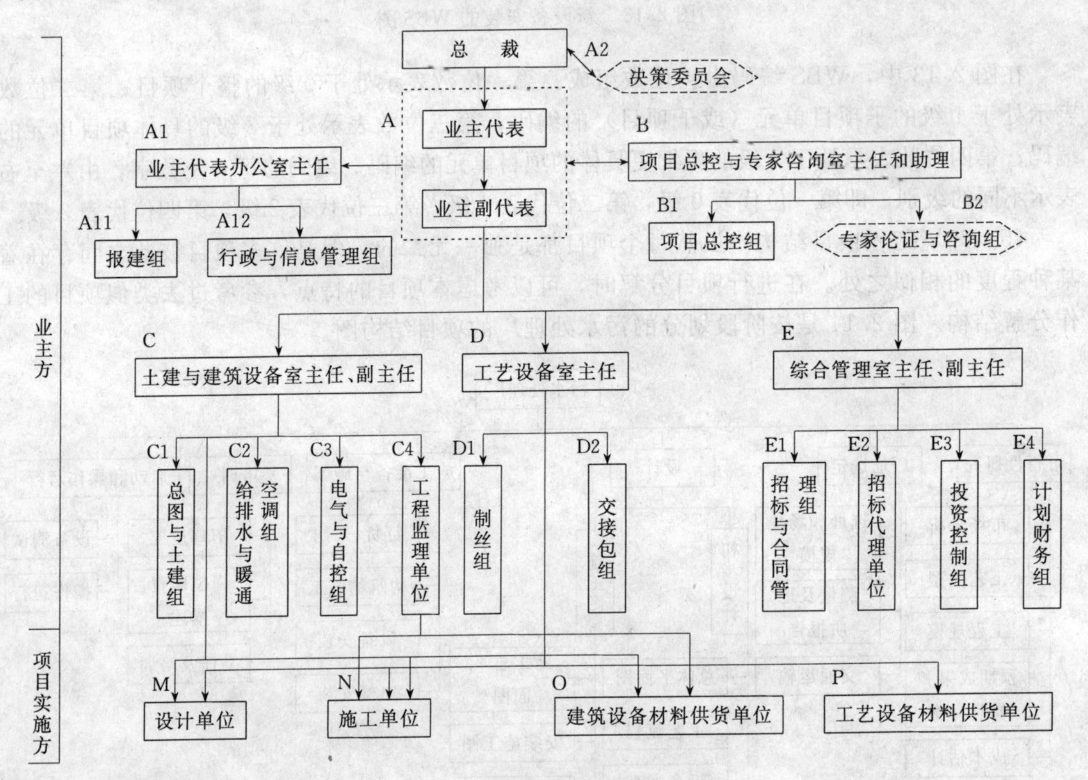

图2.15 项目组织结构图的示例

以上是项目组织结构图的一个示例，业主方内部是线性组织结构，而对于项目实施方而言，则是职能组织结构，该组织结构的运行规则如下。

① 在业主代表和业主副代表下设三个直接下属管理部门，即土建与建筑设备室（C）、工艺设备室（D）和综合管理室（E）。这三个管理部门只接受业主代表和业主副代表下达的

指令。

② 在C下设C1、C2、C3和C4四个工作部门，C1、C2、C3和C4只接受C的指令。在D下设D1和D2两个工作部门，D1和D2只接受D的指令。E下的情况与C和D相同。

③ 施工单位将接受土建与建筑设备工程管理部门、工艺设备工程管理部门和工程监理单位的工作指令，设计单位将接受土建与建筑设备工程管理部门和工艺设备工程管理部门的指令。

2.7.2 业主方管理组织结构的动态调整

工程项目管理的一个重要哲学思想是：在项目实施的过程中，变是绝对的，不变是相对的，平衡是暂时的，不平衡则是永恒的。项目实施的不同阶段，即设计准备阶段、设计阶段、施工阶段和动用前准备阶段，其工程管理的任务特点、管理的任务量、管理人员参与的数量和专业不尽相同，因此业主方项目管理组织结构在项目实施的不同阶段应做必要的动态调整，如设计不同阶段的业主方项目管理组织结构图：

① 施工前业主方项目管理组织结构图；

② 施工开始后业主方项目管理组织结构图；

③ 工程任务基本完成，动用前准备阶段的业主方项目管理组织结构图等。

2.8 环境工程项目管理规划与建设项目组织设计

2.8.1 环境工程项目管理规划

环境工程项目管理规划[或称建设项目实施规划（计划），国际上常用的术语为：project brief，project implementation plan，project management plan]是指导项目管理工作的纲领性文件，在工业发达国家，多数有一定规模的，或重要的建设项目都编制建设项目管理规划。我国的一些大型基础设施项目，自20世纪90年代中期也开始重视编制建设项目管理规划，如广州地铁一号线在项目设计工作开始前，组织力量编制了项目管理规划。

环境工程项目管理规划涉及项目整个实施阶段的工作，它属于业主方项目管理的工作范畴。如果采用建设项目总承包的模式，业主方也可以委托建设项目总承包方编制建设项目管理规划，因为建设项目总承包的工作涉及项目整个实施阶段。

环境工程项目的其他参与单位，如设计单位、施工单位和供货单位等，为进行其项目管理也需要编制项目管理规划，但它只涉及项目实施的一个方面，并体现一个方面的利益，如设计方项目管理规划、施工方项目管理规划和供货方项目管理规划等。

环境工程项目管理规划内容涉及的范围和深度，在理论上和工程实践中并没有统一的规定，应视项目的特点而定，一般包括如下内容：

① 项目概述；

② 项目的目标分析和论证；

③ 项目管理的组织；

④ 项目采购和合同结构分析；

⑤ 投资控制的方法和手段；

⑥ 进度控制的方法和手段；

⑦ 质量控制的方法和手段；

⑧ 安全、健康与环境管理的策略；

⑨ 信息管理的方法和手段；

⑩ 技术路线和关键技术的分析；

⑪ 设计过程的管理；

⑫ 施工过程的管理；

⑬ 风险管理的策略等。

2.8.2 环境工程项目组织设计

环境工程项目组织设计是重要的组织文件，它涉及项目整个实施阶段的组织，它属于业主方项目管理的工作范畴，主要包括以下内容：

① 项目结构分解；

② 合同结构；

③ 项目管理组织结构；

④ 工作任务分工；

⑤ 管理职能分工；

⑥ 工作流程组织等。

复习思考题

1. 环境工程项目管理组织结构是什么?
2. 环境工程项目承发包模式是什么?
3. 环境工程项目实施的组织是怎样的?
4. 环境工程项目管理方案是什么?

参 考 文 献

[1] 丁荣贵，杨乃定. 项目组织与团队. 北京：机械工业出版社，2004.

[2] 刘国靖，邓韬. 21世纪新项目管理：理念、体系、流程、方法、实践. 北京：清华大学出版社，2003.

[3] 孙裕君，尤勤，刘玉国. 现代项目管理学. 北京：科学出版社，2005.

[4] 杨兴荣主编. 工程项目管理. 合肥：合肥工业大学出版社，2007.

[5] 何清华主编. 项目管理案例. 北京：中国建筑工业出版社，2008.

第3章 环境工程项目策划

3.1 环境工程项目策划的基本概念

3.1.1 定义及目的

环境工程项目策划是指在工程项目建设前期，通过内外环境调查和系统研究分析，在充分占有及了解信息的基础上，针对项目的决策和实施，或决策和实施的某个问题，进行组织、管理、经济和技术等方面的科学分析和论证，使项目建设有正确的方向和明确的目的，也使建设项目设计工作有明确的方向并能达到实现项目投资增值的动态过程。

环境工程项目的增值体现在人类生活和工作的环境保护和节能、建筑环境、使用功能和建设质量、建设成本和经营成本、社会效益和经济效益、建设周期等多方面效果的改善。

环境工程类项目一般是由政府主导的，并不以经济收益而是以满足一定的社会效益（需求）作为投资目的的项目。这类项目策划的目的主要是把建设意图转换成定义明确、要求清晰、目标明确且具有强烈可操作性的项目策划文件，回答为什么要建、如何建、如何使投资更合理的问题，从而为项目的决策和实施提供全面完整的、系统性的计划和依据。因此环境工程策划项目可以分为环境工程项目决策策划和环境工程项目实施策划两类（如图3.1所示）。决策策划解决“为什么要建”或“建什么”的问题，实施策划解决“怎么建”或“如何建”的问题。它们的意义都在于其工作成果使项目的决策和实施有据可依，并且这类项目成立的重要判据是有无满意的效能/成本比。

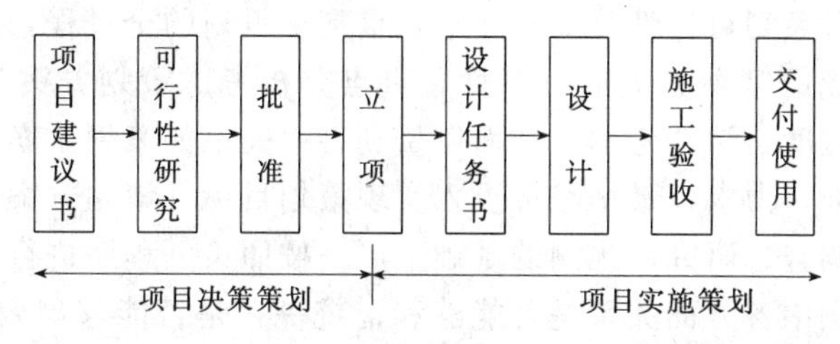

图3.1 环境工程项目策划

3.1.2 项目策划特点

虽然策划人员面临的环境工程项目都会有所差异，但是无论是哪一个项目策划都会具有以下四个特点。

（1）项目策划十分重视同类项目经验和教训的分析和总结　项目策划在项目实施之前，它需要大量的历史数据来支撑决策。因此必要的调查、分析和借鉴，不仅可以避免同类错误的再度发生，还可以保证在充分占有信息的基础上，针对项目自身特点进行决策，或满足实施环节中的现实需求。

（2）项目策划是一个通过创新、创意，寻求增值的过程　公共项目面临着投资最小化的现实诉求。项目策划人员就是要利用自身的创新思维，通过提供各种创意，使项目与众不同，从而在差异化中寻求更多的经济增加值。

（3）项目策划是一个知识管理的过程　项目策划涉及的环节较多，包括项目论证、可行性分析、组织策划、管理策划、合同策划、技术策划、风险控制、施工策划、竣工验收等多项内容，因此需要对项目涉及的知识进行管理。不仅如此，对于组织和企业来说，成功的项目策划业也为下次类似的策划提供了知识储备。

（4）项目策划是一个动态过程　项目策划发生在项目实施的前期阶段，由于环境变化等因素无法完全预测，因此在项目策划结束之后，还必须要关注环境的变化，加强策划与环境、资源等条件的动态匹配，控制并调整策划中存在问题的环节。

3.1.3 基本原则

原则是人们行为的基本规范。项目策划的基本原则是在总结多种不同项目策划内在规律的基础上，对策划行为规范的一种总结，它为策划人员提供了思考的准绳。

（1）整体规划原则　项目策划的整体规划原则主要体现在：①注意研究全局的发展规律，局部服从全局，以全局带动局部，为了全局甚至不惜牺牲和舍弃局部；②立足眼前，放眼未来，照顾眼前与长远的关系，是实现整体性原则的紧要之点；③任何策划都是一个系统，而系统是有层次的，有母系统、子系统，对不同层次的系统，就有不同层次的策划，就要体现不同层次的整体性，比如在考虑制订下一个层次的策划时，就应该同下一层次的战略要求相符合，而不能相背离。现代项目规模越来越大，影响因素越来越多，项目策划的整体性原则显得更为重要。

（2）客观现实原则　策划中客观性和科学性相辅相成，缺一不可。因此，策划活动要在对策划主体的现实状况进行深入全面仔细的调查，取得尽可能全面且准确的客观资料的前提下进行，把客观、真实的问题及其正确的分析作为策划的依据，在策划中努力寻找、把握定位点，以提高策划的准确性。同时要有坚定的决心和足够的勇气排除各种干扰、阻力甚至压力，以保证据实进行策划和实施策划方案。

（3）项目策划切实可行原则　任何策划方案都必须具有可行性和有效性，否则，这种策划将是无意义的。项目策划可行性分析实际上是贯穿于策划的全过程，即在进行每一项策划时都应充分考虑所形成的策划方案的可行性，重点分析考虑策划方案可能产生的利益、效果、危害情况的风险程度，综合考虑、全面衡量利害得失；如策划方案是否符合以最低的代价取得最优效果的标准，力求以最小经济投入实现策划目标，策划方案是否是在科学理论指导下，在进行了实际调查、研究、预测的基础上严格按照策划程序进行创造性思维和科学想象而形成的，策划方案中各方面关系是否能够和谐统一，是否能够高效率地实施策划方案，策划方案是否经过一定的合法程序和审批手续。策划方案的内容及实施结果要符合现行法规规定和政策要求。必要时为了准确弄清策划方向是否科学可行，可对策划方案进行局部可行性试验，以检查策划方案的重心是否放在了最关键的现实问题上，方案的整体结构和运作机制是否合理，实施结果是否有效。

（4）项目策划灵活机动原则　策划最忌墨守成规，一成不变，因为任何策划都是处于高度机动状态的活动，策划人员必须深刻认识策划的这一本质，增强策划的动态意识，从思想深处自觉地建立起灵活机动策划的观念，在策划过程中及时准确地掌握策划对象及其环境变化的信息，以其发展的调研预测为依据，调整策划目标并修正策划方案。当然，也要正确把握随机应变的限度，这种限度可以从三个方面来把握：一是看变化信息的可靠程度，根据可靠程度来决定是否对策划进行调整、修正；二是看调整和修正后的效益，一旦对策划目标和策划方案分别做出调整和修正，就要充分估计将会产生的实际效益，看效益是否增加了，有没有带来负效益；三是看变化的程度，即变化的范围和幅度，以此来决定调整和修正的幅度。

（5）项目策划慎重筹谋原则　世界上本无十全十美之事，任何策划也不可能尽善尽美，因为策划人员所掌握的客观情况，受到种种主客观因素的制约。主观上，策划人员的知识、胆略、思维方法等各有长短；客观上，纷繁复杂的情况，不以人们的意志为转移。因此，凡策划不可能百分之百地求全，只能在慎重之中求周全。怎样才能在项目策划过程中求周全呢？把握主要矛盾就是重要的一条。要把握决定事物性质的发展的关节点。这个关节点，有时看起来是一个很大的问题，有时看上去又似乎很微不足道，这就要求我们分清主次，把握重心。

（6）项目策划出奇制胜原则　出奇制胜，是人们常常引用的一句成语，策划人员无不十分推崇这一思想。出奇制胜，核心在“奇”上。奇在不意，出奇旨在“出其不意，攻其不备”，意在达成突然性，这也是策划的出发点和立足点。众人意料之中的计谋，也就不称其为策划。

（7）项目策划讲求时效原则　在项目策划中，策划方案的价值将随着时间的推移与条件的改变而变化，这就要求在策划过程中把握好时机，重视整体效果，尤其是处理好时机与效果之间的关系。在高速发展的现代社会，各种情况的变化频繁、迅速，利益竞争更为激烈，时机往往是转瞬即逝，时机与效果又具有紧密的联系，失去时机必然会严重影响效果，甚至完全没有效果。因此，项目策划过程中，要尽可能缩短策划到项目实施的周期，力图使策划发挥效用更快一些，长远效果更好一些。当然，重视时机也不是说策划活动以及从策划到策划实施越快越好，一方面，策划的周密性与时间的长短有关；另一方面，策划方案的实际效果还与客观条件是否成熟有关。只有当客观条件成熟时，策划方案的实施才能取得预期的效果。

（8）项目策划群体意识原则　随着社会化大生产的发展，项目的规模越来越大，相关因素也越来越多，项目策划活动所要处理的数据资料也更多、更复杂，项目策划活动的影响也越来越大。这时，许多策划活动已非个人或仅仅少数人所能胜任，因此在项目策划中采取群体策划方式，把有关方面的专家组织起来，针对目标和问题，集中众人智慧进行系统的策划工作，这是实现科学策划的重要条件和保证。事实表明，群体做出的策划，在实践中往往更具有科学性、合理性、可行性和操作性，策划方案的实施也能取得更大的成果和更有效率。

总之，策划活动是一个运动过程，为这个过程总体和各个主要环节做出的策划原则是一个体系，各项原则相互联系，构成一个有机整体，通过对策划活动的作用表现出严密的内在逻辑性。

3.1.4　策划方法及操作步骤

环境工程项目策划的方法是不断发展的。早期项目策划的方法只注重推论方法，将项目策划视为单一的数理逻辑演绎，而现代的项目策划方法将不只局限于数理解析法、模拟法等，出现许多更新的高效的方法。目前，项目策划方法大致可归类为以下几种。

(1) 以事实为依据的项目策划方法　该策划方法强调社会经济生活对项目策划的限定性，从而以认识项目和社会生产、生活的关系为目的，只反映客观的现象，将项目策划的方法都建立在事实的记录和收集之上，反对主观的思维和加工；只研究实际相关的资料，其所表述的内容和结果如面积、大小、尺寸等恰恰是项目策划可操作性的反映，而对项目策划中理论原理和技术的使用不重视。

(2) 以技术为手段的项目策划方法　该法强调运用高技术手段对项目与生产和生活相关信息进行推理，只研究信息的分析和处理方法，而忽视项目策划对客观实际状态的依赖关系和因果关系；过分强调以技术的手段解决项目实施中的前期问题，而把项目策划片面地引导到只关心高技术的方向上去，使其游离于现实。

(3) 以规范为标准的项目策划方法　该策划方法是单纯摒弃对现实生产、生活实际状态的实地调查，不关心社会生产、生活方式因时代发展而发生的新变化，只凭人们通过对经验总结而形成的习惯方法和程序的规范、资料及专家的个人经验进行项目策划。由于该法不屑去关心社会生产、生活方式的改变对项目的影响，总是以既成的、有限的项目作为新项目的蓝本，因此该策划方法所创造的将是停滞而僵死的项目。

(4) 综合性的项目策划方法　上述三种项目策划方法都有其特点，但也有其明显的不足，综合性的项目策划方法就是将上述三种项目策划方法统而合一，以摆脱上述三种项目策划方法的偏颇。综合性的项目策划方法就是从事实的实态调查入手，以规范的既有经验、资料为参考依据，使用现代技术手段，通过项目策划人员进行综合分析论证，最终实现项目策划的目标。

3.2　环境工程环境调查与分析

3.2.1　环境调查内容及作用

环境调查与分析是决策策划的第一步，通过环境调查，可以获得大量的信息，进而进行整理和分析，为项目的前期策划提供依据。环境类项目一般会引起项目所在地自然环境、社会环境和生态环境的变化，通过全面而深入地调查和分析项目建设所在地的环境，可以为科学决策提供依据。环境调查内容多、涉及面广，所以环境调查时应做到十分系统，尽可能用数据说话，主要着眼于历史资料和现状，对目前的情况和今后的发展趋向做出初步评价。

从总体上讲，环境调查应该以项目为基本出发点，对项目实施所可能涉及的所有环境因素进行系统性的思考，以其中对项目影响较大的核心因素为调查的重点，尤其应将项目策划和项目实施所需要依据和利用的关键因素和条件作为主要的考虑对象，进行全面深入的调查。

具体地说，环境调查主要包含以下几方面的内容。

(1) 政府政策、法规及城市总体规划　外部政治环境的调查研究，有助于确定项目建设所应遵循的规范不与现行政策、法规和城市总体规划相冲突。同时，对这些情况的了解也有助于项目的报批。

(2) 自然条件和历史资料　地形图、气象资料、水文资料、地震及地质资料和项目所在地的历史沿革资料等这些资料是设计工作的依据，也是进行项目定义的依据。例如在进行项目定义时就应该考虑：所建项目是否应反映该地的风土人情，是否应考虑该地的历史沿革，是否会影响当地民众的生活工作等。

(3) 技术经济资料　对自然资源情况，经济状况，土地利用情况，商业、服务业、工业企业的现状，对外交通情况，文教卫生现状，行政机关和商业网点现状等这些情况的了解，有助于明确该项目的有利条件和不利条件，在项目定义策划时应加以充分考虑。

(4) 市场情况资料　了解项目建设的资金来源、数量、利率、汇率及风险等，为项目融资策划和制订投资计划提供依据。建筑市场，既要了解国外同类型建筑的情况，也要了解国内、区域内及当地同类型建筑的情况；不仅要了解这些项目的规模，而且要了解它们的经营状况，这将对拟建项目的可行性论证及规模提供充分的参考依据。同时，对建筑市场的了解，也包括了解建筑队伍、建筑材料、建筑机械等情况，为合理安排施工顺序、施工进度提供依据。

(5) 最终用户需求　很多项目的失败，均可归结为对用户需求的不了解或理解偏差上。最终用户的需求是项目环境规划、公建配套、单体设计的立足点，因此也可以说它是项目环境调查的重点。

3.2.2 环境调查步骤

调查的步骤，可以分为以下三个阶段。

(1) 预备调查阶段　主要通过分析和非正式调查，确定调查问题或目标及其范围。

(2) 正式调查阶段　在确定调查问题或目标以后，先要决定收集资料的方法，准备所需的调查表格，设计抽样方法，然后进行实地调查，取得调查资料。

(3) 结果处理阶段　将调查收集到的资料进行整理和分析，提出报告并进行跟踪与修正，以便后面用于决策策划。

调查方法很多，可以是：现场实地考察；相关部门走访，要做到提前联系并且准备好表格；有关人员访谈，可以是业主方、最终用户、有关领导、专家和专业人士、其他人等；同时还可以做文献调查与研究及问卷调查。

3.2.3 环境预测

环境预测是建立在环境调查和研究基础上的科学推算。根据过去和现在预计未来，根据已知推测未知，根据主观的经验和教训、客观的资料与条件、演变的逻辑与推断，来寻求环境的变化规律。搞不搞环境预测，预测正确与否，关系到项目策划能否成功。

(1) 环境预测的要点

① 环境预测的目的要明确。

② 环境诸因素间存在连续性、类推性和因果性三个特性，这是预测的基本原理。

③ 环境预测应根据环境的不同情况而有所侧重。

④ 环境预测的基础是环境调查。两者关系密不可分，以至于常常把环境调查和预测连在一起。

(2) 环境预测的步骤

① 确定目标　要明确规定预测目标、预测期限和预测数量单位，预测目标必须用文字说明。

② 收集和分析历史数据　收集资料应注意资料的可靠性，对历史上只出现一次的事件，不应归入历史数据。预测资料的来源大致为：国家政府部门的计划与统计资料；

本系统（公司、企业）的计划、统计和活动资料；国外技术经济情报和国际市场活动发展的资料；商业部门和市场的统计数据资料；各研究单位、学术团体的研究成果、刊物资料等。

③ 提出预测模型，选定预测方法，进行预测　对定量预测可以建立数学模型，对定性预测可建立设想性的逻辑思维模型，并选定理论方法，进行预测。

④ 分析评价　对预测中一些与过去不同的新因素，转化成数量概念，分析这些因素的影响范围和程度。对这些因素的影响程度不仅要考虑到内部因素，而且还要考虑到外部因素，并分析出预测和实际可能产生的误差，以及误差的大小及原因。

⑤ 修正预测数量　预测的复杂因素可通过模型和计算机模拟，但模型及计算机只能解决主要因素之间的关系及变化，而且这些数学模型的方法是假设性的。因此，模拟出来的预测数量不可能完全准确，需要对未考虑的因素进行分析，以修改和充实模拟的预测数量，作为最佳预测的完善数据。

(3) 环境预测方法分类　环境预测的方法很多，但可归类为主观性预测和客观性预测两大类。主观性预测又可分为宏观预测（类推预测法、理论推定法等）和微观预测（意见调查法、专家调查法、统计资料外推法、主观概率法）。客观性预测也可分为时间系列预测、因果关系模型、结构关系模型等预测方法。

现实中，每个业主或项目策划人员都不会漫无边际地去做信息收集，从中找到项目机会，因为那样做所耗用的成本费用太高了，事实上，业主或项目策划人员总是从其所拥有的信息渠道，业主内部的发展研究机构、社会上的研究机构获得有关信息，而后产生创意火花，根据自己的经验以及环境信息产生项目构思。

总之，有了真实、完整的情报的支持，策划才能提高功效，缺乏真实、完整的情报支持的策划如缺水之鱼，其危险可想而知。

3.2.4 环境分析及实现目标

影响建设项目的因素是广泛而复杂多变的，同时各个因素间也存在交叉作用。每一个项目策划人员必须随时注意环境的动态性及项目对环境的适应性。环境一旦变化，项目就必须积极地、创造性地适应这种变化。因此作为项目策划的基石，环境分析在项目策划中起着举足轻重的作用。

环境分析就是分析项目策划的约束条件，包括技术约束、资源约束、组织约束、法律约束等各种环境约束。预先对策划环境进行细致的分析，找出各种可能的约束条件，是拟定实际可行策划方案的前提条件。

至于策划环境的分类，可以从多种角度进行。通常可以简单将其划分成：内部环境和外部环境；有利的环境因素和不利的环境因素。

(1) 项目外部环境分析　项目外部环境分析是分析与项目有关的各项法律、法规与规范上的制约条件，分析项目的社会人文环境，包括地域环境、经济构成、投资环境、技术环境、社会习俗、人口构成、文化构成、生活方式、项目工业化与标准化水平等，还包括地理、地质、地形、水源、能源、气候、日照等自然物质环境以及城市各项基础设施、道路交通、地段开口、允许容积率、建筑限高、覆盖率和绿地面积指标等城市规划所规定的建设条件。一般说来，项目存在于社会经济环境中，在社会经济中充当何种角色其基本情况是由相关的社会经济因素决定的。亦即，社会经济因素是决定项目基本性质的基础。社会经济要求来自各个方面，项目是和社会、经济、地域分不开的。由此可见，对项目外部环境分析的好坏是做好项目策划的关键之一。

(2) 项目内部环境的分析　项目内部环境的分析是对项目的使用者、功能的要求、使用方式、设备系统、项目地质条件、项目管理等进行分析，确定项目与规模相适应的预算、与用途相适应的功能以及与施工条件相适应的结构形式等。

建设项目是人类生产和生活的物质基础，而满足生产和生活使用的要求将是决定项目具体性质的第一位因素。因此对建设项目内部环境的分析，首要一点就是分析、研究建设项目未来的使用者。从项目策划角度可以依使用方式和范围的不同，将项目使用者进行划分。不同的使用者，其活动方式和特征以及对项目的要求也就各有不同。这种对使用者的分析、研究是建设项目内部环境分析的关键。

其次是对项目功能要求的分析。通常的方法是将以往同类项目的使用经验作为基础，项目策划的核心是通过对同类项目使用状态的实态调查，来统计和推断建设项目的功能要求。由于时代的变迁，生产、生活方式的改变，项目功能不是一成不变的，如信息技术的发展带来建设项目在使用、管理、运营上的重大变革。项目策划对现状进行调查统计，分析推测未来，寻求时代的变化，并对未来项目的功能变化趋向加以论证，以科学的发展的观点指导项目设计、研究新的建设模式是项目策划的重要内容之一。

此外，项目内部环境分析不只是简单地将生产、生活与空间相对应，项目空间自身也有其规范和自律的一面，如空间形态如何与用途和性质相适应，构造方式如何与设备系统相适应，建设规模、结构选型如何考虑工程的投资概算等，内部环境分析既为项目策划提供依据，同时也对外部条件和目标的设定起到反馈修正作用。

总之，项目策划应同时分析建设项目内部和外部两方面的环境。环境分析与市场调查是项目策划的重要内容，通过环境分析市场调查，可以达到如下目的：

① 了解影响项目的宏观社会经济因素，进而把握投资机会与方向。

② 了解市场上各类产品或物业的供求关系和价格水平，就拟投资项目进行市场定位(包括服务对象、产品品种、档次、规模、售价或租金水平等)。

③ 了解用户对产品或物业功能和设计形式的要求，用以指导投资项目的规划设计和产品功能定位。

3.3 环境工程项目前期策划

3.3.1 前期策划的定义及重要性

环境工程项目前期策划是指从环境工程项目的构思到项目批准、正式立项为止的过程。它的流程如图 3.2 所示。

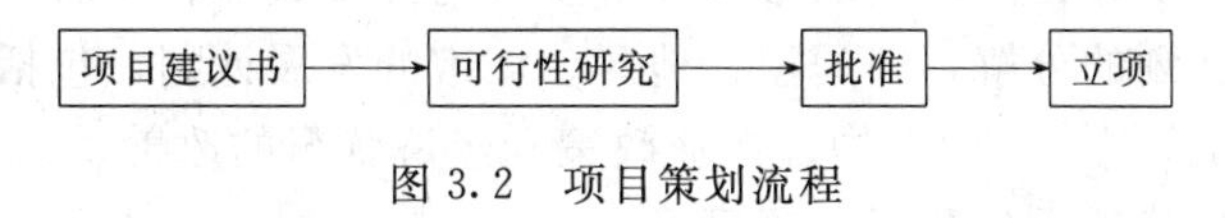

图 3.2　项目策划流程

每个工程项目都具有它的单件性特性。因此作为施工单位，如何把握好一个项目的施工前期策划工作，是该项目能否顺利实施的关键。工程项目的确立是一个极其复杂的同时又是十分重要的过程，要取得项目的成功，必须在项目前期策划阶段就进行严格的项目管理。例如，在建设污水处理厂时，必须进行污水处理工艺的经济比较和技术比较，及考虑当地的周围环境，才能选出适合该地的工艺。工程项目是将原直觉的项目构思和期望引导到经过分析、选择得到的有根据的项目建议，是项目目标设计的里程碑。古人云："兵无谋不战，谋当底于善"，其中"谋"乃指的是筹划、运筹。而在工程项目管理中"谋"往往放在前期策划过程中。

3.3.2 前期策划的主要工作及过程

环境工程项目前期策划的主要任务是寻找确立项目目标，定义项目，并对项目进行详细的技术经济论证，使整个项目建立在可靠、坚实、优化的基础上。它的主要工作有三方面（后面几节内容将具体展开介绍，如图 3.3 所示）。

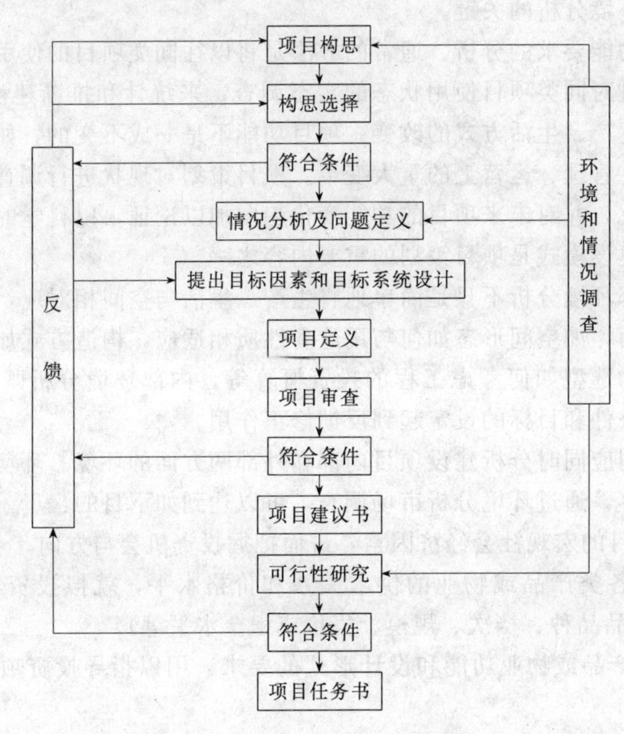

图 3.3 环境工程前期策划过程

3.3.3 工程项目构思的产生和选择

项目构思是对项目机会的捕捉，人们对项目机会必须有敏锐的感觉，项目构思的起因可能有：

① 通过市场研究发现新的投资机会、有利的投资地点和投资领域，开拓新市场，扩大市场占有份额；出现新技术、新工艺和新的专利产品。

② 解决社会或经济存在问题或困难。经济发展与环境破坏相矛盾。

③ 上层战略或计划的分解，如国家、地区、城市的发展计划，包括国民经济发展计划、地区发展计划、部门计划、产业结构、产业政策和经济状况的改善。

④ 项目业务，如建筑承包公司的项目。

⑤ 通过生产要素的合理组合，产生项目机会。

项目的构思是丰富多彩的，但在考虑构思的选择时，要注意以下几点：

① 解决问题和需求的现实性。

② 考虑到环境的制约和充分利用资源，利用外部条件。

③ 充分发挥自己已有的长处，运用自己的竞争优势，或达到合作各方竞争优势的最优

组合。

综合考虑“项目构思-环境-能力”之间的平衡，以求达到主观和客观的最佳组合。经过权力部门的认可，项目的构思转化为目标建议，可提出做进一步的研究，进行项目的目标设计。

3.3.4 项目的目标设计和项目定义

该阶段主要通过进一步研究上层系统情况和存在的问题提出项目的目标因素，进而构成项目目标系统，通过对目标的局面说明形成项目定义。这个阶段包括以下几个工作。

（1）目标管理方法　目标管理采用目标管理方法，包括以下几个方面：①在项目实施前就必须确定明确的目标，精心论证，详细设计、优化和计划；②项目先设立总目标，再采用系统方法将总目标分解成子目标和可执行目标；③将项目目标落实到责任人，将目标管理同职能管理高度地结合起来，建立由上而下，由整体到分部的目标控制体系，并加强对责任人进行业绩评价；④将项目目标落实到项目的各阶段，保证项目在全生命期中目标、组织、过程、责任体系的连续性和整体性。

在项目管理中推行目标管理容易出现的问题：在项目前期就要求设计完整的且科学的目标系统是十分困难的；项目批准后，目标的刚性非常大，不能随便改动，也很难改动；在目标管理过程中，人们常常注重近期的局部的目标，容易产生短期行为；人们可能过分使用和注重定量目标，因为定量目标易于评价和考核，项目的成果显著，但有些重要的和有重大影响的目标很难用数字来表示。

（2）情况的分析和问题的研究　情况分析能进一步研究和评价项目的构思的实用性，并且对上层系统的目标和问题进行定义，从而确定项目的目标因素。通过情况分析确定项目的边界条件状况，这些边界条件的制约因素，常常会直接产生项目的目标因素，为目标设计、项目定义、可行性研究以及详细设计和计划提供信息。通过情况分析可以对项目中的一些不确定因素即风险进行分析，并对风险提出相应的防护措施。

情况分析的内容主要包括以下几个方面：

① 拟建工程所提供的服务或产品的市场现状和趋向的分析。

② 上层系统的组织形式，企业的发展战略、状况及能力，上层系统运行存在的问题。

③ 企业所有者或业主的状况。

④ 能够为项目提供合作的各个方面，如合资者、合作者、供应商、承包商的状况。

⑤自然环境及其制约因素。

⑥ 社会的经济、技术、文化环境，特别是市场问题的分析。

⑦ 政治环境和与投资，与项目的实施过程及运行过程相关的法律和法规。

情况分析方式多种多样，可以采用调查表、现场观察法、专家咨询法、ABC 分类法、决策表、对过去同类项目的分析方法等。

做完情况分析，需要进行问题的定义。问题的定义是目标设计的诊断阶段，从问题的定义中确定项目的任务，从中研究并得到问题的原因、背景和界限。对问题的定义必须从上层系统全局的角度出发，抓住问题的核心。问题定义的基本步骤为：

① 对上层系统问题进行罗列、结构化，即上层系统有几个大问题，一个大问题又可能由几个小问题构成。

② 对原因进行分析，将症状与背景、起因联系在一起，这可用因果关系分析法。

③ 分析这些问题将来发展的可能性和对上层系统的影响。有些问题会随着时间的推移逐渐减轻或消除，相反有的却会逐渐严重。

（3）项目的目标设计　首先要提出目标因素，目标因素通常由如下几方面决定：问题的定义，即各个问题的解决程度；有些边界条件的限制也形成项目的目标因素，如资源限制、法律的制约、周边组织的要求等；许多目标因素是由最高层设置的，上层战略目标和计划的分解可直接形成项目的目标因素。

常见的目标因素可能有如下几类：问题解决的程度，这是项目建成后所实现的功能，所达到的运行状态；项目自身的（与建设相关）目标，包括工程规模、经济性目标、项目时间目标；其他目标因素还有工程的技术标准、技术水平；提高劳动生产率，如达到新的人均产量、产值水平；人均产值利润额；吸引外资数额；降低生产成本，或达到新的成本水平等。

各目标因素指标的初步确定，应注意如下几点：真实反映上层系统的问题和需要，应基于情况分析和问题的定义基础上；切合实际，实事求是，既不好大喜功，又不保守，一般经过努力能实现；目标因素指标的提出，评价和结构化并不是在项目初期就可以办到的；项目的目标因素必须重视时间限定；项目目标是通过解决问题以最佳地满足上层系统对项目的需要，所以许多目标因素是由与项目相关的各方面提出来的；目标因素指标可以采用相似项目比较法、指标（参数）计算法、费用/效用分析法、头脑风暴法、价值工程等方法确定。

（4）目标系统的建立　目标系统的建立，项日目标系统至少有如下三个层次：①系统目标；②子目标；③可执行目标。目标系统设计要考虑强制性目标（法律限制、官方的规定、技术规范）和期望的目标（尽可能满足的）之间的关系：先满足强制性目标，如果强制性目标之间矛盾，消除一个强制性目标或重新构思；如果是期望性目标之间矛盾，应追求技术经济指标最有利或根据优先级寻求之间的妥协和调整，照顾到社会各方面的利益。

（5）项目的定义　项目定义是指以书面形式描述项目的性质、用途、建设范围和基本内容。项目的定位是描述和分析项目的建设规模、建设水准，项目在社会经济发展中的地位、作用和影响。在项目构成及系统定界以后即可进行项目定义，是项目建议书的前导。项目定义内容包括以下几个方面：问题范围说明和问题的定义；提出问题，说明解决这些问题对上层系统的影响和意义；项目构成和定界，确定项目环境和对项目有重大影响的因素；系统目标和最重要的子目标，近期、中期、远期目标；边界条件，如市场诊断、情况分析、现场问题、财务、风险；提出可能的解决方案和实施过程的建议；价格水准、项目构成、总投资、运营费用等总体说明。

（6）项目的审查和选择　项目的审查的关键问题是指标体系的建立，这与具体的项目类型有关。对一般的常见的投资项目审查内容可能有：问题的定义，包括名称、目标介绍、界限、优先级等；目标系统和目标因素，包括项目起因、目标费用、目标需求的必要性、待研究的细节；项目评价，包括财务可能性、人的影响、限制条件、环保。

3.3.5 项目可行性研究

做完项目审查，就可提出项目建议书，准备可行性研究了。项目建议书是对项目目标系统和项目定义的说明和细化，同时作为后继的可行性研究、技术设计和计划的依据，将目标转变成具体的实在的项目任务，提出要求，确定责任者。建议书必须包括项目可行性研究，设计和计划，实施所必需的总体信息、方针、说明。

可行性研究，即提出实施方案，并对实施方案进行全面的论证，看能否实现目标。它的结果作为项目决策的依据。项目可行性研究是指对某工程项目在做出是否投资的决策之前，先对该项目的相关的技术、经济、社会、环境等所有方面进行研究，对项目各种可能的拟建方案进行技术经济分析论证，研究项目在技术上的先进适应性、在经济上的合理有利性和建设上的可能性，对项目建成后的经济效益、社会效益、环境效益等进行科学的预测和评价，据此提出该项目是否应该投资建设，以及选定最佳投资建设方案等结论性意见，为项目投资决策提供依据。

项目可行性研究的作用如下。

① 作为项目投资决策的依据　一个项目的成功与否及效益如何，会受到社会的、自然的、经济的、技术的诸多不确定因素的影响，而项目的可行性研究，有助于分析和认识这些因素，并依据分析论证的结果提出可靠的或合理的建议，从而为项目的决策提供强有力的依据。

② 作为向银行等金融机构或金融组织申请贷款、筹集资金的依据　银行是否给一个项目贷款融资，其依据是这个项目是否能按期足额归还贷款本息。银行只有在对贷款项目的可行性研究进行全面细致的分析评价之后，才能确认是否给予贷款。例如，世界银行等国际金融组织都视项目的可行性研究报告为项目申请贷款的先决条件。

③ 作为编制设计和进行建设工作的依据　在可行性研究报告中，对项目的建设方案、产品方案、建设规模、厂址、工艺流程、主要设备和总图布置等做了较为详细的说明，因此，在项目的可行性研究得到审批后，即可以作为项目编制设计和进行建设工作的依据。

④ 作为签订有关合同、协议的依据　项目的可行性研究是项目投资者与其他单位进行谈判，签订承包合同、设备订货合同、原材料供应合同、销售合同及技术引进合同等的重要依据。

⑤ 作为项目进行后评价的依据　要对投资项目进行投资建设活动全过程的事后评价，就必须以项目的可行性研究作为参照物，并将其作为项目后评价的对照标准，尤其是项目可行性研究中有关效益分析的指标，无疑是项目后评价的重要依据。

⑥ 作为项目组织管理、机构设置、劳动定员的依据　在项目的可行性研究报告中，一般都须对项目组织机构的设置、项目的组织管理、劳动定员的配备及其培训、工程技术及管理人员的素质及数量要求等做出明确的说明。

⑦ 作为环保部门审查项目环境影响的依据，也作为向项目所在地政府和规划部门申请建设执照的依据。

我国建设项目可行性研究的阶段是吸收国外的经验，结合我国计划编制和基建程序的规定，经过各行业部门的研究、实践逐渐形成的。我国现阶段可行性研究的阶段可划分为以下三个阶段（如图 3.4 所示）。

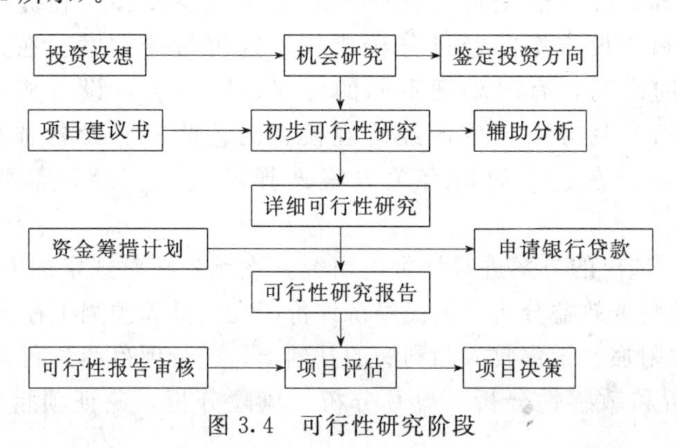

图 3.4　可行性研究阶段

(1) 项目建议书阶段　项目建议书主要是根据长期计划要求、资源条件和市场需求，鉴别项目的投资方向，初步确定上什么项目，着重分析项目建设的必要性，初步分析项目的可行性，因此大体上相当于国外的机会研究和初步可行性研究阶段。

我国类似于国外机会研究的工作是在国家、部门和地区的长期计划中进行的。重点项目在长期计划中初步提出项目设想，在项目建议书阶段再对项目进行初步技术经济分析，从而提出项目建议书；一般项目则在国家各级长期计划和行业、地区规划指导下进行项目机会研究，提出项目建议书。

我国可行性研究是根据批准的项目建议书进行的，除利用外资的重大项目和特殊项目需要增加初步可行性研究外，一般项目不需要进行初步可行性研究。因此，项目建议书的技术经济分析深度应大体相当于国外的初步可行性研究，否则将影响项目决策的正确性。

(2) 可行性研究阶段　这一阶段要求对项目在技术上的可行性、经济上的合理性进行全面调查研究和技术经济分析论证，经过多方案比选，推荐编制设计任务书的最佳方案。

(3) 项目评估决策阶段　评估是在可行性研究报告的基础上，落实可行性研究的各项建设条件，进行再分析、评价。评估一经通过，即可作为批准设计任务书的依据，项目即可列入五年计划。

工程项目可行性研究的工作程序可分为以下几个步骤，见图3.5。

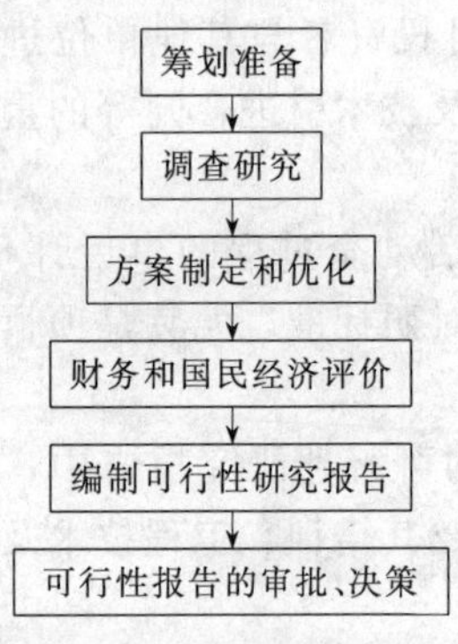

图3.5　可行性研究步骤

① 筹划准备　项目建议书被批准后，建设单位即可组织或委托有资质的工程咨询公司对拟建项目进行可行性研究。双方应当签订合同协议，协议中应明确规定可行性研究的工作范围、目标、前提条件、进度安排、费用支付方法和协作方式等内容。建设单位应当提供项目建议书和项目有关的背景材料、基本参数等资料，协调、检查监督可行性研究工作。可行性研究的承担单位在接受委托时，应了解委托者的目标、意见和具体要求，收集与项目有关的基础资料、基本参数、技术标准等基础依据。

② 调查研究　调查研究包括市场、技术和经济三个方面内容，如市场需求与市场机会、产品选择、需要量、价格与市场竞争；工艺路线与设备选择；原材料、能源动力供应与运输；建厂地区、地点、场址的选择，建设条件与生产条件等。对这些方面都要做深入的调查，全面地收集资料，并进行详细的分析研究和评价。

③ 方案的制定和选择　这是可行性研究的一个重要步骤。在充分调查研究的基础上制定出技术方案和建设方案，经过分析比较，选出最佳方案。在这个过程中，有时需要进行专题性辅助研究，有时要把不同的方案进行组合，设计成若干个可供选择的方案，这些方案包括产品方案、生产经济规模、工艺流程、设备选型、车间组成、组织机构和人员配备等。在这个阶段有关方案选择的重大问题，都要与建设单位进行讨论。

④ 深入研究　对选出的方案进行详细的研究，重点是在对选定的方案进行财务预测的基础上，进行项目的财务效益分析和国民经济评价。在估算和预测工程项目的总投资、总成本费用、销售税金及附加、销售收入和利润的基础上，进行项目的盈利能力分析、清偿能力分析、费用效益分析和敏感性分析、盈亏分析、风险分析，论证项目在经济上是否合理有利。

⑤ 编制可行性研究报告　在对工程项目进行了技术经济分析论证后，证明项目建设的必要性、实现条件的可能性、技术上先进可行和经济上合理有利，即可编制可行性研究报告，推荐一个以上的项目建设方案和实施计划，提出结论性意见和重大措施建议供决策单位作为决策依据。可行性报告有它特殊的要求和格式，在编制时应注意以下几点。

a. 要准确简明地阐述工程项目的意义、必要性和重要性，突出针对性。

b. 要注意表达的精确性，这是编制可行性研究报告时应特别注意的问题，在可行性研究报告中不应采用模糊不清的表达方式，如“基本上能够达到”、“如果这一点可能的话，还是比较有把握的”等。

c. 编写可行性研究报告应严肃认真。运用语言文字要标准，不使用不规范的字或词。

d. 可行性研究报告要注意内容的系统化和格式的统一。由于工程项目的可行性研究报告是由多种专业人员或多个单位协作完成的，各个单项研究报告又可能由多人编写；因此，应根据工作程序、性质和内容，事前提出各项的具体要求，统一编写的方法和内容安排。

e. 可行性研究报告要注意形式的规范化、参考文献条目要按照国家标准规定的格式书写。

⑥ 可行性研究报告内容　按照联合国工业发展组织（UDIDO）出版的《工业可行性研究手册》，其可行性研究内容包括以下几点。

a. 实施要点（对各章节的所有主要研究成果的扼要叙述）

b. 项目背景和历史

（a）项目的主持者。

（b）项目历史。

（c）已完成的研究和调查的费用。

c. 市场和工厂的生产能力

（a）需求和市场

ⅰ. 该工业现有规模和生产能力的估计，以往的增长情况，今后增长情况的估计，当地的工业分布情况，其主要问题和前景，产品的一般质量。

ⅱ. 以往进口及其今后的趋势、数量和价格。

ⅲ. 该工业在国民经济和国家政策中的作用；与该工业有关的或为其指定的优先顺序和指标。

ⅳ. 目前需求的大致规模，过去需求的增长情况，主要决定因素和指标。

（b）销售预测和经销情况

ⅰ. 预期现有的及潜在的当地和国外生产者和供应者对该项目的竞争。

ⅱ. 市场的当地化。

ⅲ. 销售计划。

ⅳ. 产品和副产品年销售收益估计。

ⅴ. 推销和经销的年费用估计。

（c）生产计划

ⅰ. 产品。

ⅱ. 副产品。

ⅲ. 废弃物（废弃物处理的年费用估计）。

（d）工厂生产能力的确定

ⅰ. 可行的正常工厂生产能力。

ⅱ. 销售、工厂生产能力和原材料投入之间的数量关系。

d. 原材料投入（投入品的大致需要量，它们现有的和潜在的供应情况，以及对当地和国外的原材料投入的每年费用的粗略估计）

（a）原料。

（b）经过加工的工业材料。

（c）部件。

（d）辅助材料。

（e）工厂用物资。

（f）公用设施，特别是电力。

e. 厂址选择（包括对土地费用的估计）

f. 项目设计

（a）项目范围的初步确定。

（b）技术和设备

ⅰ. 按生产能力大小所能采用的技术和流程。

ⅱ. 当地和外国技术费用的粗略估计。

ⅲ. 拟用设备的粗略布置。

ⅳ. 按上述分类的设备投资费用的粗略估计。

（c）土建工程

ⅰ. 土建工程的粗略布置，建筑物的安排，所要用的建筑材料的简略描述。

ⅰ）场地整理和开发。

ⅱ）建筑物和特殊的土建工程。

ⅲ）户外工程。

ⅱ. 按上述分类的土建工程投资费用的粗略估算。

g. 工厂机构和管理费用

（a）机构设置

ⅰ. 生产。

ⅱ. 销售。

ⅲ. 行政。

ⅳ. 管理。

（b）管理费用估计

ⅰ. 工厂的。

ⅱ. 行政的。

ⅲ. 财政的。

h. 人力

（a）人力需要的估计，细分为工人、职员，又分为各种主要技术类别。

（b）按上述分类的每年人力费用估计，包括关于工资和薪金的管理费用在内。

i. 制订实施时间安排

（a）所建议的大致实施时间表。

(b) 根据实施计划估计的实施费用。

j. 财务和经济评价

(a) 总投资费用

ⅰ. 周转资金需要量的粗略估计。

ⅱ. 固定资产的估计。

ⅲ. 总投资费用（由上述所估计的各项投资费用总计得出）。

(b) 项目筹资

ⅰ. 预计的资本结构及预计需筹措的资金。

ⅱ. 利息。

(c) 生产成本（由上述所估计的按固定和可变成本分类的各项生产成本的概括）

(d) 在上述估计值的基础上做出财务评价

ⅰ. 清偿期限。

ⅱ. 简单收益率。

ⅲ. 收支平衡点。

ⅳ. 内部收益率。

(e) 国民经济评价

ⅰ. 初步测试

ⅰ) 项目换汇率。

ⅱ) 有效保护。

ⅱ. 利用估计的加权数和影子价格（外汇、劳力、资本）进行大致的成本-利润分析。

ⅲ. 经济方面的工业多样化。

ⅳ. 创造就业机会的效果估计。

ⅴ. 外汇储备估计。

3.4 环境工程项目实施策划

项目实施策划，即项目管理和项目目标策划，旨在把建设意图的项目构思展开实施，变成有现实可能性和可操作的行动方案，提出带有谋略性和指导性的设想，它包括以下几个方面。

(1) 项目目标控制策划　项目目标控制是对项目实施系统及项目全过程的控制，基本方法是动态控制。从系统论的角度看，目标控制必须是具有健全反馈机制的闭环控制，必须具有完整的反馈控制系统。因此，合理的项目目标控制一般具有以下基本步骤。

① 建立项目目标控制子系统　作为一个控制系统，它拥有全面深入的信息反馈渠道和完整有效的控制手段，保证其控制的及时和有效。作为一个子系统，它应与其他子系统建立和谐的工作界面，保证整个系统运转的协调。

② 建立目标控制子系统信息库　通过项目系统分析，将项目目标、项目构成、项目过程、项目环境等方面的信息收集、分类、处理，信息中将包括项目目标的有关数据、项目环境因素的主要指标和变化范围。这些信息将作为系统控制的原始信息和系统控制启动的依据和基础。

③ 实施系统控制　随着项目实施的进行，按照既定的程序依次启动各个子系统并调整到预先设定的均衡状态。同时，不断收集反馈信息，对原始信息进行充实和调整，对各个系统出现的偏差进行调整，使其恢复到原定的状态。

④ 调整控制状态　如果由于原始信息的错误或者环境因素的严重干扰，实际系统状态与原定的系统状态之间出现较大的变差并且不可能恢复到原定的状态，应根据反馈信息对信息库中已有的信息进行局部修正或全面调整，设定新的系统状态，建立新状态下的系统机制，并调整整个系统，尽快达到这种新的均衡状态。需要注意，一般情况下应尽量避免变动系统目标值，否则，将引起系统状态的多方面变化。

(2) 项目组织策划　对于大中型建设项目，国家要求实行项目法人责任制，项目法人是负责项目立项、融资、报建、实施、运营、返贷的责任主体，应按照股份公司和有限责任公司的现代组织模式组建管理机构和进行人事安排。但是对于环境类这种非经营性政府投资项目，国家希望推行代建制。是否实现代建制，以及以何种方式实施代建，均要分析策划。显然，这既是项目总体构思策划的重要内容，也是对项目实施过程产生重要影响的策划内容。

(3) 项目融资策划　资金是实施项目的物质基础，建立项目投资大、周期长，资金的筹措和运用对项目的成败关系重大。建设资金的来源渠道广泛，各种融资手段有其不同的特点和风险因素。融资方案的策划是控制资金使用成本，进而控制项目投资、降低项目风险所不可忽视的环节。项目融资策划具有很强的政策性、技巧性和谋略性，它取决于项目的性质和项目实施的运作方式。竞争性项目、基础性项目和公益性项目的融资具有不同的特点，只有通过策划才能确定和选择最佳的融资方案。融资方式通常有两种：一种是投入资金形成项目资本金，包括国家投资或自筹投资、吸收国外资本直接投资发行股票；另一种是发行债券、银行贷款、设备租赁、借用国外资金。

项目融资的阶段划分是：投资决策分析→融资决策分析→融资结构分析→融资谈判→项目融资的执行。

(4) 项目管理策划　项目管理策划分为两个阶段：首先是设计阶段，包括设计项目组织策划，设计方案竞赛招标策划，设计合同结构策划，设计目标控制；然后是施工阶段，包括招标与采购策划、现场组织管理策划、控制目标策划、施工质量监督策划、现场施工协调方式策划、信息管理策划。

(5) 项目目标策划　建设项目管理理论研究指出，建设工程必须具备使用目的和要求、明确的建设任务量和时间界限、明确的项目系统构成和组织关系，才能作为项目管理对象，才需要进行项目的目标控制。也就是说，确定项目的进度目标、投资目标和质量目标是项目管理的前提。而这三大目标的内在联系和制约，使目标的设定变得复杂和困难。人们的主观追求是“质量高、工期短、投资省”。然而，要把握这三者的定量关系却往往做不到。因此，只能在项目系统构成和定位策划的过程中做到项目投资和质量的协调平衡，即在一定投资限额下，通过策划，寻求达到满足使用功能要求的最佳质量规格和档次，然后再通过项目实施策划，寻求节省项目投资和缩短项目建设周期的途径和措施，以实现项目三大目标的最佳匹配。

项目目标策划包括项目总目标（建设总进度、总投资和质量）体系的设定和总目标按项目、参建主体、实施阶段等进行分解的子目标体系的设定。

(6) 项目实施过程策划　项目实施过程策划是对项目实施的任务分解和组织工作的策划，包括设计、施工、采购任务的招投标，合同结构，项目管理机构设置、工作程序、制度及运行机制，项目管理组织协调，管理信息收集、加工处理和和应用等。项目实施过程策划视项目系统的规模和复杂程度，分层次、分阶段地展开，从总体的轮廓性、概率性策划，到局部的实施性详细策划逐步深化。

复习思考题

1. 可行性研究的作用及内容是什么？
2. 项目策划的原则及方法是什么？
3. 前期策划的主要内容及步骤是什么？

参 考 文 献

[1] 刘伊生．建设项目管理．北京：清华大学出版社，北京交通大学出版社，2008.
[2] 卢长宝．项目策划．北京：电子工业出版社，2008.
[3] 姚伟军，叶向阳．浅谈工程项目的前期策划．广东建材，2007，(9)：246-248.
[4] 陈庆东，郭放，宋丽霞．项目策划及其在工程管理中的作用．建筑，2008，(12)．
[5] 陈宗贵．重视工程建设项目前期策划的意义．建设监理，1999，(1)：9-11.
[6] 潘雄．工程项目前期策划浅析．黑龙江科技信息，2009，(10)：235-236.
[7] 何庆华．项目管理案例．北京：中国建筑工业出版社，2008.
[8] 乌云娜等．项目管理策划．北京：电子工业出版社，2006.
[9] 李永华等．建设项目策划与管理．淮海工学院数字化网络教学平台．
[10] 何万钟．工程项目前期策划实务框架的研究．建设监理，2008，(11)：9-13.
[11] 林韬．浅谈建设工程项目管理策划．山西建筑，2008，34 (9)：237-238.
[12] 姚珍玲．工程项目管理学．上海：上海财经大学出版社，2003.
[13] 王援生，蒯圣堂．察汗乌苏水电站工程建设的项目组织与管理．人民长江，2007，38 (4)：141-143.
[14] 于海安．浅谈施工项目组织管理的方法．建筑，2009，(6)：32-34.
[15] 何万钟．工程项目前期策划实务框架的研究．建设监理，2008，(11)：9-13.
[16] 张应华．项目管理概述．决策与信息，2008，(12)：94-95.

实例2　某城镇污水处理厂项目建议书（简本）

一、总论

1. 项目名称和承办单位

(1) 项目名称　某镇污水处理厂。

(2) 承办单位　某镇人民政府。

(3) 项目负责人　略。

2. 项目拟建地址

初步选址在该镇阳河村岗家坝。

二、项目背景和意义

1. 项目背景

(1) 地理位置　该镇位于万州区南部边陲，与利川市谋道、建南、走马、龙驹四镇接壤，距五桥城 71km。

(2) 地形地貌　该镇地处重庆市东南部边缘，镇域内群山连绵，沟壑纵横，镇内山丘起伏。最高点大寨之巅 1482m，最低点五桐桥 651m。山地约占 80%，林地面积占 45%。全镇面积 81.7km^2（耕地面积 41640 亩，其中田 21500 亩，大于 25°坡地 9850 亩，1 亩＝666.667m^2），集镇面积 1.8km^2。境内有长江水源磨刀溪河，总水域面积为 4247 亩。

(3) 社会经济情况　该镇于 2004 年 9 月乡镇区划调整，由原中山、马头、罗田两乡一镇合并而成；辖三个社区，11个村，总人口32251人。2008年实现农村经济总收入1.445亿元；人均纯收入3400元；工农业总产值1.199亿元；其中：农业产值1.039亿元；工业产值0.16亿元；全镇财政收入21万元。全镇现有学校8所，其中初级中学1所，普通小学8所，民办幼儿园3所，各类学校在职教职工136人，在校生5450人。有各类卫生机构31个，其中乡镇卫生院3个，计生服务站1个，有专业技术人员113人。农村初级卫生保健基本完善，村村达标，覆盖率96%，农村改水受益人口3万余人，占97.5%。境内广播站3个，有线电视入户1800户，电视覆盖率98%。

2. 工程目的

主要为集中处理镇域内生活污水。污水处理后用于生活景观及绿化用水。

3. 项目建设的必要性

(1) 现状及存在的问题　目前，该镇地处万州区最大的安全饮水工程——大滩口水库水源地的上游，镇内无任何污水处理设施，导致污水成灾，且近年来雨水逐渐增多，污水量增大，每到夏季，污水流经之处，蚊、蝇众多，气味难闻。该镇是市级历史文化名镇，脏乱的环境卫生条件严重地影响了该镇的形象，制约了该镇经济的发展。为此，尽快实施污水处理厂项目是当务之急。

(2) 项目建设必要性　污水处理厂项目的建设，关系到镇域居民的切身利益，是发展历史文化名镇建设重要的基础设施。项目建成后，可以改善当地居民的生活环境。同时，也可以改善当地的旅游环境和人民的身体健康水平。

污水处理厂的建设有利于当地生态环境的改善；有利于旅游经济的发展；有利于农民增收，提高当地农民的生活水平和质量，为历史文化名镇的建设和边贸重镇建设打下良好的基础。因此在该镇建设污水处理厂是必要的。

三、项目建设的指导思想和依据

1. 指导思想

从该镇实际出发，充分发挥该镇区位及资源优势，紧紧围绕万州区委、区政府环境整治战略思想，优化旅游环境，提高引资条件，改善居民生活质量，加快历史文化名镇的建设步伐，扩大该镇经济总量。

2. 建设原则

污水处理厂的建设要符合该镇镇域规划，符合当地发展的要求，污水排除要符合水源保护的要求，排放的污水经过处理必须达到《污水排放标准》，改善当地的水环境。

3. 建设依据

(1) 万州区安全饮用水总体规划。

(2) 该镇镇域规划。

四、项目基础条件

1. 建设区建设条件

项目拟建在该镇阳河村的岗家坝，该地区为河滩四荒地，处于该镇地势低端，规划用地50亩，符合污水处理厂的建设要求。所需土地、水、能源、劳动力等条件当地能够解决。

2. 建设技术条件

管道输水工程技术难度不大，该镇具有这方面丰富的建设管理经验，有专业的规划、设计和施工人员。也可以采取招标的形式，聘请专业的施工队伍进行施工，可以保证技术条件。

五、项目建设内容

项目拟建在该镇阳河村的岗家坝，污水处理厂项目，预计投资1000万元，2009年开始建设，并针对该镇实际情况，该镇污水处理厂拟采用一体化氧化沟工艺方案。

(1) 建设日处理污水 2500t 的处理厂一座。

(2) 项目控制面积 50 亩，其中厂区占地面积 20 亩。

(3) 配套完善旅游开发景点的市政管网的建设。

(4) 配给供电设施。

六、项目投资估算及资金筹措

1. 投资预算

项目预计总投资 1000 万元，其投资预算如下。

(1) 处理厂投资 450 万元，主要包括拦污栅、泵房、沉淀池、一体化氧化沟等主体建设工程，以及 $300m^2$ 办公楼等附属工程。

(2) 13000m 输水管网投资 300 万元。

(3) 土地及地上物补偿投入 160 万元。

(4) 供电增容 100kW 需投入 90 万元。

2. 资金筹措

(1) 镇政府自筹资金投入 250 万元。

(2) 申请国家资本金投入 750 万元。

七、项目建设周期和进度安排

(1) 建设周期　本项目自 2009 年下半年开始兴建，建设周期为 12 个月。

(2) 进度安排　2009 年 10 月前完成各部门的审批手续，以及供电增容。

2010 年 10 月前完成拦污栅、泵房、沉淀池、一体化氧化沟等主体建设工程，以及 $300m^2$ 办公楼等附属工程的建设和管网铺设等全部工程。

八、环境影响及社会经济效益评价

(1) 环境影响　污水处理厂的建设有利于当地生态环境的改善，经过处理的污水，可达到一级排放标准，不会对周边环境造成污染。

(2) 社会经济效益评价　污水处理厂的建设不仅可以改善当地居民的生产生活条件，而且可改善该地区水域的环境，提高该镇的吸引力，有力推进历史文化名镇建设的发展。经处理后的污水可用于农田、绿化灌溉和景观用水，且工程建设时，需要建筑材料和设备，扩大了内需，可以增加农民收入，从而进一步带动了当地经济的发展。因此该项目的建设具有良好的社会和经济效益。

九、结论

综上所述，该镇污水处理厂项目，是该镇发展的必要基础设施，项目的建成，可以改善农民生活质量，有效保持当地旅游资源、环境，具有良好的社会和经济效益，应该尽早实施，使其成为历史文化名镇建设发展的有利条件。

第4章 环境工程项目投资控制

4.1 环境工程项目投资控制的含义和目的

环境工程项目的投资是每个投资者所关心的重要问题，投资控制工作的成效直接影响建设项目投资的经济效益。建设项目投资及其控制贯穿于工程建设的全过程，涉及工程建设参与各方的利益。

4.1.1 环境工程项目的投资费用

环境工程投资，是指进行一个环境工程项目的建造所需要花费的全部费用，即从环境工程项目确定建设意向直至建成竣工验收为止的整个建设期间所支出的总费用，这是保证工程项目建设活动正常进行的必要资金，是环境工程项目投资中的最主要部分。

从环境工程项目的建设以及建设项目管理的角度，投资控制的主要对象是建设投资，一般不考虑流动资产投资的问题。因此，通常仅就工程项目的建设及建设期而言，从狭义的角度，人们习惯上将建设项目投资与建设投资等同，将投资控制与建设投资控制等同。

环境工程项目投资主要由工程费用和工程建设其他费用所组成，见图 4.1。

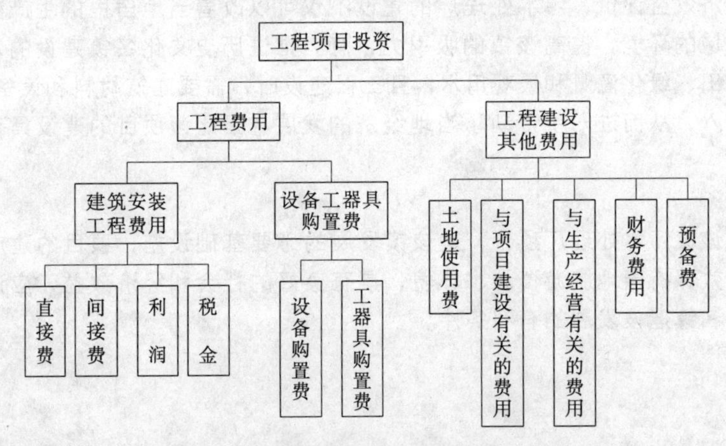

图 4.1　环境工程项目的投资费用组成

4.1.2 环境工程项目投资控制的含义

环境工程项目投资控制是指以建设项目为对象，为在投资计划值内实现项目而对工程建设活动中的投资所进行的规划、控制和管理。投资控制的目的，就是在建设项目的实施阶段，通过投资规划与动态控制，将实际发生的投资额控制在投资的计划值以内，以使建设项目的投资目标尽可能地实现。

在环境工程项目的建设前期，以投资的规划为主；在建设项目实施的中后期，投资的控制占主导地位，见图 4.2。

（1）投资的规划　在环境工程项目管理的不同阶段，投资的规划工作及主要内容见图 4.2。

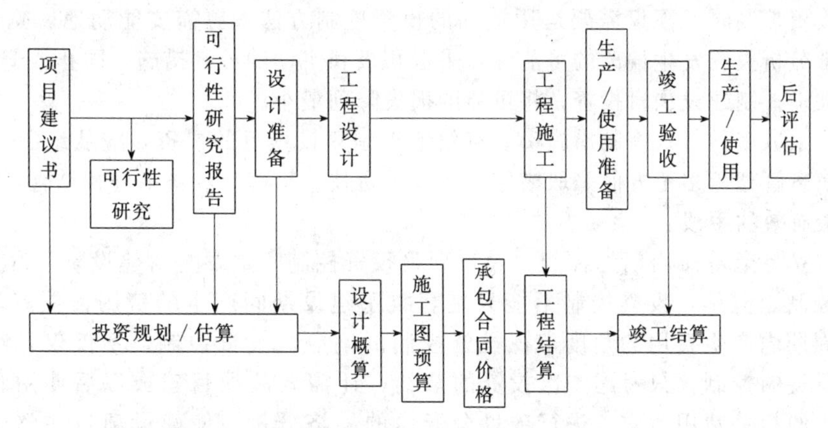

图 4.2　建设程序和各阶段投资费用的确定

（2）投资的控制　投资的控制，就是指在建设项目的设计决策阶段、准备阶段、设计阶段、施工阶段、竣工结算阶段，都要实施投资控制，力求在环境工程建设中取得良好的投资效益和社会效益。

4.1.3　环境工程项目投资控制的原理

“计划是相对的，变化是绝对的；静止是相对的，变化是绝对的”是环境工程项目管理的哲学，这并非是否定规划和计划的必需性，而是强调了变化的绝对性和目标控制的重要性。

环境工程项目投资控制成败与否，很大程度上取决于投资规划的科学性和目标控制的有效性。

（1）遵循动态控制原理

① 对计划的投资目标值的分析和论证。

② 投资发生的实际数据的收集。

③ 投资目标值与实际值的比较。

④ 各类投资控制报告和报表的制定。

⑤ 投资偏差的分析。

⑥ 投资偏差纠正措施的采取。

（2）分阶段设置控制目标　投资的控制目标需按建设阶段分阶段设置，且每一阶段的控制目标值是相对而言的，随着工程项目建设的不断深入，投资控制目标也逐步具体和深化，见图 4.3。

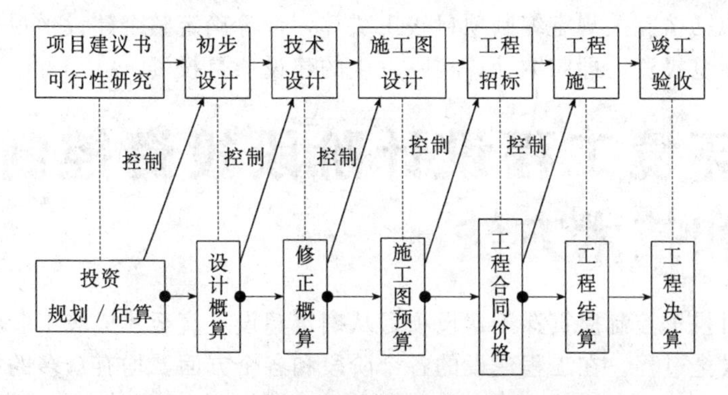

图 4.3　分阶段设置的投资控制目标

（3）注重积极能动的主动控制　在经常大量地运用投资被动控制方法的同时，也需要注重投资的主动控制问题，将投资控制立足于事先主动地采取控制措施，以尽可能地减少以至避免投资目标值与实际值的偏离。这是主动的和积极的投资控制方法，也就是说，在进行建设项目投资控制时，不仅需要运用被动的投资控制方法，更需要能动地影响建设项目的进展，时常分析投资发生偏离的可能性，采取积极和主动的控制措施，防止或避免投资发生偏差，主动地控制建设项目投资，将可能的损失降到最小。

（4）采取多种有效控制措施　要有效地控制建设项目的投资，应从组织、技术、经济、合同与信息管理等多个方面采取措施，尤其是将技术措施与经济措施相结合，是控制建设项目投资最有效的手段。

（5）立足全寿命周期的控制　建设项目投资控制，主要是对建设阶段发生的一次性投资进行控制。但是，投资控制不能只是着眼于建设期间产生的费用，更需要从建设项目全寿命周期内产生费用的角度审视投资控制的问题。投资控制，不仅仅是对工程项目建设直接投资的控制，只考虑一次投资的节约，还需要从项目建成以后使用和运行过程中可能发生的相关费用考虑，进行项目全寿命的经济分析，使建设项目在整个寿命周期内的总费用最小。

4.1.4　环境工程项目投资控制的任务

在环境工程项目的建设实施中，投资控制的任务是对建设全过程的投资费用负责，是要严格按照批准的可行性研究报告中规定的建设规模、建设内容、建设标准和相应的工程投资目标值等进行建设，努力把建设项目投资控制在计划的目标值以内。在工程项目的建设过程中，各阶段均有投资的规划与投资的控制等工作，但不同阶段投资控制的工作内容与侧重点各不相同。

（1）设计准备阶段的主要任务　在环境工程项目的设计准备阶段，投资控制主要任务是按项目的构思和要求编制投资规划，深化投资估算，进行投资目标的分析、论证和分解，以作为建设项目实施阶段投资控制的重要依据。

（2）设计阶段的主要任务　在环境工程项目的设计阶段，投资控制的主要任务和工作是按批准的项目规模、内容、功能、标准和投资规划等指导和控制设计工作的开展，组织设计方案竞赛，进行方案比选和优化，编制及审查设计概算和施工图预算，采用各种技术方法控制各个设计阶段所形成的拟建项目的投资费用。

（3）施工阶段的主要任务　在环境工程项目的施工阶段，投资控制的任务和工作主要是以施工图预算或工程承包合同价格作为投资控制目标，控制工程实际费用的支出。

（4）竣工验收及保修阶段的主要任务　在环境工程项目的竣工验收及保修阶段，投资控制的任务和工作包括按有关规定编制项目竣工决算，计算确定整个建设项目从筹建到全部建成竣工为止的实际总投资，即归纳计算实际发生的建设项目投资。

4.2　环境工程设计阶段投资控制的意义和技术方法

环境工程项目投资控制应贯穿于建设项目从确定建设，直至建成竣工验收及到保修期结束为止的整个建设全过程。在工程建设的各个阶段和各个方面，均有众多的投资控制工作要做，不管是哪一个阶段或哪一个方面的工作没有做好，都会影响建设项目投资目标的实现。

但是，工程项目的建设确实是一个非常复杂和周期较长的过程。由于建设项目具有一次性、独特性、先交易、先定价与后生产等基本特点，每一个工程的建设都是按照项目业主的特定要求而进行的一种定制生产活动，因此就投资控制而言，建设项目的前期和在工程的设计阶段的投资控制具有特别重要的意义，见图 4.4。

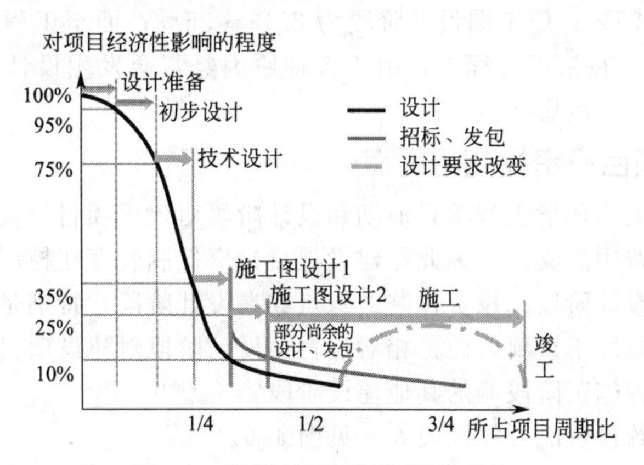

图 4.4 设计阶段投资控制的意义

4.2.1 环境工程项目前期和设计阶段对投资的影响

环境工程项目前期和设计阶段对建设项目投资具有决定作用，其影响程度也符合经济学中的“二八定律”。“二八定律”也叫帕累托定律，是由意大利经济学家帕累托提出来的。该定律认为，在任何一组东西中，最重要的只占其中一小部分，约为 20%；其余 80%尽管是多数，却是次要的。在人们的日常生活中尤其是经济领域中，到处呈现出“二八定律”现象。“二八定律”的重点不在于百分比是否精确，其重心在于“不平衡”上，正因为这些不平衡的客观存在，它才能产生强有力的和出乎人们想象的结果。

环境工程项目前期和设计阶段投资控制的重要作用，反映在建设项目前期工作和设计对投资费用的巨大影响上，这种影响也可以由两个“二八定理”来说明：建设项目规划和设计阶段已经决定了建设项目生命周期内 80%的费用；而设计阶段尤其是初步设计阶段已经决定了建设项目 80%的投资，如图 4.5 所示。

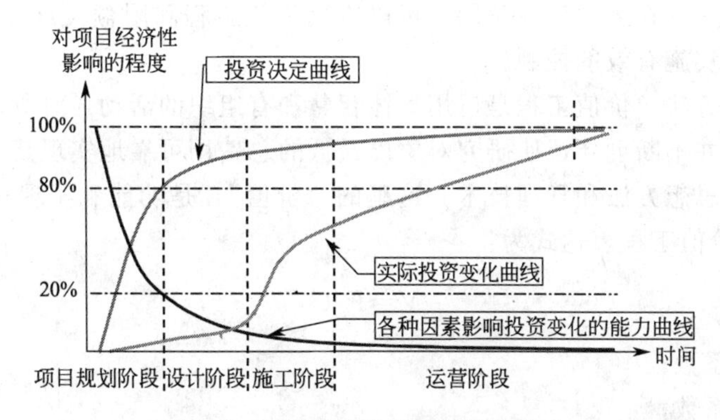

图 4.5 初步设计阶段对投资的影响

环境工程项目全寿命周期各阶段对投资的影响包括以下几点。

① 建设项目规划和设计对投资的影响。

② 项目前期和设计阶段的外在因素对投资的影响。

③ 前期工作和设计对使用和运营费用的影响。

从前面的分析以及从工程实践来看，在一般情况下，设计准备阶段节约投资的可能性最大，即其对建设项目经济性的影响程度能够达到95%～100%；初步设计为75%～95%；技术设计阶段为35%～75%；施工图设计阶段为25%～35%；而至工程的施工阶段，影响力可能只有10%左右了。在施工过程中，由于各种原因经常会发生设计变更，设计变更对项目的经济性也将产生一定的影响。

4.2.2 环境工程项目投资控制的重点

从前面的分析可见，环境工程项目前期和设计阶段对建设项目投资有着重要的影响，其决定了建设项目投资费用的支出。因此，建设项目投资控制就存在控制的重点，这就是建设项目的前期和工程的设计阶段。投资控制的重点放在设计阶段，特别是方案设计和初步设计阶段，并不是说其他阶段不重要，而是相对而言，设计阶段对建设项目投资的影响程度远远大于如采购阶段和工程施工阶段等的其他建设阶段。

在设计阶段，节约投资的可能性最大，见图4.6。

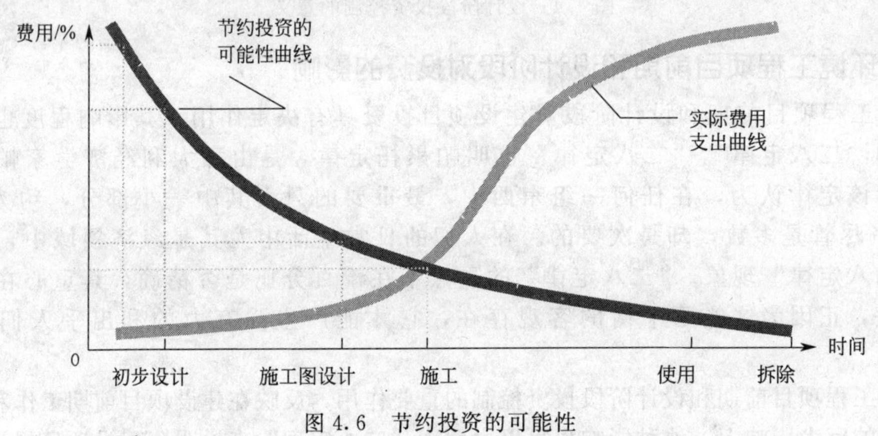

图4.6 节约投资的可能性

4.2.3 设计阶段投资控制的技术方法

建设项目投资控制的重点在设计阶段，做好设计阶段的投资控制工作对实现项目投资目标有着决定性的意义。在工程设计阶段，可以应用价值工程和限额设计等管理技术和方法，对建设项目的投资实施有效的控制。

(1) 价值工程方法　价值工程是运用集体智慧和有组织的活动，对所研究对象的功能与费用进行系统分析并不断创新，使研究对象以最低的总费用可靠地实现其必要的功能，以提高研究对象价值的思想方法和管理技术。这里的“价值”，是功能和实现这个功能所耗费用（成本）的比值。价值工程表达式为：

$$V=F/C$$

式中　V——价值系数；

F——功能系数；

C——费用系数。

(2) 限额设计方法　所谓限额设计方法，就是在设计阶段根据拟建项目的建设标准、功能和使用要求等，进行投资规划，对建设项目投资目标进行切块分解，将投资分配到各个单项工程、单位工程或分部工程；分配到各个专业设计工种，明确建设项目各组成部分和各个专业设计工种所分配的投资限额。

4.3 环境工程项目投资规划

投资规划是环境工程项目投资控制的一项重要工作，编制好投资规划文件，对环境工程项目实施全过程中的投资控制工作具有重要影响。

4.3.1 投资规划的概念和作用

环境工程项目投资规划是在环境工程项目实施前期对项目投资费用的用途做出的计划和安排，其是依据建设项目的性质、特点和要求等，对可行性研究阶段所提出的投资目标进行论证和必要的调整，将环境工程项目投资总费用根据拟定的项目组织和项目组成内容或项目实施过程进行合理的分配，进行投资目标的分解。

环境工程项目投资规划在工程项目的建设和投资控制中起重要作用：

① 投资目标的分析和论证；

② 投资目标的合理分解；

③ 控制方案的制定实施。

4.3.2 投资规划编制的依据

投资规划的基本意义在于进行投资目标的分析和分解，指导建设项目的实施工作。形成的投资规划文件是要能够起到控制初步设计及其设计概算、施工图设计及其施工图预算的作用。因此编制投资规划需要具有对建设项目投资总体上的把握能力，熟悉工程项目建设的整个过程和投资的细部组成。

投资规划编制依据是形成项目投资规划文件所必需的基础资料，主要包括工程技术资料、市场价格信息、建设环境条件、建设实施的组织和技术策划方案、相关的法规和政策等。

4.3.3 投资规划的主要内容

一般而言，建设项目投资规划文件主要包括以下主要内容：

① 投资目标的分析与论证；

② 投资目标的分解；

③ 投资控制的工作流程；

④ 投资目标的风险分析；

⑤ 投资控制工作制度等。

4.3.4 投资规划编制的方法

(1) 投资规划的编制程序

① 项目总体构思和功能描述。

② 计算和分配投资费用。

③ 投资目标的分析和论证。

④ 投资方案的调整。

⑤ 投资目标的分解。

(2) 项目的总体构思和描述　要准确编制好建设项目投资规划，首先要编制好项目的总体构思和描述报告。项目的总体构思和描述报告，主要依据项目设计任务书或可行性研究报告的相关内容和要求，结合对建设项目提出的具体功能、使用要求、相应的建设标准等进行编制。项目总体构思和描述是对可行性研究报告相关内容的细化、深化和具体化，是一项技术性较强的工作，涉及各个专业领域的协同配合。

4.4 环境工程项目的投资控制

4.4.1 在项目决策阶段对投资的控制

项目决策阶段对环境工程项目投资的影响主要在三个阶段：项目建议书阶段、可行性研究阶段、项目评估与决策阶段，业主在项目决策阶段对投资的控制主要就从这三个方面进行。

(1) 在项目建议书阶段对投资的控制　环境工程项目建议书就是根据国民经济和社会的长期规划，国家及地方的环境规划，经过调查研究、市场预测及技术经济的分析，对拟建的环境项目的总体轮廓提出设想，是政府选择建设项目和进行可行性研究报告的依据，是环境基本建设程序中前期工作阶段的第一个工作环节，具有极其重要的作用。项目建议书应该着重从客观上对项目立项的必要性和可能性进行分析，对拟建环境项目的必要性分析应从项目本身和国民经济两个层次进行，对拟建环境项目的可能性分析应从项目建设和生产运营必备的基本条件及其获得的可能性两个方面进行；充分做好外业调查工作，编制好项目建议书投资估算。

(2) 在可行性研究阶段对投资的控制　环境工程可行性研究报告是环境基本建设程序中决策的前期工作阶段，是建设项目是否可行的重要论证依据。在可行性研究阶段，必须对投资的影响因素：市场分析、项目规模选择、项目实施条件分析、技术选择、财务评价、国民经济评价、社会评价和项目风险进行分析论证；可行性研究报告投资估算编制人员应积极配合设计人员深入现场调查研究，掌握基础资料，了解工程项目的设计方案和工程量情况，合理选用估算指标和各种费率，准确编制好可行性研究报告投资估算。

(3) 在项目评估与决策阶段对投资的控制　在项目评估与决策阶段对投资的控制主要做好以下几点：①认真做好各种资料的搜集，要确保基础数据资料的真实、准确；②做好市场分析工作，对拟建环境项目的需求状况、类似项目的建设情况、国家的产业政策和发展趋势进行分析，详细论证项目建设的必要性；③做好设计方案的优化工作，用动态分析法进行多方案技术经济比较，通过方案优化，使设计更合理，投资最少；④合理确定评价价格，进行项目经济效益评价，强化项目前期工作，规范项目投资决策。

4.4.2 在设计阶段对投资的控制

在工程设计阶段对投资进行有效控制，必须要做到技术与经济相结合：

① 在工程设计阶段吸收工程造价人员参与全过程设计，从设计一开始就建立在经济基础之上，设计人员在做出重大设计变更时必须要充分认识到其所带来的经济后果，注重设计的经济性。

② 重视设计多方案比选，引入设计竞争机制，有效控制投资。

③ 在设计阶段采用限额设计，在项目投资限定条件下，进行经济技术上的改进和方案

优化，提高项目标准水平。

④ 推行设计招投标、设计监理、设计市场化管理。

通过优化设计控制投资是一个综合性的问题，也不能片面地强调节约投资，要正确处理好技术与经济的对立统一的关系，必须要满足项目功能要求。

4.4.3 在工程招投标阶段对投资的控制

业主在工程招投标阶段对投资的控制主要表现在以下几个方面：

① 业主必须完善施工招投标文件的编制及招投标的组织管理。

② 业主必须掌握与项目有关的工程造价的基本情况，确定合理的招标工程上限价，选择合理低价中标，允许中标人有一定的利润空间。

③ 根据工程的实际情况采取合适的合同形式，如固定总价合同或固定单价合同，将工程实施过程中的部分风险转移给承建商来承担。

④ 选择有资金实力、有施工能力的施工队伍。

4.4.4 在施工阶段对投资的控制

环境工程项目的投资主要发生在施工阶段，这一阶段需要投入大量的人、财、物，是建设费用消耗最多的时期。业主应该把计划投资额作为投资控制的目标值，在施工中定期分析投资实际值与目标值之间的偏差原因，采取有效措施加以控制，确保投资目标的实现。

① 业主应该加强对施工组织设计的审核，采用经济技术比较法进行综合评审，不同的施工方法，对工程造价的影响很大。

② 业主应该加强对工程进度款支付的严格控制，工程进度款支付是投资控制的有效手段，是工程质量和进度的有力保证。

③ 业主应该严格审查工程变更，保证总投资限额突破。在很大程度上，对工程变更的控制成了施工阶段投资控制的关键。

④ 正确处理与防范施工索赔，并积极做好反索赔工作。

⑤ 严格控制施工进度，切实落实工程质量保证措施。进度、质量会反作用于费用，进度控制不好，质量得不到保证会引起投资的增加。

4.4.5 在竣工结算阶段对投资的控制

业主在竣工结算阶段对投资的控制中，应认真及时审核竣工结算，审核的具体内容包括：竣工结算是否符合合同条款、招投标文件，结算是否按定额和工程计量规则、造价主管部门的调价规定；根据合同、图纸对工程变更、工程量的增减、材料替换、甲供材等进行审核。

（1）工程量的审核　工程量是竣工结算的基础，应以招标文件和承包合同中的工程量为依据，考虑工程变更，同时要对施工签证单的符合性和合理性进行审查。

（2）定额套用的审查　定额套用也是一个非常重要的工作，因为在结算审查时经常会发现定额套错、高套、定额替换等情况。

（3）合同外项目结算单价的审核　工程量清单中原有项目的工程量有误或设计变更引起的工程量增减属合同约定的幅度以外的，及工程量清单遗漏或设计变更引起的新工程项目，对承包商上报的单价，业主要严格审核。

复习思考题

1. 投资控制的含义、目的和项目前期及设计阶段投资控制的意义？

2. 投资控制的任务和方法及项目实施阶段投资控制的任务与措施有哪些？

3. 环境工程项目投资控制的原理是什么？

4. 环境工程项目投资控制的重点是什么？

5. 简述环境工程设计阶段投资控制的技术方法。

6. 简述环境工程项目投资规划编制的方法。

参考文献

[1] 尹贻林. 工程造价计价与控制. 北京：中国计划出版社，2004.

[2] 张殿福. 谈业主在施工管理过程中对工程投资的控制方法. 科技创新导报，2008，(7)：70-71.

[3] 陈建国. 工程计量与造价管理. 上海：同济大学出版社，2001.

[4] 涂强. 浅谈工程项目设计对项目投资控制的影响. 山西建筑，2007，(3)：238-239.

[5] 王晓东. 对财政投资项目工程造价控制的几点思考. 科研与管理，2008，(2)：50-51.

[6] 王雪青. 建设工程投资控制. 第2版. 北京：知识产权出版社，2007.

实例3 某环境工程施工阶段成本控制

一、施工项目成本控制的组织和分工

1. 合同预算员的成本管理责任

① 根据合同内容、预算定额和有关规定，充分利用有利因素，编好施工图预算，为增收节支把好第一关。

② 深入研究合同规定的“开口”项目，在有关管理人员的配合下，努力增加工程收入。

③ 收集工程变更（包括工程变更通知单、技术核定单和按实结算的资料等）及业主违约、赶工、不利的自然条件、其他应由业主承担责任的风险事件的资料等，在发生索赔时，根据合同条款规定或其他方式，及时整理出一套索赔凭证资料，报监理工程师审批，维护工程收入。

④ 参与对外经济合同的谈判和决策，以施工图预算和增加账为依据，严格控制经济合同规定的数量、单价和金额，切实做到“以收定支”。

2. 工程技术人员的成本管理责任

① 根据施工现场实际情况，合理规划施工场地平面布置，为文明施工、减少浪费创造条件。

② 严格执行工程技术规范和以预防为主的方针，确保工程质量，减少零星修补，消灭质量事故，不断降低质量成本。

③ 根据工程特点和设计要求，运用自身的技术优势，采取实用有效的技术组织措施和合理建议，走技术与经济相结合的道路，为提高各项经济效益开创新的途径。

3. 材料人员的成本管理责任

① 材料采购和构件加工，要选择质高、价低、运距短的材料供应（加工）单位。

② 根据项目施工的计划进度，及时组织材料构件的供应，保证项目施工的顺利进行，防止因停工待料造成损失。

③ 在施工过程中严格执行限额领料制度，控制材料消耗，做好余料的回收和利用，为考核材料的实际消耗水平提供正确的数据。

④ 根据施工生产的需要，合理安排材料储备，减少资金占用，提高资金利用率。

4. 机械管理人员的成本管理责任

① 根据工程特点和施工方案，合理选择机械的型号规格，充分发挥机械的效能，节约机械的费用。

② 根据施工需要，合理安排机械施工，提高机械利用率，减少机械费用成本。

③ 严格执行机械维修保养制度，加强平时的机械维修保养，保证机械完好，随时都能以良好的状态在施工中正常运转，为减轻劳动强度、加快施工进度发挥作用。

5. 财务人员的成本管理责任

① 按照成本开支范围、费用开支标准和有关财务制度，严格审核各项成本费用，控制成本支出。

② 建立月财务收支计划制度，根据施工生产的需要，平衡调度资金，通过控制资金使用，达到控制成本的目的。

③ 开展成本分析，特别是分部分项工程成本分析、月度成本综合分析和针对特定问题的专题分析，做到及时向项目经理和有关项目管理人员反映情况，以便采取针对性的措施纠正项目成本偏差。

二、施工项目成本控制的原则

1. 成本最低化原则

施工项目成本控制的根本目的，在于通过成本管理的各种手段，促进不断降低施工项目成本，以达到可能实现最低的目标成本的要求。

2. 全面成本控制原则

全面成本管理是全企业、全员和全过程的管理。项目成本的全员控制包括各部门、各单位的责任网络和班组经济核算等，应防止成本控制人人有责、人人不管。项目成本的全过程控制要求成本控制工作要随着项目施工进展的各个阶段连续进行，既不能疏漏，又不能时紧时松，应使施工项目成本自始至终置于有效的控制之下。

3. 动态控制原则

施工项目是一次性的，成本控制包括项目的事前、事中和事后控制，即动态控制，施工前的成本控制只是根据施工组织设计的具体内容确定成本目标、编制成本计划、制订成本控制的方案，为今后的成本控制做好准备；而竣工阶段的成本控制，由于成本盈亏已基本成定局，即使发生了偏差，也已来不及纠正。尤其要加强事中控制。

4. 目标管理原则

目标管理的内容包括：目标的设定和分解，目标的责任到位和执行，检查目标的执行结果，评价目标和修正目标，形成目标管理的计划、实施、检查、处理循环。

5. 责、权、利相结合的原则

在项目施工过程中，项目经理部各部门、各班组在肩负成本控制责任的同时，享有成本控制的权力，同时项目经理要对各部门、各班组在成本控制中的业绩进行定期的检查和考评，实行有奖有罚。只有真正做好责、权、利相结合的成本控制，才能收到预期的效果。

三、影响工程成本的主要因素

从工程成本的基本含义和费用构成上不难看出，影响工程成本的主要因素有两个方面。一方面是市场因素，市场因素主要是市场采购物品材料、小型工具、易耗品等的基础价格和施工合同规定的费用；另一方面则是自身因素，自身因素主要表现在本企业投入该工程中的技术能力和管理能力；另外与本企业的经营机制、经营方针和经营策略也有较大的关系。

工程施工经营成本的高低、利润的大小，主要是由技术能力和管理能力所决定的。施工技术能力是基础的话，那么施工管理能力则是上层建筑。对一般的土建工程来说，施工组织设计是施工经营者技术能力最根本和最集中的体现，它是构成未来工程成本的基础。经营能力主要是指施工经营者自身的对内约束能力和凝聚力，具体表现在整个项目管理班子的整体管理水平及涉外能力。经营方针和经营策略是经营目标的体现。对于每一个施工企业来说，各有不同的情况，在施工技术、设备、管理水平方面都有强弱之分和不同的优势，所以对同一个工程来说，经营的目标不一定相同，要求达到的利润额度不同，成本控制水平也不一样。对于同一个施工企业来说，鉴于企业的总体情况和市场开拓要求，不同的时间和地点，可确定不同的经营目标，所以也会对成本利润的大小有不同的要求。

四、施工项目成本控制的有效途径

工程项目在施工过程中，影响成本的因素很多，从投标报价开始，直到工程项目施工合同终止的全过程中，都要进行成本控制，有效的成本控制管理方法，可以更好地改善经营管理，降低成本，提高效益和竞争力。

1. 进行经济合理的施工预算，确定成本控制目标

根据设计图纸计算工程量，并按照企业定额或上级统一规定的施工预算定额编制整个工程项目的施工预算，作为指导和管理施工的依据。

① 制订先进的经济合理的施工方案，以达到缩短工期、提高质量、降低成本的目的。施工方案包括四大内容：施工方法的确定、施工机具的选择、施工顺序的安排和流水施工的组织。

② 抓好成本预测。成本预测主要是指使用科学的方法，结合中标价根据各项目的施工条件、机械设备、人员素质等对项目的成本目标进行预测。主要包括：工、料、机械使用费的预测；施工方案引起费用变化的预测；辅助工程费的预测；成本控制风险预测；临时设施费及工地转移费等的预测。通过预测，明确工、料、机及间接费的控制标准，同时也可确定完成该项目的工期，为顺利完成项目提供保证。

2. 加强材料费、人工费、机械使用费的管理

① 加强材料管理是项目成本控制的重要环节，主要包括对材料用量和材料价格的控制。在材料用量方面，要按定额确定材料消耗量，实行限额领料制度；改进施工技术，推广使用降低料耗的各种新技术、新工艺、新材料。在材料价格方面，要经常关注材料市场的价格变动，及时平衡成本支出，降低工程项目成本。

② 人工费占全部工程费用的比例较大，人工费控制管理的主要办法是：改善劳动组织，减少窝工浪费；实行合理的奖惩制度；加强技术教育和培训工作；加强劳动纪律；压缩非生产用工和辅助用工，严格控制非生产人员比例。

③ 机械费控制管理主要是正确选配和合理利用机械设备，搞好机械设备的保养修理，提高机械的完好率、利用率和使用效率。

3. 严把质量关，杜绝返工现象

在施工过程中，每一个环节都应保证质量，加强施工工序的质量自检和管理工作在整个过程中的真正贯彻，坚决杜绝返工现象发生，避免造成因不必要的二次投入引起的成本增加。

4. 强化成本控制人员对施工项目成本控制的意识，提高自身素质

充分调动项目管理人员的积极性，使项目管理人员真正认识到施工成本管理的重要性。在抓进度、质量的同时，严抓施工成本核算管理，强化安全生产管理，建立健康有序的施工成本管理程序，杜绝安全生产事故的发生。

5. 适应新形势，引进现代管理信息系统

成本控制的现代管理信息系统可帮助建立一个科学的成本管理分析体系，促使财务管理走上正轨，实现业务、财务一体化的机制，实现赢利的快速增长，节约成本。此类系统能起到事前预防的作用，可避免不必要的成本发生。

6. 重视特殊情况，遵循“例外”管理方法

实施成本控制过程应遵循“例外”管理方法，所谓“例外”是指在施工项目建设中不经常出现的问题，主要是成本预测和控制结果发生偏差的情况，对此也必须予以高度重视。在项目

实施过程中属于“例外”的情况通常有如下几个方面。

① 在实施过程中发生较大差异，包括有利差异和不利差异，都可能会给整体项目和企业带来不利影响，为此要分析原因、及时调整，让其按照科学成本的控制方案实现回归。

② 成本实际结果一直在控制线的上下限线附近徘徊，这意味着原来的成本预测可能不准确，要及时根据实际情况进行调整。

③ 有些是无法控制的成本，也应视为“例外”，如征地、拆迁、临时租用费用的上升等，对这些要及时调整预算。

第5章 环境工程网络计划技术与建设项目进度管理

5.1 网络计划技术概述

网络计划技术是一种科学的计划管理方法，它的使用价值得到了各国的承认。19世纪中叶，美国的兵工厂顾问发表了反映施工与时间关系的甘特进度图表，即我们现在仍广泛应用的“横道图”。这种表达方式简单、明了、容易掌握，便于检查和计算资源需求状况，因而很快地应用于工程进度计划中，并沿用至今。20世纪50年代末，为了适应生产发展和科学研究工作的需要，还陆续出现了一些计划管理的新方法。这些方法尽管名目繁多，但内容大同小异，都是采用网络图来表达计划内容的，我国著名的华罗庚教授将它们概括地称为统筹法，即通盘考虑、统一规划的意思。

把一项计划（或工程）的所有工作，根据其开展的先后顺序并考虑其相互制约关系，全部用箭线或圆圈表示，从左向右排列起来，形成一个网状的图形，称为网络图。

与横道图相比，网络图具有如下优点：网络图把施工过程中的各有关工作组成了一个有机的整体，能全面而明确地表达出各项工作开展的先后顺序和反映出各项工作之间的相互制约和相互依赖的关系；能进行各种时间参数的计算；在名目繁多、错综复杂的计划中找出决定工程进度的关键工作，便于计划管理者集中力量抓主要矛盾，确保工期，避免盲目施工；能够从许多可行方案中，选出最优方案；在计划的执行过程中，某一工作由于某种原因推迟或者提前完成时，可以预见到它对整个计划的影响程度，而且能够根据变化了的情况，迅速进行调整，保证自始至终对计划进行有效的控制与监督；利用网络计划中反映出的各项工作的时间储备，可以更好地调配人力、物力，以达到降低成本的目的；更重要的是，它的出现与发展使现代化的计算工具——电子计算机在施工计划管理中得以应用。

应用最早的网络计划技术是关键线路法（CPM）和计划评审法（PERT）。这两种方法一出现就显示出其独到的优越性和科学性，被广泛采用。在推广和应用的过程中，不同国家根据本国的实际进行了扩展和改进。

前苏联在1964年颁布了一系列有关判定和应用网络计划技术的指示、基本条例等法令性文件，规定所有大的建筑工程都必须采用网络计划技术进行管理。英国不仅将网络技术应用于建筑业，而且广泛应用于工业，要求直接从事管理和有关业务的专业人员必须掌握此技术，因而使网络计划技术得到了较为普遍的应用。在欧洲，为了推动网络技术的不断发展，固定为两年召开一次会议，进行有关网络计划技术的理论与应用方面的交流，互相切磋，共同提高。

我国从20世纪60年代初在华罗庚教授的倡导下，对网络技术进行研究应用，收到了一定的效果。我国于1999年颁布了《工程网络计划技术规程》(JGJ/T 121—99)，使工程网络计划技术在计划编制与控制管理的实际应用中有了一个可以遵循的、统一的技术标准。

随着现代科学技术的迅猛发展、管理水平不断提高，网络计划技术也在不断发展，网络计划的类型见表5.1。最近十几年欧美一些国家大力研究能够反映各种搭接关系的新型网络计划技术，取得了许多成果。搭接网络计划技术可以大大简化图形和计算工作，特别适用于大而复杂的计划中。

表5.1 网络计划的类型

类型		持续时间	
		肯定型	非肯定型
逻辑关系	肯定型	关键线路网络(CPM) 搭接网络计划	计划评审技术(RERT)
	非肯定型	决策树型网络 决策关键线路网络(DCPM)	图示评审技术(GERT) 随机网络计划(QGERT) 风险型随机网络(VERT)

5.2 常用网络计划技术

5.2.1 常用术语与代号

(1) 双代号网络图　以箭线及其两端节点的编号表示工作的网络图。

(2) 单代号网络图　以节点及其编号表示工作，以箭线表示工作之间逻辑关系的网络图。

(3) 网络计划　用网络图表达任务构成、工作顺序并加注工作时间参数的进度计划。

(4) 工作　计划任务按粗细程度划分而成的、消耗时间或同时也消耗资源的一个子项目或子任务。

(5) 虚工作　双代号网络计划中，只表示前后相邻工作之间的逻辑关系，既不占用时间，也不耗用资源的虚拟工作。

(6) 关键工作　网络计划中总时差最小的工作。

(7) 紧前工作　紧排在本工作之前的工作。

(8) 紧后工作　紧排在本工作之后的工作。

(9) 箭线　网络图中一端带箭头的实线。在双代号网络图中，它与其两端节点表示一项工作；在单代号网络图中，它表示工作之间的逻辑关系。

(10) 虚箭线　一端带箭头的虚线。在双代号网络图中其表示一项虚拟的工作，以使逻辑关系得到正确表达。

(11) 内向箭线　指向某个节点的箭线。

(12) 外向箭线　从某个节点引出的箭线。

(13) 节点　网络图中箭线端部的圆圈或其他形状的封闭图形。在双代号网络图中，它表示工作之间的逻辑关系；在单代号网络图中，它表示一项工作。

(14) 虚拟节点　是在单代号网络图中，当有多个无内向箭线的节点或有多个无外向箭线的节点时，为便于计算，虚设的起点节点或终点节点的统称。该节点的持续时间为零，不占用资源。虚拟起点节点与无内向箭线的节点相连，虚拟终点节点与无外向箭线的节点相连。

(15) 起点节点　网络图的第一个节点，表示一项任务的开始。

(16) 终点节点　网络图的最后一个节点，表示一项任务的完成。

(17) 线路　网络图中从起点节点开始，沿箭头方向顺序通过一系列箭线与节点，最后达到终点节点的通路。

(18) 循环回路　从一个节点出发，沿箭头方向前进，又返回到原出发点的线路。

(19) 逻辑关系　工作之间相互制约或依赖的关系。

(20) 母线法　网络图中，经一条共用的垂直线段，将多条箭线引入或引出同一个节点，使图形简洁的绘图方法。

(21) 过桥法　用过桥符号表示箭线交叉，避免引起混乱的绘图方法。

(22) 指向法　在箭线交叉较多处截断箭线、添加虚线指向圈以指示箭线方向的绘图方法。

(23) 工作计算法　在双代号网络计划中直接计算各项工作的时间参数的方法。

(24) 节点计算法　在双代号网络计划中先计算节点时间参数，再据以计算各项工作的时间参数的方法。

(25) 常用代号

T_p——网络计划的计划工期。

T_c——网络计划的计算工期。

T_r——网络计划的要求工期。

D_{i-j}——工作 $i-j$ 的持续时间。

EF_{i-j}——工作 $i-j$ 的最早完成时间。

ES_{i-j}——工作 $i-j$ 的最早开始时间。

ET_i——节点 i 的最早时间。

LT_i——节点 i 的最迟时间。

FF_{i-j}——工作 $i-j$ 的自由时差。

LF_{i-j}——在总工期已经确定的情况下，工作 $i-j$ 的最迟完成时间。

LS_{i-j}——在总工期已经确定的情况下，工作 $i-j$ 的最迟开始时间。

TF_{i-j}——工作 $i-j$ 的总时差。

D_i——工作 i 的持续时间。

EF_i——工作 i 的最早完成时间。

ES_i——工作 i 的最早开始时间。

LAG_{i-j}——工作 i 和工作 j 之间的时间间隔。

LF_i——在总工期已确定的情况下，工作 i 的最迟完成时间。

LS_i——在总工期已确定的情况下，工作 i 的最迟开始时间。

TF_i——工作 i 的总时差。

5.2.2 双代号网络计划的绘制

5.2.2.1 一般规定

① 双代号网络图中，每一条箭线应表示一项工作（图 5.1）。箭线的箭尾节点表示该工

作的开始，箭线的箭头节点表示该工作的结束。在非时标网络图中，箭线的长度不直接反映该工作所占用的时间长短。箭线宜画成水平直线，也可画成折线或斜线。水平直线投影的方向应自左向右，表示工作的进行方向。

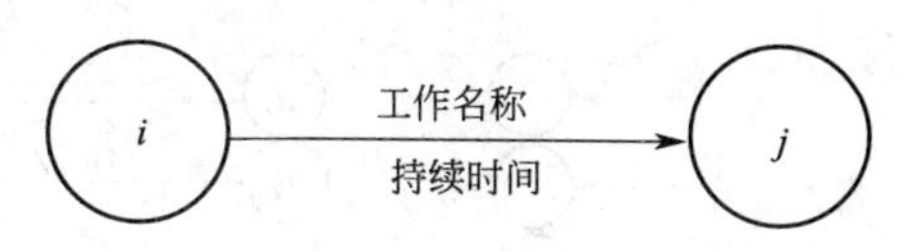

图 5.1　双代号网络图中工作的表示方法

② 双代号网络图的节点应用圆圈表示，并在圆圈内编号。节点编号顺序应从小到大，可不连续，但严禁重复。

③ 双代号网络图中，一项工作应只有唯一的一条箭线和相应的一对节点编号，箭尾的节点编号应小于箭头的节点编号。

④ 双代号网络图中的虚箭线，表示一项虚工作，其表示形式可垂直方向向上或向下，也可水平方向向右。

⑤ 双代号网络计划中一项工作的基本表示方法应以箭线表示工作，以节点 i 表示开始节点，以节点 j 表示结束节点，工作名称应标注在箭线之上，持续时间应标注在箭线之下（图 5.1）。

⑥ 工作之间的逻辑关系可包括工艺关系和组织关系，在网络图中均应表现为工作之间的先后顺序。

⑦ 双代号网络图中，各条线路的名称可用该线路上节点的编号自小到大依次记述。

5.2.2.2　绘图规则

① 双代号网络图必须正确表达已定的逻辑关系。

② 双代号网络图中，严禁出现循环回路，见图 5.2。

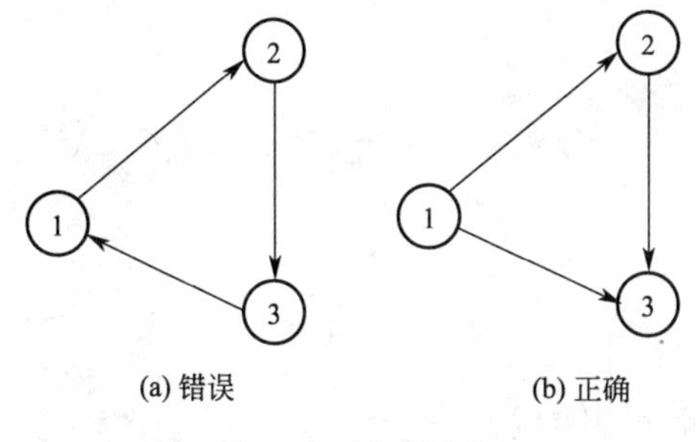

图 5.2　循环回路

③ 双代号网络图中，在节点之间严禁出现带双向箭头或无箭头的连线。

④ 双代号网络图中，严禁出现没有箭头节点或没有箭尾节点的箭线，见图 5.3。

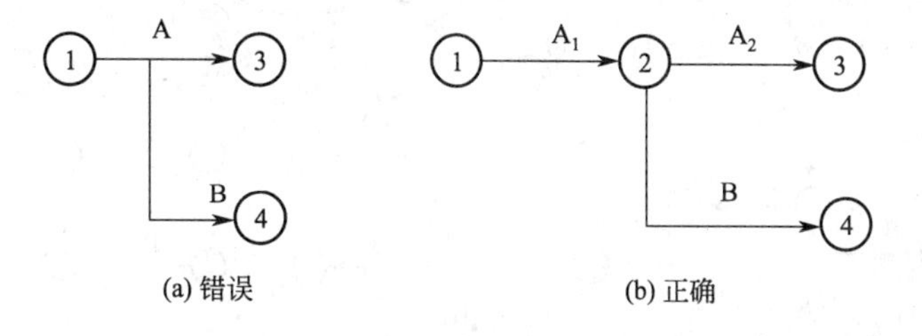

图 5.3　没有箭尾节点的箭线

⑤ 当双代号网络图的某些节点有多条外向箭线或多条内向箭线时，在不违反规程的前提下，可使用母线法绘图。当箭线线型不同时，可在从母线上引出的支线上标出，见图 5.4。

⑥ 绘制网络图时，箭线不宜交叉；当交叉不可避免时，可用过桥法或指向法，见图 5.5。

⑦ 双代号网络图中应只有一个起点节点；在不分期完成任务的网络图中，应只有一个终点节点；而其他所有节点均应是中间节点。

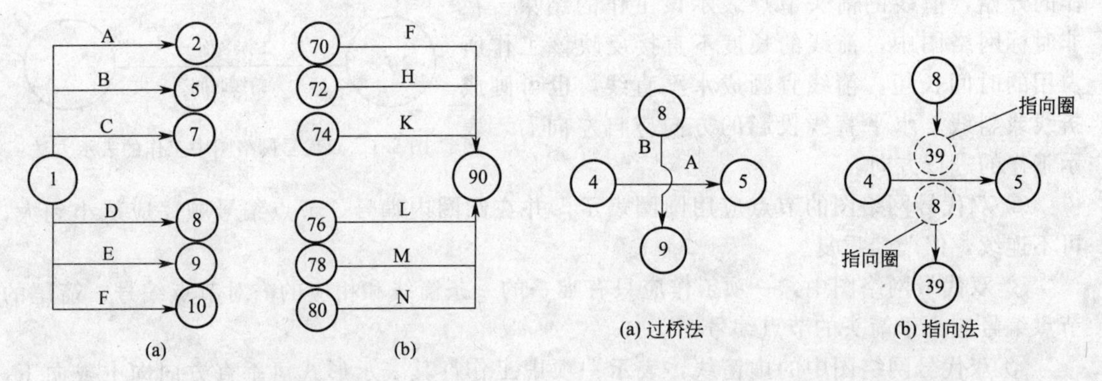

图 5.4 母线法绘图　　　　图 5.5 过桥法或指向法

5.2.2.3 双代号网络图的绘制步骤

绘制网络图之前，要正确制定整个工程的施工方案，确定施工顺序，并整理逻辑关系表；然后逐一表达各个逻辑关系；最后检查、调整、编号。

5.2.2.4 双代号网络计划的绘制举例

【例 5.1】 简单关系的表达。

① A、B 工作依次进行，见图 5.6(a)。

② A、B、C 同时开始，见图 5.6(b)。

③ A、B、C 同时结束，见图 5.6(c)。

④ A 结束后 B、C 开始，见图 5.6(d)。

⑤ A、B 结束后 C 开始，见图 5.6(e)。

⑥ A、B 结束后 C、D 开始，见图 5.6(f)。

⑦ A 结束后 C 开始，A、B 结束后 D 开始，见图 5.6(g)。

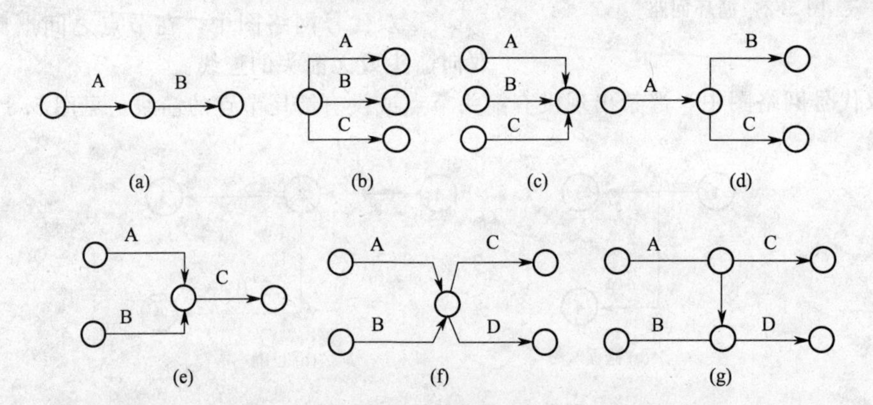

图 5.6 简单关系的表达

【例 5.2】 工程的施工逻辑关系的整理见表 5.2。绘制的双代号网络计划见图 5.7。

表 5.2 逻辑关系表（1）

工序代号	紧前工序	工序时间	工序代号	紧前工序	工序时间
A	—	2	D	—	2
B	A	2	E	B、C	2
C	A	3	F	B、D	2

续表

工序代号	紧前工序	工序时间	工序代号	紧前工序	工序时间
G	D	2	L	K、J	3
H	E、F	2	M	L	1.5
I	C	3	N	L	2
J	I、H	2	P	M、N	2
K	G、F	1			

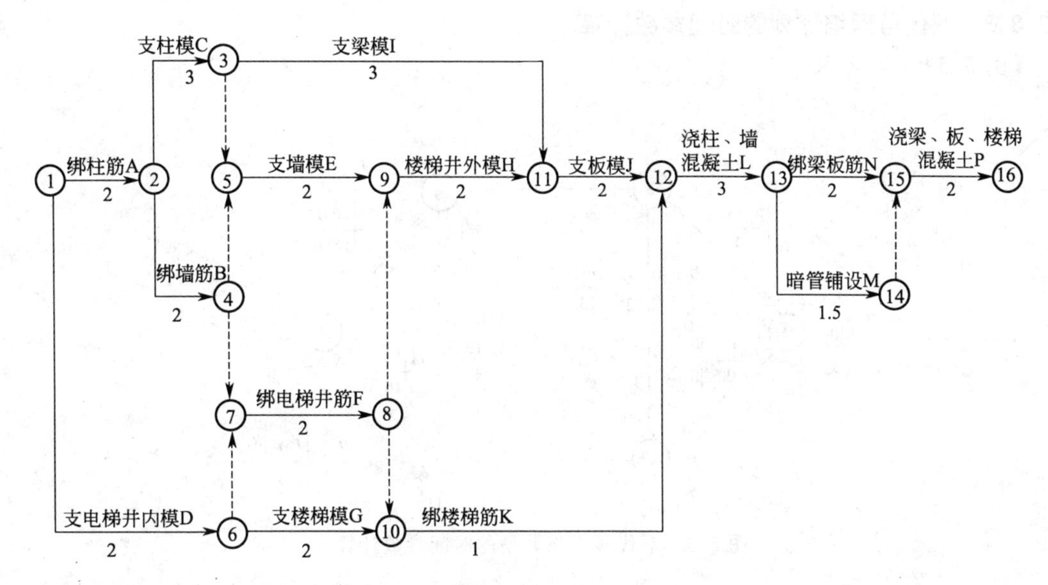

图 5.7 双代号网络计划的绘制举例

5.2.3 双代号网络计划的时间参数计算

网络图时间参数的计算有许多方法，常用的有分析计算法、图上计算法、表上计算法、矩阵计算法和电算法等。图上计算法，又分按节点计算法和按工作计算法两种。本节主要介绍图上计算法的按节点计算法。其他方法原理相同。

5.2.3.1 时间参数的计算步骤及公式

由前往后算，用以下公式：

$$ES_{1-j}=0\text{（1 为起点节点）}$$

$$EF_{i-j}=ES_{i-j}+D_{i-j}$$

$$ES_{i-j}=\max\{EF_{h-i}\}\text{（}h-i\text{ 为 }i-j\text{ 的紧前工作）}$$

$$T_c=\max\{EF_{i-n}\}\text{（}T_c\text{ 为计算工期，}n\text{ 为终点节点）}$$

由后往前算，用以下公式：

$LF_{i-n}=T_p$（T_p 为计划工期）。无要求工期 T_r 时，$T_p=T_c$；有要求工期时，$T_p=T_r$。

$$LS_{i-j}=LF_{i-j}-D_{i-j}$$

$$LF_{i-j}=\min\{LS_{j-k}\}\text{（}i-j\text{ 为 }j-k\text{ 的紧前工作）}$$

算时差，用以下公式：

$$TF_{i-j}=LF_{i-j}-LS_{i-j}$$

$$FF_{i-j}=ES_{j-k}-EF_{i-j}$$

$$FF_{i-n}=T_p-EF_{i-j}$$

5.2.3.2 关键工作和关键线路的确定

① 关键工作　网络计划中时差最小的工作称为关键工作。当 $T_c=T_p$ 时，总时差为零的工作为关键工作；当 $T_c<T_p$ 时，最长线路上的关键工作的最早时间小于按计划工期逆向算出的相应最迟时间，关键工作的总时差将大于零，但总比非关键工作的总时差小；当 $T_c>T_p$ 时，最长线路上关键工作的最早时间大于按计划工期逆向算出的相应的最迟时间，使关键工作的总时差成为负值。

② 关键线路　全由关键工作组成的线路为关键线路。

5.2.3.3 双代号网络计划的时间参数计算举例

【例 5.3】 见图 5.8。

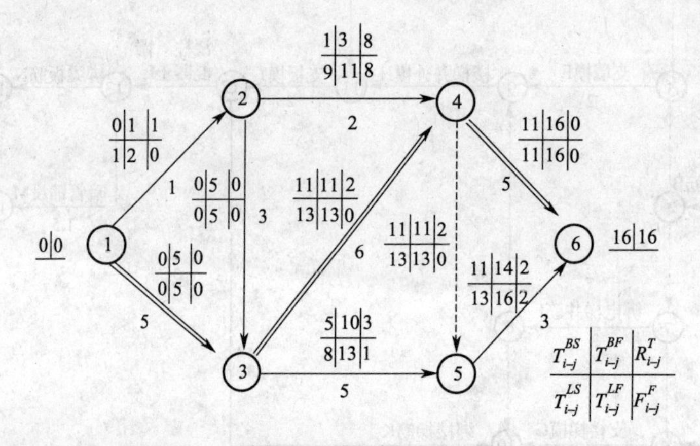

图 5.8　双代号网络计划的时间参数计算

5.2.4 单代号网络计划的绘制

(1) 一般规定

① 单代号网络图中，箭线表示相邻工作之间的逻辑关系（图 5.9）。箭线宜画成水平直线、折线或斜线。箭线水平投影的方向应自左向右，表示工作的进行方向。

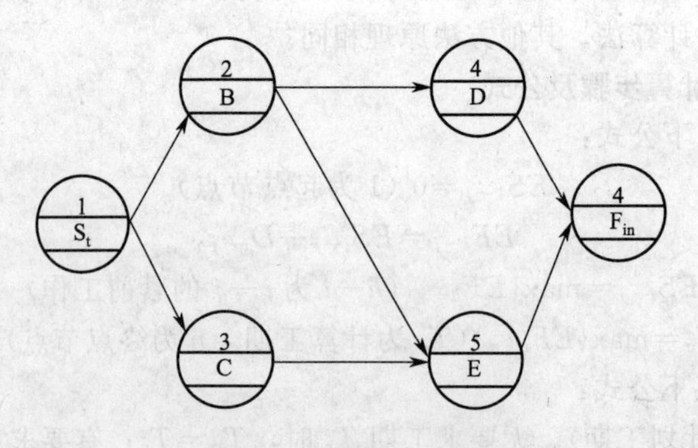

图 5.9　单代号网络图

② 单代号网络图的每一个节点表示一项工作，宜用圆圈或矩形表示。节点所表示的工作名称、持续时间和工作代号等应标注在节点内。

③ 单代号网络图中的节点必须编号。节点编号顺序应从小到大，可不连续，但严禁重复。一项工作应只有唯一的一个节点及相应的一个编号。

④ 单代号网络计划中一项工作的基本表示方法见图 5.10。

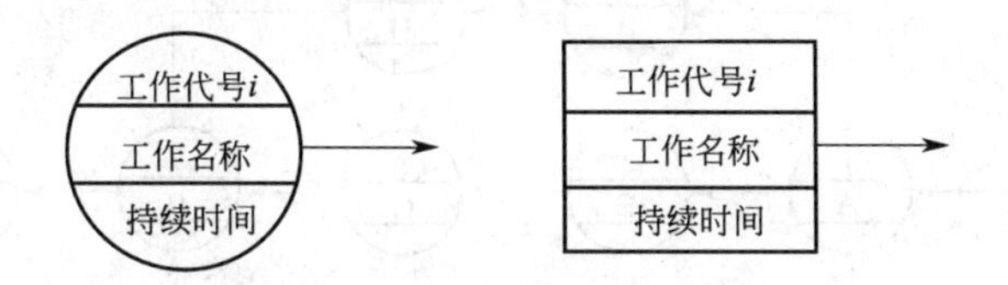

图 5.10 单代号网络计划中工作的表示方法

⑤ 工作之间的逻辑关系可包括工艺关系和组织关系，在网络图中均应表现为工作之间的先后顺序。

⑥ 单代号网络图中，各条线路的名称可用该线路上节点的编号自小到大依次记述。

(2) 绘图规则

① 单代号网络图必须正确表达已定的逻辑关系。

② 单代号网络图中，严禁出现循环回路。

③ 单代号网络图中，在节点之间严禁出现带双向箭头或无箭头的连线。

④ 单代号网络图中，严禁出现没有箭头节点或没有箭尾节点的箭线。

⑤ 绘制网络图时，箭线不宜交叉；当交叉不可避免时，可用过桥法或指向法。

⑥ 单代号网络图中应只有一个起点节点和一个终点节点；当网络图中有多个起点节点或多个终点节点时，应在网络图的两端分别设置一项虚工作，作为该网络图的起点节点 (S_t) 和终点节点 (F_{in})。

(3) 单代号网络图的绘制步骤　同双代号网络计划的绘制步骤。

(4) 单代号网络计划的绘制举例

【例 5.4】 简单关系的表达。

① A、B 工作依次进行，见图 5.11(a)。

② B、C 结束后，D 开始，见图 5.11(b)。

③ B 结束后，C、D 开始，见图 5.11(c)。

④ A 结束后 C 开始，B 结束后，C、D 开始，见图 5.11(d)。

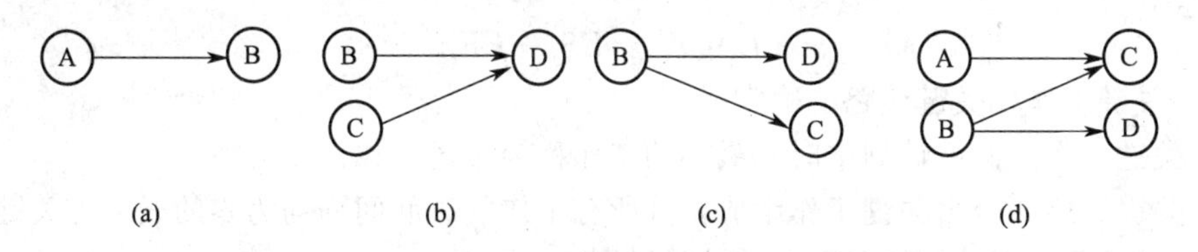

图 5.11 简单关系的表达

【例 5.5】 工程的施工逻辑关系的整理见表 5.3。绘制的单代号网络计划见图 5.12。

表 5.3 逻辑关系表 (2)

工序代号	紧前工序	紧后工序	工序代号	紧前工序	紧后工序
A	—	B、E、C	E	A	G
B	A	D	G	E	H
C	A	H	H	D、G、C	—
D	B	H			

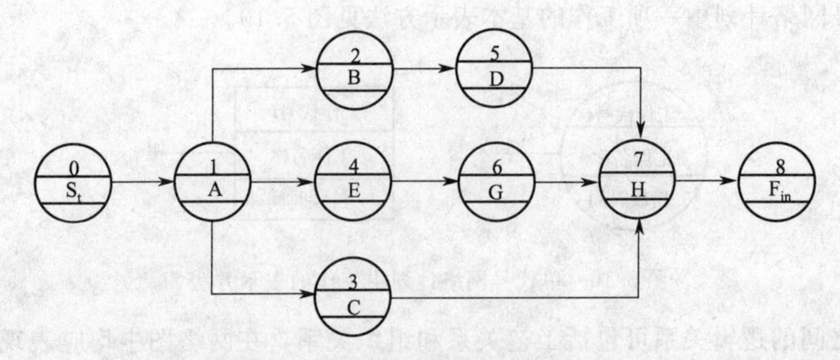

图 5.12 单代号网络计划的绘制举例

5.2.5 单代号网络计划的时间参数计算

网络图时间参数的计算有许多方法，常用的有分析计算法、图上计算法、表上计算法、矩阵计算法和电算法等。本节主要介绍图上计算法。

5.2.5.1 时间参数的计算步骤及公式

由前往后算，用以下公式：

$$ES_1=0\text{（1 为起点节点）}$$

$$EF_i=ES_i+D_i$$

$$ES_i=\max\{EF_h\}\text{（}h\text{ 为 }i\text{ 的紧前工作）}$$

$$T_c=\max\{EF_n\}\text{（}T_c\text{ 为计算工期，}n\text{ 为终点节点）}$$

由后往前算，用以下公式：

$LF_n=T_p$（T_p 为计划工期）。无要求工期 T_r 时，$T_p=T_c$；有要求工期时，$T_p=T_r$。

$$LS_i=LF_i-D_i$$

$$LF_i=\min\ \{LS_j\}\text{（}i\text{ 为 }j\text{ 的紧前工作）}$$

算时差及时间间隔，用以下公式：

$$TF_i=LF_i-LS_i$$

$$FF_i=\min\{ES_j\}-EF_i$$

$$FF_n=T_p-EF_n$$

$$LAG_{i-j}=ES_j-EF_i$$

5.2.5.2 关键工作和关键线路的确定

（1）关键工作　网络计划中时差最小的工作称为关键工作。

（2）关键线路　全由关键工作组成，且所有工作的时间间隔均为零的线路为关键线路。

5.2.5.3 单代号网络计划的时间参数计算举例

【例 5.6】 见图 5.13。

5.2.6 双代号时标网络计划

5.2.6.1 时标网络计划的概念

（1）一般规定

① 时标网络计划以水平时间坐标为尺度表示工作时间。时标的时间单位根据需要，在编制时标网络计划之前确定，可以是小时、天、周、旬、月或季度。

② 时标网络计划的工作用实箭线表示，自由时差用波形线表示，虚工作仍用虚箭线表示。

③ 时标网络计划中所有符号在时间坐标上的水平投影位置，都必须与其时间参数相对应。节点中心必须对准相应的时标位置。虚工作必须以垂直方向的虚箭线表示，有自由时差

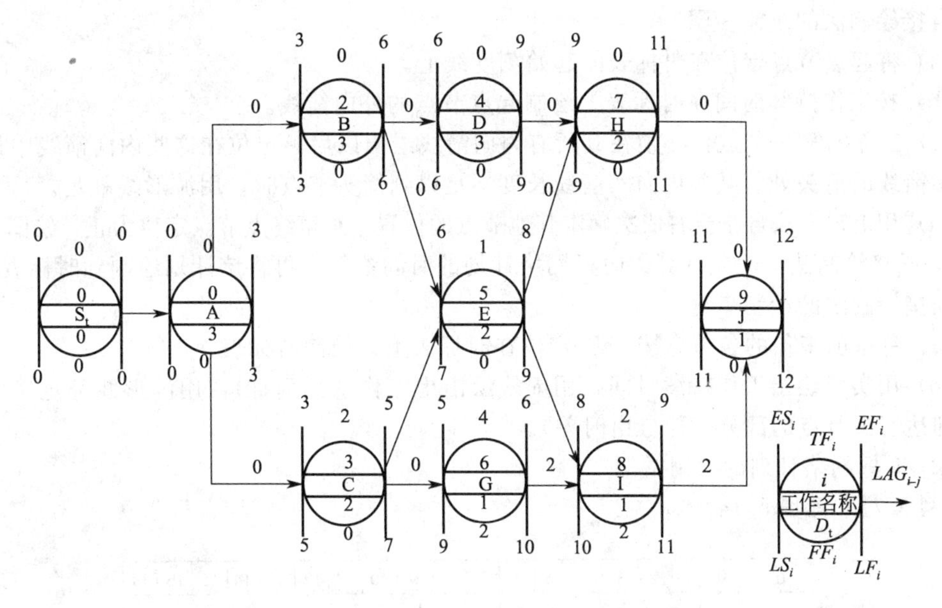

图 5.13　单代号网络计划的时间参数计算举例

用波形线表示。

（2）时标网络计划的特点　时标网络计划与无时标网络计划相比较，有以下特点：

① 工作时间、自由时差及工作最早时间等参数一目了然，具有横道计划和无时标网络计划的优点，故使用方便。

② 由于箭线的长短受时标的制约，故绘图比较麻烦，修改网络计划的工作持续时间时必须重新绘图。

③ 图上没有直接表示出来的时间参数，如总时差、最迟开始时间和最迟结束时间，需要进行计算。所以，使用时标网络计划可大大节省计算量。

（3）时标网络计划的适用范围　由于时标网络计划的上述优点，加之过去人们习惯使用横道计划，故时标网络计划容易被接受，在我国应用面较广。它主要适用于以下几种情况。

① 工作项目较少，而且工艺过程较简单的施工计划，能迅速地边绘、边算、边调整。

② 对于大型复杂工程，可以先用时标网络图的形式绘制各分部分项工程的网络计划，然后再综合起来绘制出较简明的总网络计划；也可以先编制一个总的施工网络计划，以后每隔一段时间，对下段时间应施工的工程区段绘制详细的时标网络计划。

③ 可应用计算机软件绘制时标网络计划。

④ 使用“实际进度前锋线”进行网络计划管理的计划。

5.2.6.2　时标网络计划的绘制方法

（1）绘图的基本规定

① 时标网络计划宜按最早时间绘制。

② 时标可标注在时标表的顶部，也可标注在时标表的底部，必要时还可以上、下同时标注，也可加注日历；时标表中的刻度线宜为细线，为使图清晰，刻度线中间部分可以去掉，只在上、下画一部分。

③ 时标网络计划编制前，必须先绘制无时标网络计划。

④ 绘制时标网络计划可以在以下两种方法中任选一种。

a. 直接绘制法——不计算时间参数，直接根据无时标网络计划在时标表上进行绘制。

直接绘制法的绘制步骤：

(a) 将起点节点定位在时标表的起始刻度线上。

(b) 按工作持续时间在时标表上绘制起点节点的外向箭线。

(c) 工作的箭头节点，必须在其所有内向箭线绘出以后，定位在这些内向箭线中最晚完成的实箭线的箭头处。某些内向实箭线长度不足以到箭头节点时，用波形线补足。

(d) 用上述方法自左至右依次确定其他节点的位置，直至终点节点定位为止，绘图完成。

b. 间接绘制法——先计算无时标网络计划的时间参数，再将该计划绘制到时标表内。

间接绘制法的绘制步骤：

(a) 将每项工作的各节点按 ET_i 定位在时标表上，绘制时标表；

(b) 用实线绘出工作持续时间，用虚线绘出虚工作（只垂直），用波形线补足实线、虚线未到达箭头节点的部分（即自由时差）。

(2) 时标网络计划的绘制举例

【例 5.7】 见图 5.14。

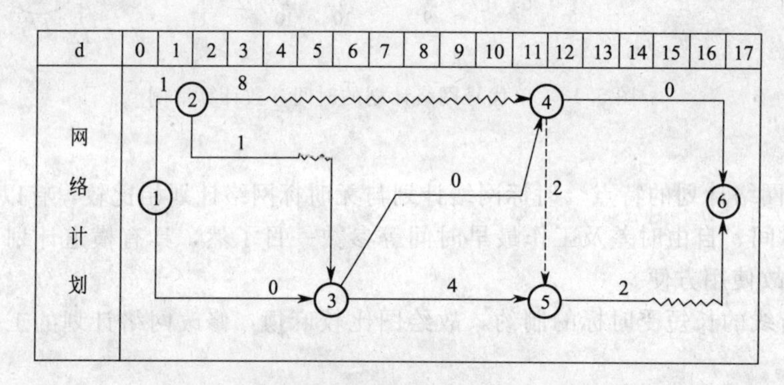

图 5.14 时标网络计划的绘制举例

5.2.6.3 时标网络计划关键线路及时间参数的确定

(1) 时标网络计划关键线路的判定 自终点节点到起点节点逆箭头方向观察，凡自始至终不出现波形线的通路，即为关键线路。

(2) 时间参数的确定

① 计算工期 应是其终点节点与起点节点所在位置的时标值之差。

② 最早时间 每条箭线尾部节点中心所对应的时标值，代表工作的最早开始时间，箭线实线部分右端或箭头节点中心对应的时标值代表工作的最早完成时间。

③ 工作自由时差 工作自由时差等于其波形线在坐标轴上水平投影的长度。

④ 工作总时差 工作总时差应自右向左逐项工作推算，其值等于其诸紧后工作总时差值的最小值与本工作自由时差之和。

$$TF_{i-n}=T_{\mathrm{p}}-EF_{i-n}$$

$$TF_{i-j}=\min\{TF_{j-k}\}+FF_{i-j}$$

⑤ 工作最迟时间

$$LS_{i-j}=ES_{i-j}+TF_{i-j}$$

$$LF_{i-j}=EF_{i-j}+TF_{i-j}$$

5.2.7 网络计划的优化

网络计划优化就是在满足既定的约束条件下（工期、成本或资源），按某一目标（缩短工期、节约费用、资源平衡等)，通过不断调整初始网络计划，寻找最优网络计划方案的过程。

网络计划优化按目标不同分为工期优化、资源优化、费用优化。

5.2.7.1 工期优化的方法

当网络计划的计算工期大于要求工期时，就需要缩短关键工作的持续时间，满足要求工期。

工期优化的方法和步骤如下。

① 计算初始网络计划的时间参数，找出关键线路。

② 按要求工期确定应缩短的工期目标。

③ 确定关键工作能缩短的持续时间。

④ 选择应缩短持续时间的关键工作，压缩其持续时间，并重新计算网络计划的计算工期。

选择应缩短持续时间的关键工作，按下列标准：

a. 缩短持续时间对质量和安全影响不大的工作；

b. 有充足备用资源的工作；

c. 缩短持续时间所需增加的费用或组合费率最少的工作。

压缩关键工作的持续时间后，应保证：该工作仍为关键工作，且该工作的持续时间不小于其最短持续时间。

⑤ 当网络计划的计算工期大于要求工期时，则重复以上步骤。

5.2.7.2 工期优化举例

【例 5.8】 某网络计划见图 5.15，图中括号内数据为工作最短持续时间，括号外为正常持续时间（单位：天）。上级指令性工期为 120 天，试问应如何调整？

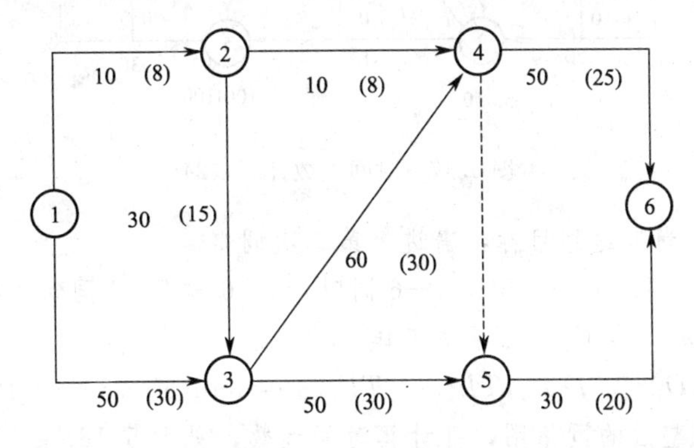

图 5.15 某网络计划

【解】 ① 计算各工作为正常时间情况下的时间参数，关键线路为：①→③→④→⑥，计算工期为 160 天，见图 5.16。

② 确定调整目标：

$$\Delta T = T_c - T_p = 160 - 120 = 40 \text{ 天}$$

③ 确定缩短工作：可缩短工作有 1—3、3—4、4—6。在考虑了上述确定因素后，先缩短3—4 工作。

④ 确定缩短工作的持续时间：

$$\Delta D_{3-4} = \min\{D^N_{3-4} - D^C_{3-4}, TF^p_{3-4}\} = \min\{60-30, TF_{2-4}, TF_{3-5}\} = \min\{30,80,30\} = 30 \text{ 天}$$

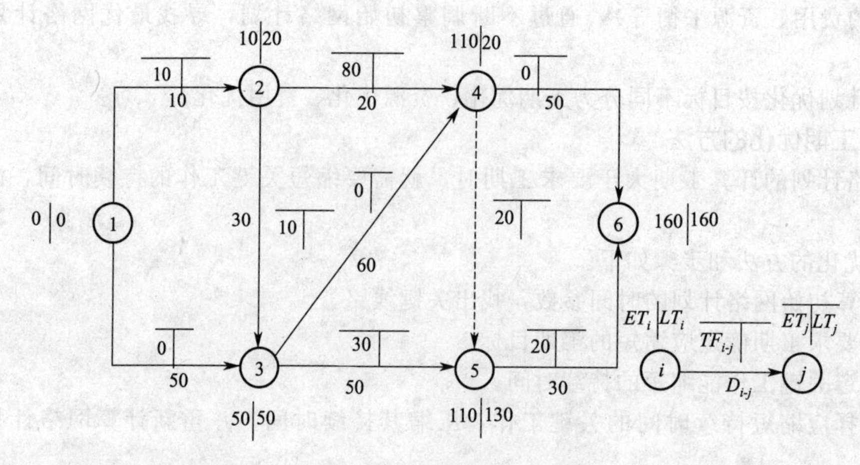

图 5.16 时间参数计算（1）

⑤ 绘制缩短 3—4 工作后的网络图，并重新计算时间参数，见图 5.17。

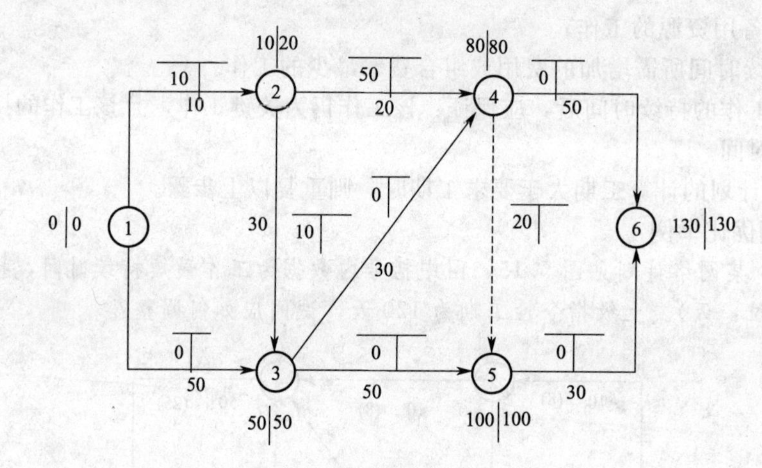

图 5.17 时间参数计算（2）

从图 5.17 可知，尚未达到目标，需进行第二次调整。

① 可缩短工作有：1—3，3—5 和 4—6 同时，4—6 和 5—6 同时，共三组。经过同第一次一样的分析后，选定工作 1—3 为缩短工作。

② $\Delta D_{1-3}=\min\{D_{1-3}^{N}-D_{1-3}^{C}, TF_{1-2}, TF_{2-3}\}=\min\{50-30,10,10\}=10$ 天。

③ 绘出第二次调整后的网络图，并计算时间参数，见图 5.18。

从图 5.18 可知：计算工期已达 120 天，则此网络计划即为调整后的网络计划。

5.2.7.3 资源优化概述

资源优化分“资源有限-工期最短”优化、“工期固定-资源均衡”优化。“资源有限-工期最短”优化，是某个时间单位的资源需求量大于资源限量时的调整；“工期固定-资源均衡”优化，是求得资源消耗量尽可能均衡的优化方案。

(1)“资源有限-工期最短”优化方法　对资源冲突时段的诸工作做新的顺序安排。顺序安排的选择标准是工期延长时间最短，即使 $ES_{i-j}=EF_{m-n}$，而工作满足：$EF_{m-n}-LS_{i-j}$ 最小。

(2)“工期固定-资源均衡”优化方法　“工期固定-资源均衡”优化，可用削高峰法，即

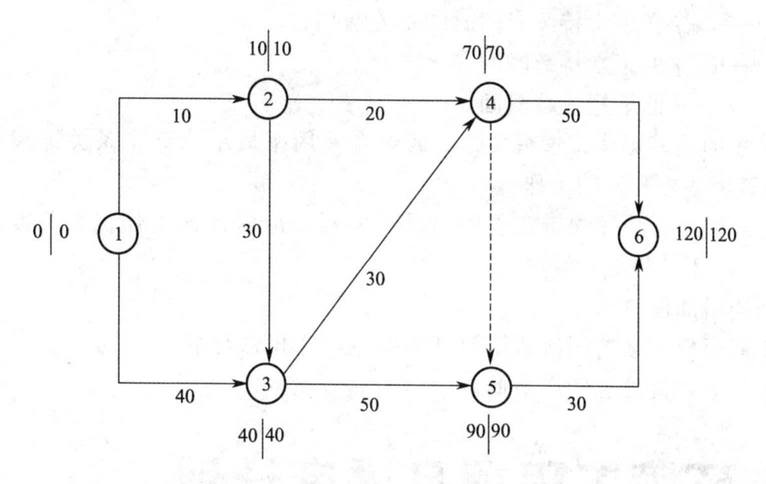

图 5.18　第二次调整后的网络图

在高峰时段把 $i-j$ 推迟到高峰时段的最后时刻 T_{h} 开始，而 $i-j$ 满足 $TF_{i-j}-(T_{\mathrm{h}}-ES_{i-j})$ 最大；当峰值不能再减少时，即得到优化方案。

5.2.7.4　费用优化概述

(1) 费用优化原理　工程成本包括直接费用和间接费用两部分。在一定范围内，直接费用随着时间的延长而减少，而间接费用则随着时间的延长而增加，见图 5.19。工程成本曲线的最低点就是工程计划的最优方案。工程成本最低点相对应的工程持续时间称为最优工期。

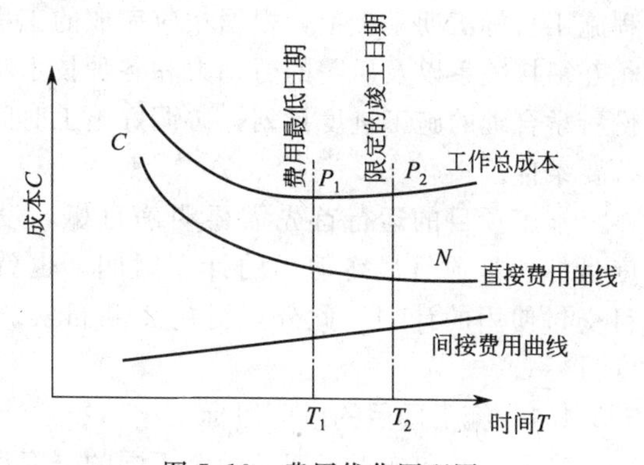

图 5.19　费用优化原理图

完成一项工作的施工方法很多，但是总有一个是费用最低的，相应的持续时间称为正常时间；如果要加快工作的进度，就要采取加班加点，增加工作班次，增加或换用大功率机械设备，采取更有效的施工方法等措施，采用这些措施一般都要增加费用，但工作持续时间在一定条件下也只能缩短到一定的限度，这个时间称为极限时间。

工作时间-费用曲线主要有两种，即连续型和非连续型。连续型：是把正常时间点与极限时间点直接连成一条直线，介于正常时间与极限时间之间的任意持续时间的费用可根据其费用斜率，用数学式子推算出来。非连续型：是介于正常持续时间与极限持续时间之间的任意持续时间的费用不能用线性关系来表示，这些工作的直接费用与持续时间之间的关系是根据不同施工方案分别估算的（如机械设备完成的工作），只能用几种情况表示，供选择使用。

(2) 费用优化的方法和步骤

① 首先计算初始网络图正常时间情况下的时间参数，确定关键线路。

② 计算工作 $i-j$ 的费用率

$$\Delta C_{i-j}=\frac{CC_{i-j}-CN_{i-j}}{DN_{i-j}-DC_{i-j}}$$

式中　CC_{i-j}——$i-j$ 在最短持续时间时的直接费用；

CN_{i-j}——$i-j$ 在正常持续时间时的直接费用；

DN_{i-j}——$i-j$ 的正常持续时间；

DC_{i-j}——$i-j$ 的最短持续时间。

③ 确定缩短的关键工作：选择 ΔC_{i-j} 或组合费用率最小（有多条关键线路时同时缩短的关键工作的费用率之和）的工作。

④ 确定缩短时间：压缩关键工作的持续时间后，应保证该工作仍为关键工作，且该工作的持续时间不小于其最短持续时间。

⑤ 计算费用增加值。

⑥ 考虑工期变化带来的间接费用及其他损益，计算总费用。

⑦ 重复③～⑥，直到总费用最低。

5.3 环境工程项目进度计划

5.3.1 施工项目进度计划

在建筑施工过程中，需要占用大量的劳动力，使用大量的材料和构配件，投资巨大，周期长，可变因素多；为了保证生产过程有序合理地进行，准确协同动作，必须重视建筑施工进度计划的编制。施工进度是施工过程的时间序列和作业进程速度的综合概念，是在确定工程施工目标工期基础上，根据相应完成的工程量，对各项施工过程的施工顺序、起止时间和相互衔接关系以及所需的劳动力和各种技术物资的供应所做的具体策划和统筹安排。编制一份科学合理的施工进度计划，协调好施工时间和资源配置关系，是施工进度计划贯彻实施的首要条件。

施工项目的运行首先需要明确目标，没有目标就谈不上计划和实施。施工项目的进度目标，是项目最终动用的计划时间，也就是工业项目达到负荷联动试车成功，民用项目交付使用的计划。此外，对施工项目实施的各阶段、各组成部分都应明确具体的分进度目标。

5.3.1.1 施工项目的进度目标

建设工期和施工工期是两个不同的进度目标。

（1）建设工期　建设工期是指建设项目从永久性工程开始施工到全部建成投产或交付使用所经历的时间，它包括组织土建施工、设备安装、进行生产准备和竣工验收等项工作时间，是建设项目施工计划和考核投资效果的主要指标。

确定建设项目的建设工期，需根据工期定额、综合资金、材料、设备、劳动力等施工条件，从项目可行性研究中项目实施计划开始，随着项目进度由粗到细逐步明确。同时，注意与配套项目衔接，同步实施。若建设工期安排过长，资金在未完工程上沉淀过久，影响投资效果；若建设工期安排过短，将扩大施工规模，增加固定费用的支出，甚至影响施工质量，影响项目目标实现。因此，确定合理建设工期是项目施工的首要任务。

（2）施工工期　施工工期以单位工程为计算对象，其工期天数指单位工程从基础工程破土开工起至完成全部工程设计所规定的内容，并达到国家验收标准所需的全部日历天数。我国发布“建筑安装工程工期定额”，用以控制一般工业和民用建筑的工期，其中按不同结构类型、不同建筑面积、不同层数、不同施工地区分别规定了各类不同建筑工程的施工工期。该定额可作为编制施工组织设计、安排施工计划、编制招投标文件、签订工程承发包合同和考核施工工期的依据。

计划施工工期通常是在工程委托人的要求工期或合同工期规定下，综合考虑各类资源的供应及成本消耗情况后加以合理确定。

5.3.1.2 施工工期的影响因素

一个环境工程单位工程的施工工期，一般取决于其内部的技术因素和外部的社会因素两方面。国家颁发的施工工期定额，就是综合这两方面因素，对不同地区不同类型工程做出规定。

(1) 技术因素（即工程内部因素）

① 工程性质、规模、高度、结构类型、复杂程度。

② 地基基础条件和处理的要求。

③ 建筑装修装饰的要求。

④ 建筑设备系统配套的复杂程度。

(2) 社会因素（即工程外部因素）

① 社会生产力，尤其是建筑业生产力发展的水平。例如，我国在20世纪70年代，城市建造高层建筑，由于施工技术、混凝土泵送设备、商品混凝土生产能力等条件限制，比当今高层建筑施工生产力水平要低得多，同样建筑工期也就长得多。

② 建筑市场的发育程度，也就是说施工要素能否在建筑市场根据施工需要得到合理配置，这是施工的物质基础。在计划经济体制下，施工生产资料实行计划配给，指标跟投资走，且留有缺口，肢解了施工单位的生产力，制约了施工工期的缩短。而市场经济的发展和完善，为施工生产要素的配置创造了市场条件，极大地促进了施工生产力的发展，对提高施工能力、缩短工期产生重大作用。

③ 气象条件以及其他不可抗力的影响。

④ 工程投资者和管理者主观追求和决策意图。当决策者要求靠加快进度缩短工期时，自然就以扩大施工规模、增加施工措施、组织平行和立体交叉施工的费用为代价，换取高速度、短工期的成效。当然有时这种决策的目的在于尽快发挥投资的经济效益和社会效益，从项目的财务评价上仍然是可取的。也可以说这是一种主观因素决定工期的长短。

⑤ 施工计划和进度管理也是主观影响工期的因素，这包括：

a. 充分和完善的施工准备。施工准备是工程施工阶段的一个重要环节，充分和完善的施工准备，为施工的顺利开展和缩短施工工期创造了有利的施工条件。没有做好必要的准备就贸然施工，必然会造成现场管理混乱，拖延工期。

b. 确定先进合理的工程施工方案。施工方案规定了各阶段工程施工方法、选用的施工机械、施工区段划分、工程展开程序等内容。不同的施工技术方案和组织方案，将决定着不同的工期。

例如：(a) 设计图纸延误、变更和修改；(b) 业主未能及时提供施工场地；(c) 勘察资料的差错或遗漏；(d) 保护和处理地下埋藏文物；(e) 材料、构配件、机具、设备供应脱节；(f) 资金供应短缺；(g) 处理安全、质量事故；(h) 内部交接、外界配合上的差错和矛盾；(i) 不可抗力：恶劣天气、地震、临时停水停电、社会动乱等。图5.20为房屋建筑的各主要分部分项工程对工期影响情况。

5.3.1.3 工期目标与成本、质量目标的关系

施工项目管理的主要任务就是采用各种手段和措施，确保工程工期、成本、质量目标的最优实现。工期目标与成本、质量目标之间的关系形成了一个既统一又相互制约的目标系

统，如图 5.21 所示。

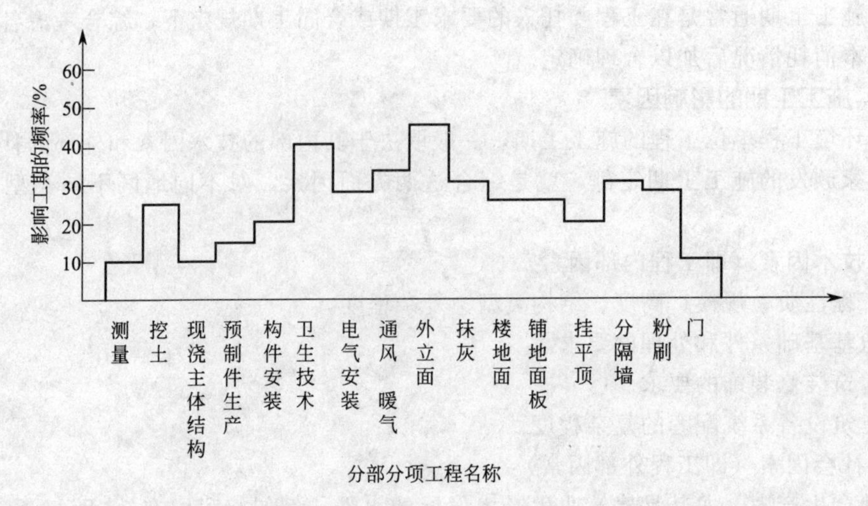

图 5.20　施工期影响因素

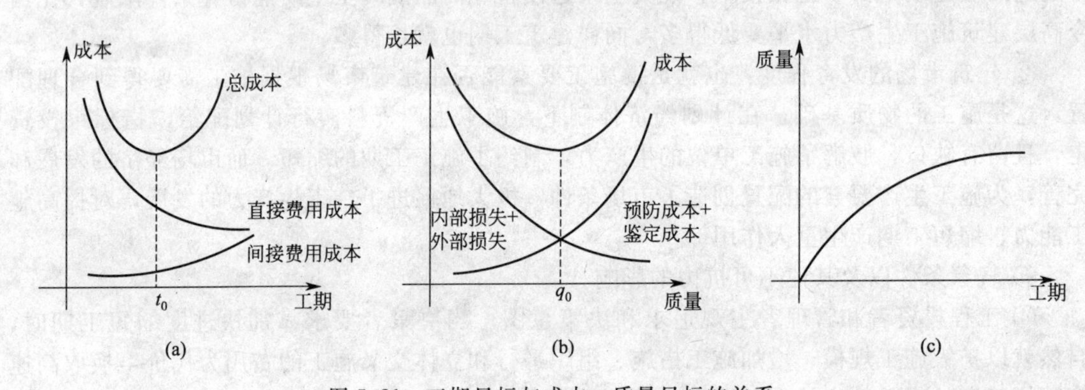

图 5.21　工期目标与成本、质量目标的关系

在图 5.21(a) 中，工程成本由直接费用和间接费用两部分叠加而形成一条下凹的曲线。t_0 为最低工程总成本所对应的工期。

在图 5.21(b) 中，工程质量成本由预防成本、鉴定成本、内部损失成本和外部损失成本所组成：从图中可以看出，预防成本和鉴定成本随工程质量提高而不断增加，而内部和外部损失成本随工程质量提高而不断下降，工程质量成本就是这两部分曲线叠加的结果，其中工程质量成本最低点，称为适宜的工程质量成本。在实际工程中，若确定太高或太低的质量目标，都会加大工程成本。

在图 5.21(c) 中，工期质量曲线关系表明，施工工期太紧，会造成施工中粗制滥造，从而降低工程质量；反之施工工期过松，工程质量也不会有太大的提高。

因此，在确定施工工期目标时，也应同时考虑对工程成本和质量目标的影响，进行多方面的分析和比较，做到施工目标系统的整体最优。

5.3.1.4　施工目标工期的决策分析

为了控制施工进度，必须采用多种科学的决策分析方法，首先确定明确的施工目标工期：施工目标工期的确立，既受到工程施工条件的制约，也受到工程合同或指令性计划工期限制，并且还需结合企业的组织管理水平和利润要求一并考虑。通常可以从以下几方面进行决策分析。

（1）以正常工期为施工目标工期　正常工期是指与正常施工速度相对应的工期。正常施工速度是根据现有施工条件下制订的施工方案和企业经营的利润目标确定的，用以保证施工活动必要的劳动生产率，从而实现工程的施工计划。

为了分析施工速度与施工利润的关系，应将施工总成本分为固定费用和变动费用来考虑。固定费用是指与施工产值的增减无关的施工费用，如施工现场的各种临时设施按使用时间收取的折旧费用，周转材料按使用时间分摊的费用，施工机械设备按台班收取的费用，管理人员按支付的工资，以及施工中一次性开支的费用；变动费用则是指与施工产值成比例增减的工程费用，如建筑材料、构件制品费、能源消耗、生产工人计件工资等。

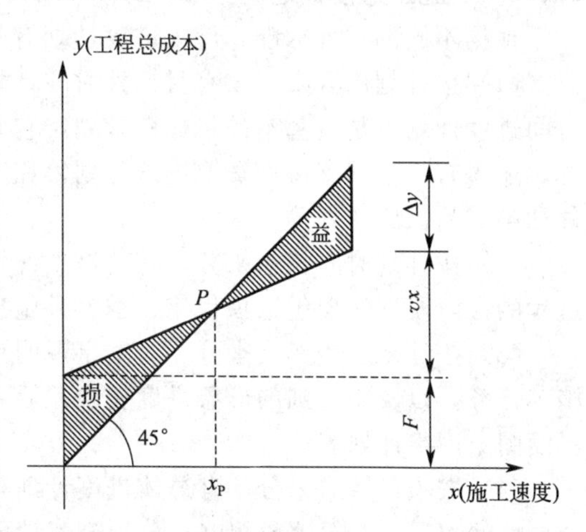

图 5.22　施工速度与施工总成本的定量关系

图 5.22 反映单位时间施工产值（施工速度）与施工总成本的定量关系，也就是施工成本与利润关系的图表。如果用 F 表示单位时间施工产值的固定费用，x 表示单位时间施工产值（施工速度），y 表示单位时间的工程成本，v 表示变动费用率，则成本曲线 $y=F+vx$ 与施工产值曲线 $y=x$ 的交点 x_P 为损益平衡点，即施工速度为 $x=x_P$ 时，施工结果既无利益也不亏损，只有当施工速度 $x>x_P$ 时，施工结果才有盈利。

设施工利润率为 i，则由图 5.22 可得：

$$i=\frac{\Delta y}{x}=\frac{x-vx-F}{x}$$

式中　Δy——单位时间的施工利润。

正常施工速度为：

$$x=\frac{F}{1-v-i}$$

当工期类型已知，施工方案确定后，F 和 v 均为常数，从而可根据施工项目的计划降低成本。

（2）以最优工期为施工目标工期　所谓最优工期，即工程总成本最低的工期，它可采用以正常工期为基础，应用工期成本优化的方法求解。

工期成本优化的基本思想就是在网络计划的关键线路上选择费用率最低的工作，并不断从这些工作的持续时间和费用关系中，找出能使计划工期缩短而又能使直接费用增加最少的工作，缩短其持续时间。然后考虑间接费用随着工期缩短而减小的影响，把不同工期下的直接费用和间接费用分别叠加，形成工程工期成本曲线［如图 5.21(a) 所示］，从这条曲线中，可求出工程成本最低时刻相应的最优工期，作为施工目标工期。

（3）以合同工期或指令工期为施工目标工期　通常的情况下，建筑施工承包合同中有明确的施工期限，或者国家实施的工程任务规定了指令工期。那么，施工目标工期可参照合同工期或指令工期，结合施工生产能力和资源条件确定，并充分估计各种可能的影响因素及风险，适当留有余地，保持一定提前量。这样，施工过程中即使发生不可预见的意外事件，也不会使施工工期产生太大的偏差。

5.3.2 施工进度计划基本类型和要求

5.3.2.1 施工进度计划的分类

根据不同的划分标准，施工进度计划有不同的种类，组成了系统。

(1) 按计划内容来分　有目标性时间计划与支持性资源进度计划。针对施工项目本身的时间进度计划，是最基本的目标性计划，它确定了该项目施工的工期目标。为了实现这个目标，还需有一系列支持性资源进度计划，如劳动力使用计划、机械设备使用计划、材料构配件和半成品供应计划等。

(2) 按计划时间长短来分　有总进度计划与阶段性计划。总进度计划是控制项目施工全过程的，阶段性计划包括项目年、季、月施工进度计划，旬、周作业计划等。

(3) 按计划表达形式来分　有文字说明计划与图表形式计划。前者用文字说明各阶段的施工任务，以及要达到的形象进度要求；后者用图表形式表达施工的进度安排，有横道图、斜线图、网络计划等。

(4) 按项目组成来分　有总体进度计划与分项进度计划。总体进度计划是针对施工项目全局性的部署，一般比较粗略；分项进度计划指对项目中某一部分（子项目）或某一专业工种的进度计划，一般比较详细。

5.3.2.2 进度计划的编制依据

编制施工项目进度计划，通常要以下列资料为依据：

① 本项目的工程承包合同；

② 各项目的施工规划与施工组织设计；

③ 企业的施工生产经营计划；

④ 设计进度计划；

⑤ 有关现场条件的资料；

⑥ 材料、设备及资金供应条件；

⑦ 已建成的同类或相似项目的实际施工进度。

在编制施工进度计划之的，必须全面收集上述资料的约束条件，做好充分的准备。

5.3.2.3 编制施工计划的基本原则

编制施工计划基本原则主要包括：

① 认真进行分析整理，列出控制进度；

② 保证施工项目按目标工期规定的期限完成，尽快发挥投资效益；

③ 在合理范围内，尽可能缩小施工现场各种临时设施的规模；

④ 充分发挥施工机械、设备、工具、模具、周转材料等施工资源的生产效率；

⑤ 尽量组织流水搭接、连续、均衡施工，减少现场工作面停歇和窝工现象；

⑥ 努力减少因组织安排不善、停工待料等人为因素引起的时间损失和资源浪费。

5.3.2.4 时间进度计划的表示方法

施工时间进度计划通常可用横道图或网络图表示。

横道图从本世纪初开始使用，是一种在工业生产、工程施工、科研等领域广泛应用的计划图表。图 5.23 为某三跨车间地面混凝土工程以横道图表示的施工计划，该计划由地面回填土、铺设垫层和浇细石混凝土三个施工过程组成，分为 A、B、C 三个施工段组织搭接施工。

图中左边表示工作名称，也可以反映工程量、生产组织、定额等资料，右边在相应工作位置画出一条横道线，以表明工作起止时间。它直观、易懂，编制比较容易，所以一直沿用至今，但它只能明确表达工作间的逻辑关系，不能直接进行计算，不便于计划优化和调整。因此，横道图只适用于小而简单的施工计划，对大而复杂的项目施工计划与控制就有困难了。

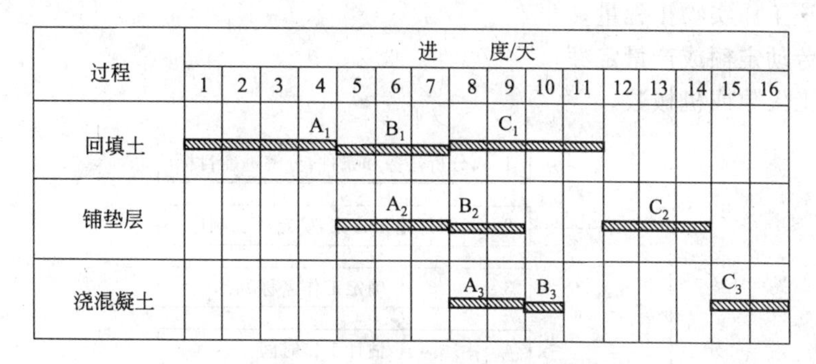

图 5.23　横道图施工计划

图 5.24 为某地面混凝土工程的双代号网络图的表示形式。图中箭线表示工作，工作名称写在箭线上，箭线下表示工作时间；圆圈叫节点，表示工作之间的联系；从网络的起点节点 0 至终点 10 有许多条线路，其中最长的一条线路 1-2-4-8-9-10，称为关键线路。其长度即为施工计划工期，由此不难看出，网络图时间计划就是把项目的每一施工过程，按施工顺序和相互之间的逻辑关系，用若干射线和节点从左至右连接起来形成的。

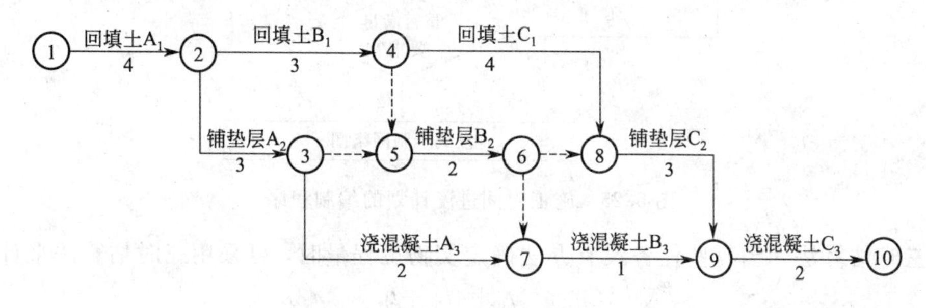

图 5.24　双代号网络图

5.3.2.5　施工时间进度计划的编制程序

施工时间进度计划编制程序可用图 5.25 表示，其主要内容如下。

(1) 分析工程施工任务和条件，分解工程进度目标　根据掌握的工程施工任务和条件，可将施工项目进度总目标按不同项目内容、不同施工阶段、不同施工单位、不同专业工种等分解为不同层次的进度分目标，由此构成一个施工进度目标系统，分别编制各类施工时间计划。

(2) 制订施工方案，确定施工顺序　尽管项目施工总体布置属于施工组织设计要求的内容，但由于选择不同的施工方案，不仅影响施工过程名称、数量和内容，也会影响到施工顺序安排，因此，要仔细研究。

(3) 确定工作名称　网络计划中的工作划分可粗可细，根据实际需要而定。一般来讲，编制控制性施工进度计划时，为了便于计划综合，工作宜划分得粗一些，一般只列工程名称；编制实施性施工进度计划时，为了便于计划贯彻工作可划分得细一些。

(4) 确定工作时间　工作时间可按下面程序来确定。

① 按实物工程量和有关定额计算

$$t_0=\frac{w}{rm}$$

式中 t_0——工作持续时间；

w——该工作实物工程量；

r——劳动定额或产量定额；

m——工人数或机械数。

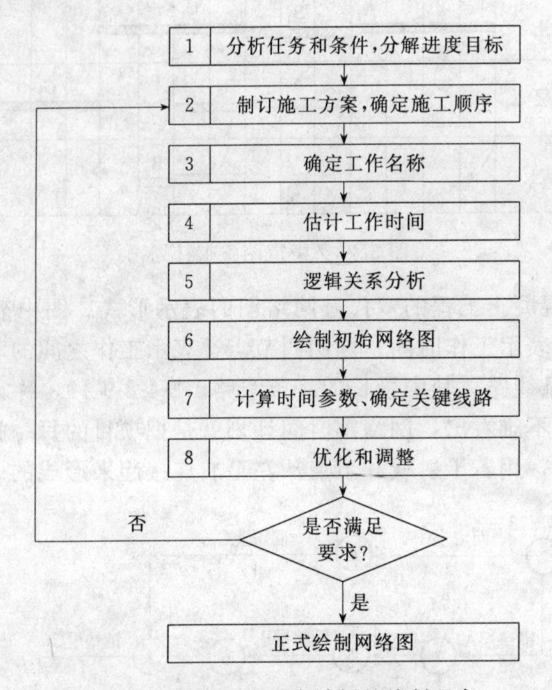

图 5.25 施工时间进度计划的编制程序

② 三时估算法 当有些任务没有办法确定实物工程量时，可采用三时估算法来计算。

$$t_0=\frac{t_a+4t_m+t_b}{b}$$

式中 t_a——乐观工时；

t_m——最可能工时；

t_b——悲观工时。

③ 基本工时调整 用上面两个公式计算出来的工作基本时间，往往还会受到事件的影响，需根据实际情况和经验做适当调整。

(5) 逻辑关系分析 在此基础上将本工程所有工作有关数据，依次填入表 5.4 中。

表 5.4 各工作有关数据表

代 号	工作名称	实物工程量		每 天 资源量	持续 时间	紧前 工作	紧后 工作	备注
		数量	单位					

(6) 绘制初始网络计划 根据工作逻辑关系表和网络图绘制规则，合理构图，正确标注，形成草图。

（7）计算网络计划的时间参数　计算时间参数，确定关键线路，并用双箭线或粗黑线标出来。

（8）调整与优化网络计划　根据资源限制条件和工程成本资料，对施工工时计划进行调整与优化。

（9）常用的网络图有双代号网络图和单代号网络图　通常采用单代号网络图来表达总进度计划，用有时间坐标的双代号网络图表达实施性作业进度计划比较直观。时标网络图就是将普通网络图绘制在带有时间坐标的表格上，工作逻辑不变，工作时间的长短按坐标刻度比例绘制，工作时差用波形线表示。这种网络图可按工作最早开始和结束时间来画，也可按工作最迟开始和结束时间来画，简单实用，吸收了横道图和网络图的共同优点。

5.3.3　施工资源进度计划

在实际工作中，除了时间进度计划外，还须安排施工资源，如劳动力、施工机具设备、建筑材料、构配件、半成品、资金等的进度计划，充分发挥有限资源的作用，合理使用、均衡消耗。做好资源优化配置，一方面可以保证时间进度计划的顺利实施；另一方面也可降低工程成本，提高投资效益。

5.3.3.1　资源曲线

资源曲线是反映计划资源配置情况的图形，也就是与时间进度计划相应的资源使用计划。对于每一种资源，可以根据时间坐标网络计划画出相应的资源曲线。

常用的资源曲线有两种，分别表示资源的不同使用状态。图 5.26 为时间坐标网络计划下资源用量动态曲线和累计曲线。网络计划中有支模、扎筋和浇混凝土三道工序，每天需用的资源量（人数）分别为 12 人、10 人、8 人。这些数据用括号括起来写在相应箭线下面。

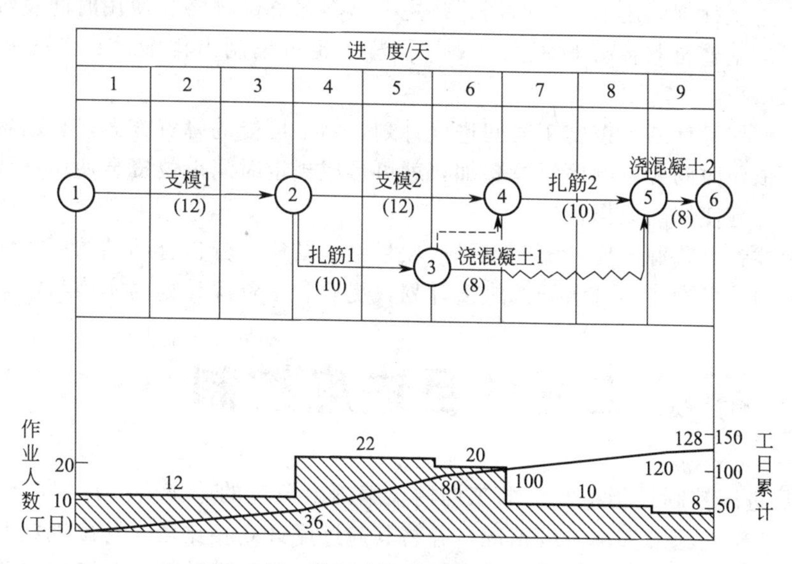

图 5.26　时间坐标网络计划及资源曲线

（1）资源用量动态曲线　它是把单位时间（日、月、季等）内计划进行的各项工作所需的某种资源数量进行叠加，按一定比例绘制曲线，直观表示出计划中每个时期资源需用量及变化动态，形象描绘资源消耗的高峰和低谷。图 5.26 中左边纵坐标表示作业人数，前 3 天每天需用 12 人，第 4、第 5 天需用 22 人，第 6 天需用 20 人等。

（2）资源累计曲线　随着计划进程的发展，根据资源用量动态曲线把单位时间消耗的资源数量累加起来，可以得到资源累计曲线。该曲线上任何一点数值恰好等于相应的动态曲线在这一点左边那部分面积，因此，资源累计曲线，也称积分曲线。图 5.26 中右边纵坐标表示工日累计，如第 3 天末对应的数值为 36 工日，第 5 天末对应的数值为 80 工日等。

资源曲线不但能动态安排各类资源的用量，而且也是评价计划、调整计划的重要工具。

5.3.3.2 资源调整

施工资源调整目的是在初始时间进度计划基础上，使计划资源用量不超过实源实际供应量，并力求做到均衡使用。

衡量施工均衡件的指标，通常有三种，可根据资源用量动态曲线计算。

(1) 不均衡系数 A　用高峰时期每天需要量与每天资源平均需要量之比表示，不均衡系数越小，资源使用越均衡。

(2) 极差值 ΔR　指资源动态曲线上，每天资源使用量与每天平均资源需要量之差的最大值。

(3) 均方差 σ　极差越小，或者均方差越小，均衡性越好。

5.3.3.3 资源汇总计划

按照施工时间进度计划经过资源用量计算和调整后要汇总计划，主要有以下内容。

(1) 主要劳动力需要量计划　将各项工作所需的主要工种劳动力，根据施工进度的安排，进行分类叠加并汇总，就可编出主要工种劳动力需要量计划，为施工现场劳动力的供应和调配提供依据。

(2) 施工机械模具需要量计划　如把施工进度计划中有关施工过程每天所需的机械类型、数量按施工时间汇总得出施工机械模具需要量计划。

(3) 主要材料及构配件、半成品需要量计划　如果将施工预算中确定的分部分项工程量，结合施工进度计划确定的工作时间，将主要材料名称、规格、使用时间及数量进行计算汇总，就可形成主要材料需要量汇总计划；同样，也可编制出构配件、半成品需要量汇总计划。

(4) 资金使用量计划　按施工时间进度计划，结合可能的筹资方案，算出各项工作所需资金支出，并依照时间先后顺序进行叠加，就可形成规定时间单位资金使用量计划，作为控制资金支出、合理使用的依据。

当然，上述各类资源进度计划，也可按项目组成结构、分包合同结构等方面进行目标分解，编制具体的、可操作的分级资源进度计划，更有利于资源计划的实施与控制。

5.4 环境工程项目进度控制

施工项目进度控制是指在既定的工期内，编制出最优的施工进度计划，在执行该计划的施工中，经常检查施工实际进度情况，并将其与进度计划相比较，若出现偏差，便分析产生的原因和对工期的影响程度，找出必要的调整措施，修改原计划，不断地如此循环，直至工程竣工验收。

5.4.1 施工项目进度控制的方法

施工项目进度控制方法主要是规划、控制和协调。规划是指确定施工项目总进度控制目标和分进度控制目标，并编制其进度计划；控制是指在施工项目实施的全过程中，进行施工实际进度与施工计划进度的比较，出现偏差及时采取措施调整；协调是指协调与施工进度有关的单位、部门和工作队组之间的进度关系。

5.4.2 施工项目进度控制的主要措施

施工项目进度控制采取的主要措施有组织措施、技术措施、合同措施、经济措施和信息管理措施等。

组织措施主要是指落实各层次进度控制人员的具体任务和工作责任；建立进度控制的组织系统；按着施工项目的结构、进展的阶段或合同结构等进行项目分解，确定其进度目标，建立控制目标体系；确定进度控制工作制度，如检查时间、方法，协调会议时间、参加人等；对影响进度的因素分析和预测。技术措施主要是采取加快施工进度的技术方法。合同措施是指与分包单位签订施工合同工期。经济措施是指实现进度计划的资金保证措施。信息管理措施是指不断地收集施工实际进度的有关资料进行整理统计，与计划进度比较，定期地向建设单位提供比较报告。

5.4.3 影响施工进度的因素

由于工程项目的施工特点，尤其是较大和复杂的施工项目，工期较长、影响进度因素多，编制计划和执行控制施工进度计划时，必须充分认识和估计这些因素，才能克服其影响，使施工进度尽可能按计划进行；当出现偏差时，应考虑有关影响因素，分析产生的原因。其主要影响因素有以下几点。

（1）有关单位的影响　施工项目的主要施工单位对施工进度起决定性作用，但是建设单位与业主、设计单位、银行信贷单位、材料设备供应部门、运输部门、水电供应部门及政府的有关主管部门都可能给施工造成困难而影响施工进度。其中设计单位图纸不及时和有错误，以及有关部门或业主对设计方案的变动，是经常发生和影响最大的因素。材料和设备不能按期供应，或质量、规格不符合要求，都将使施工停顿。资金不能保证也会使施工进行中断或速度减慢等。

（2）施工条件的变化　施工中工程地质条件和水文地质条件与勘查设计不符，如地质断层、溶洞、地下障碍物、软弱地基，以及恶劣的气候、暴雨、高温和洪水等，都会对施工进度产生影响，造成临时停工或破坏。

（3）技术失误　施工单位采用技术措施不当，施工中发生技术事故；应用新技术、新材料、新结构缺乏经验，不能保证质量等，都要影响施工进度。

（4）施工组织管理不利　流水施工组织不合理、劳动力和施工机械调配不当、施工平面布置不合理等，都将影响施工进度计划的执行。

（5）意外事件的出现　施工中如果出现意外的事件，如战争、严重自然灾害、火灾、重大工程事故、工人罢工等，都会影响施工进度计划。

5.4.4 施工项目进度控制原理

5.4.4.1 动态控制原理

施工项目进度控制是一个不断进行的动态控制，也是一个循环进行的过程。从项目施工开始，实际进度就出现了运动的轨迹，也就是计划进入执行的动态。实际进度按照计划进度进行时，两者相吻合；当实际进度与计划进度不一致时，便产生超前或落后的偏差。分析偏差的原因，采取相应的措施，调整原来计划，使两者在新的起点上重合，继续按其进行施工活动，并且尽量发挥组织管理的作用，使实际工作按计划进行。但是在新的干扰因素作用下，又会产生新的偏差。施工进度计划控制就是采用这种动态循环的控制方法。

5.4.4.2 系统原理

（1）施工项目计划系统　为了对施工项目实行进度计划控制，首先必须编制施工项目的各种进度计划，其中有施工项目总进度计划、单位工程进度计划、分部分项工程进度计划、季度和月（旬）作业计划，这些计划组成一个施工项目进度计划系统。计划的编制对象由大到小，计划的内容从粗到细。编制时从总体计划到局部计划，逐层进行控制目标分解，以保证计划控制目标落实。执行计划时，从月（旬）作业计划开始实施，逐级按目标控制，从而达到对施工项目整体进度目标的控制。

（2）施工项目进度实施组织系统　施工项目实施全过程的各专业队伍，是遵照计划规定的目标去努力完成一个个任务的。施工项目经理和有关劳动调配、材料设备、采购运输等各职能部门，都按照施工进度规定的要求进行严格管理、落实和完成各自的任务。施工组织各级负责人，项目经理、施工队长、班组长及其所属全体成员，组成了施工项目实施的完整组织系统。

（3）施工项目进度控制组织系统　为了保证施工项目进度实施，还要有一个项目进度的检查控制系统。自公司经理、项目经理，一直到作业班组，都设有专门职能部门或人员负责检查汇报，统计整理实际施工进度的资料，并与计划进度比较分析和进行调整。当然不同层次人员负有不同进度控制职责，分工协作，形成一个纵横连接的施工项目控制组织系统。事实上有的领导可能是计划的实施者，又是计划的控制者。实施是计划控制的落实，控制是保证计划按期实施。

5.4.4.3　信息反馈原理

信息反馈是施工项目进度控制的主要环节，施工的实际进度信息反馈给基层施工项目进度控制的工作人员，在分工的职责范围内，经过对其加工，再将信息逐级向上反馈，直到主控制室。主控制室整理统计各方面的信息，经比较分析做出决策，调整进度计划，仍使其符合预定工期目标。若不是不断地应用信息反馈原理进行信息反馈，则无法进行计划控制。施工项目进度控制的过程就是信息反馈的过程。

5.4.4.4　弹性原理

施工项目进度计划工期长、影响进度的原因多，其中有的已被人们掌握，根据统计经验估计出影响的程度和出现的可能性，并在确定进度目标时，进行实现目标的风险分析。在计划编制者具备了这些知识和实践经验之后，编制施工项目进度计划时就会留有余地，即使施工进度计划具有弹性。在进行施工项目进度控制时，便可以利用这些弹性，缩短有关工作的时间，或者改变它们之间的搭接关系，仍然达到预期的计划目标。这就是施工项目进度控制中对弹性原理的应用。

5.4.4.5　封闭循环原理

项目的进度计划控制的全过程，是计划、实施、检查、比较分析、确定调整措施、再计划。从编制项目施工进度计划开始，经过实施过程中的跟踪检查，收集有关实际进度的信息，比较和分析实际进度与施工计划进度之间的偏差，找出产生原因和解决办法，确定调整措施，再修改原进度计划，形成一个封闭的循环系统。

5.4.5　施工项目进度控制的实施

施工项目进度计划的实施，就是用施工进度计划指导施工活动，落实和完成计划。施工项目进度计划逐步实施的过程，就是施工项目建造逐步完成的过程。为了保证施工项目进度计划的实施，并且尽量按编制的计划时间逐步进行，保证各进度目标的实现，应做好如下工作。

5.4.5.1　施工项目进度计划的贯彻

（1）检查各层次的计划，形成严密的计划保证系统　施工项目的所有施工进度计划：施工总进度计划、单位工程施工进度计划、分部分项工程施工进度计划，都是围绕一个总任务而编制的，它们之间关系是高层次的计划为低层次计划的依据，低层次计划是高层次计划的具体化。在其贯彻执行时应当首先检查计划是否协调一致，计划目标是否层层分解、互相衔接，组成一个计划实施的保证体系。计划以施工任务书的方式下达施工队，以保证实施。

(2) 层层签订承包合同或下达施工任务书　施工项目经理、施工队和作业班组之间分别签订承包合同，按计划目标明确规定合同工期、相互承担的经济责任、权限和利益；或者采用下达施工任务书，将作业下达到施工班组，明确具体施工任务、技术措施、质量要求等内容，使施工班组必须保证按作业计划时间完成规定的任务。

(3) 计划全面交底，发动群众实施计划　施工进度计划的实施是全体工作人员的共同行动，要使有关人员都明确各项计划的目标、任务、实施方案和措施，使管理层和作业层协调一致，将计划变成群众的自觉行动，充分发动群众，发挥群众的干劲和创造精神。在计划实施前要进行计划交底工作，可以根据计划的范围召开全体职工代表大会或各级生产会议进行交底落实。

5.4.5.2　施工项目进度计划的实施

(1) 编制月（旬）作业计划　为了实施施工进度计划，将规定的任务结合现场施工条件，如施工场地的情况、劳动力机械等资源条件和施工的实际进度，在施工开始前和过程中不断地编制本月（旬）的作业计划，使施工计划更具体、切合实际和可行。在月（旬）计划中要明确：本月（旬）应完成的任务，所需要的各种资源量，提高劳动生产率和节约的措施。

(2) 签发施工任务书　编制好月（旬）作业计划以后，将每项具体任务通过签发施工任务书的方式使其进一步落实。施工任务书是向班组下达任务，实行责任承包、全面管理和原始记录的综合性文件。施工班组必须保证指令任务的完成。它是计划和实施的纽带。

(3) 做好施工进度记录，填好施工进度统计表　在计划任务完成的过程中，各级施工进度计划的执行者都要跟踪做好施工记录，记载计划中的每项工作的开始日期、工作进度和完成日期，为施工项目进度检查分析提供信息，因此要求实事求是记载，并填好有关图表。

(4) 做好施工中的调度工作　施工中的调度是组织施工中各阶段、环节、专业和工种的互相配合、进度协调的指挥核心。调度工作是使施工进度计划实施顺利进行的重要手段。其主要任务是掌握计划实施情况，协调各方面关系，采取措施，排除各种矛盾，加强各薄弱环节，实现动态平衡，保证完成作业计划和实现进度目标。

调度工作内容主要有：监督作业计划的实施、调整协调各方面的进度关系；监督检查施工准备工作；监督资源供应单位按计划供应劳动力、施工机具、运输车辆、材料构配件等，并对临时出现的问题采取调配措施；按施工平面图管理施工现场，结合实际情况进行必要调整，保证文明施工；了解气候、水、电、气的情况，采取相应的防范和保证措施；及时发现和处理施工中各种事故和意外事件；调节各薄弱环节；定期召开现场调度会议，贯彻施工项目主管人员的决策，发布调度令。

5.4.6　施工项目进度控制的检查

在施工项目的实施进程中，为了进行进度控制，进度控制人员要经常地、定期地跟踪检查施工实际进度情况，主要是收集施工项目进度材料，进行统计整理和对比分析，确定实际进度与计划进度之间的关系。其主要工作包括以下几项。

5.4.6.1　跟踪检查施工实际进度

跟踪检查施工实际进度是项目施工进度控制的关键措施。其目的是收集施工实际进度的有关数据。跟踪检查的时间和收集数据的质量，直接影响控制工件的质量和效果。

一般检查的时间间隔与施工项目的类型、规模、施工条件和对进度执行要求程序有关。通常可以确定每月、每半月、每旬或每周进行一次。若在施工中遇到天气、资源供应等不利因素的严重影响，检查的时间间隔可临时缩短，次数应频繁，甚至可以每日进行检查，或派人员驻现场督阵。检查和收集资料的方式一般采用进度报表方式或定期召开进度工作汇报会。为了保证汇报资料的准确性，进度控制的工作人员，要经常到现场察看施工项目的实际进度情况，从而保证经常地、定期地准确掌握施工项目的实际进度。

5.4.6.2 整理统计检查数据

收集到的施工项目实际进度数据，要进行必要的整理，按计划控制的工作项目进行统计，形成与计划进度具有可比性的数据。一般可以按实物工程量、工作量和过去消耗量以及累计百分比整理和统计实际检查的数据，以使之与相应的计划完成量相对比。

5.4.6.3 对比实际进度与计划进度

将收集的资料整理和统计成具有与计划进度有可比性的数据后，用施工项目实际进度与计划进度的比较方法进行比较。通常用的比较方法有：横道图比较法、S形曲线比较法和“香蕉”形曲线比较法、前锋线比较法和列表比较法等。通过比较得出实际进度与计划进度相一致、超前、拖后三种情况。

5.4.6.4 施工项目进度检查结果的处理

施工项目进度检查的结果，按照检查报告制度的规定，形成进度控制报告向有关主管人员和部门汇报。

进度控制报告是把检查比较的结果、有关施工进度现状和发展趋势，提供给项目经理及各级业务职能负责人的最简单的书面形式报告。

进度控制报告是根据报告的对象不同，确定不同的编制范围和内容而分别编写的。其一般分为项目概要级进度控制报告、项目管理级进度控制报告和业务管理级进度控制报告。

项目概要级进度控制报告是报给项目经理、企业经理或业务部门以及建设单位，以整个施工项目为对象说明进度计划执行情况的报告。

项目管理级进度控制报告是以单位工程或项目分区为对象来说明施工进度计划执行情况的报告。

业务管理级进度控制报告是以某个重点部位或重点问题为对象编写的报告，供项目管理者及各业务部门为其采取应急措施而使用的。

进度控制报告由计划负责人或进度管理人员与其他项目管理人员协作编写。报告时间一般与进度检查时间相协调，也可按月、旬、周等间隔时间进行编写上报。

进度控制报告的主要内容包括：项目实施概况、管理概况、进度概要；项目施工进度、形象进度及简要说明；施工图纸提供进度；材料、物资、构配件供应进度；劳务记录及预测；日历计划；对建设单位、业主和施工者的变更指令等。

5.4.7 施工项目进度的比较方法

施工项目进度比较分析与计划调整，是施工项目进度控制的主要环节。其中施工项目进度比较是调整的基础。常用的比较方法有以下几种。

5.4.7.1 横道图比较法

横道图比较法，是把在项目施工中检查实际进度收集的信息，经整理后直接用横道线并列标在原计划的横道线处，进行直观比较的方法。它又分以下几种。

(1) 匀速施工横道图比较法　匀速施工是指施工项目中，每项工作的施工进展速度都是匀速的，即在单位时间内完成的任务量都是相等的，累计完成的任务量与时间成直线变化。

例如某混凝土基础工程的施工实际进度与计划进度比较，如图 5.27 所示。其中黑实线表示计划进度，涂黑部分则表示工程施工的实际进度。从比较中可以看出，在第 8 天末进行施工进度检查时，挖土方工作已经完成；支模板的工作按计划进度应当完成，而实际施工进度只完成了 83%的任务，已经拖后了 17%；绑扎钢筋工作已完成了 44%的任务，施工实际进度与计划进度一致。

工作编号
工作名称
工作时间/天
施工进度/天
1 2 3 4 5 6 7 8 9 10 11 12 13 14 15 16 17
1 挖土方 6
2 支模板 6
3 绑扎钢筋 9
4 浇混凝土 6
5 回填土 6
检查日期

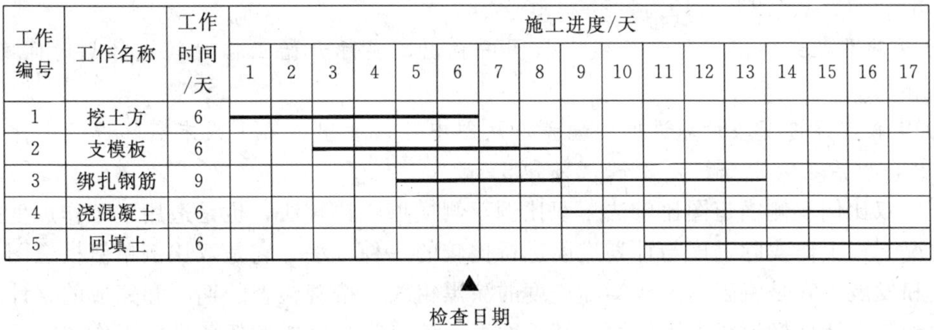

图 5.27 某施工实际进度与计划进度比较

(2) 双比例单侧横道图比较法 双比例单侧横道图比较法是适用于工作的进度按变速进展情况下，工作实际进度与计划进度进行比较的一种方法。它在表示工作实际进度的同时，再标出对应时刻完成任务的累计百分比，将该百分比与其同时刻计划完成任务累计百分比相比较，判断工作的实际进度与计划进度之间的关系。

① 当同一时刻上下两个累计百分比相等，表明实际进度与计划进度一致。

② 当同一时刻上面的累计百分比大于下面的累计百分比，表明该时刻实际施工进度拖后，拖后的量为二者之差。

③ 当同一时刻上面的累计百分比小于下面的累计百分比，表明该时刻实际施工进度超前，超前的量为二者之差。

由于工作的施工速度是变化的，因此横道图中进度横线，不管计划的还是实际的，都只表示工作的开始时间、持续天数和完成的时间，并不表示计划完成量和实际完成量，这两个量分别通过标注在横道线上方及下方的累计百分比数量表示。实际进度的涂黑粗线是从实际工作的开始日期画起，若工作施工间断，亦可在图中将涂黑粗线做相应的空白。

【例 5.9】 某工程的绑扎钢筋工程按施工计划安排需要 9 天完成，每天计划完成任务量百分比、工作的每天实际进度和检查日累计完成任务的百分比，如图 5.28 所示。

1 2 3 4 5 6 7 8 9
0 5 10 20 35 50 65 80 90 100 /%
计划完成百分比
0 6 12 22 40
/%
实际完成百分比
检查日期

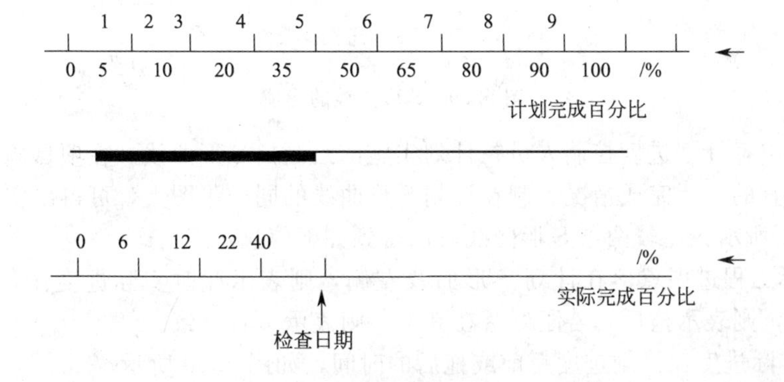

图 5.28 双比例单侧横道图比较法

其比较方法的步骤为：

① 编制横道图进度计划，如图 5.28 中的黑横道线所示。

② 在横道线上方标出钢筋工程每天计划完成任务的累计百分比，分别为 5%、10%、20%、35%、50%、65%、80%、90%、100%。

③ 横道线的下方标出工作 1 天、2 天、3 天末和检查日期的实际完成任务的百分比，分别为：6%、12%、22%、40%。

④ 用涂黑粗线标出实际进度线。从图中看出，实际开始工作时间比计划时间晚半天，连续工作。

⑤ 比较实际进度与计划进度的偏差。从图中可以看出，第 1 天末实际进度比计划进度超前 1%，以后各天末分别为 2%、2%和 5%。

（3）双比例双侧横道图比较法　双比例双侧横道图比较法，也是适用于工作进度按变速进展情况下，工作实际进度与计划进度进行比较的一种方法。它是双比例单侧横道图比较法的改进和发展，它是将表示工作实际进度的涂黑粗线，按着检查的期间和完成的累计百分比交替地绘制在计划横道线上下两面，其长度表示该时间内完成的任务量。工作的实际完成累计百分比标于横道线的下面检查日期处，通过两个上下相对的百分比相比较，判断该工作的实际进度与计划进度之间的关系。这种比较方法从各阶段的黑粗线的长度看出各期间实际完成的任务量，及本期间的实际进度与计划进度之间的关系。

双比例双侧横道图比较法除了能提供前两种方法提供的信息外，还能用各段涂黑粗线长度表达在相应检查期间内工作实际进度，便于比较各阶段工作完成情况。但是其绘制方法和识别都较前两种方法复杂。

5.4.7.2 S 形曲线比较法

从整个施工项目的施工全过程而言，一般是开始和结尾阶段单位时间投入的资源量较少，中间阶段单位时间投入的资源量较多，单位时间完成的任务量也是呈同样趋势变化的，而随时间进展累计完成的任务量，则应该呈 S 形变化，如图 5.29 所示。

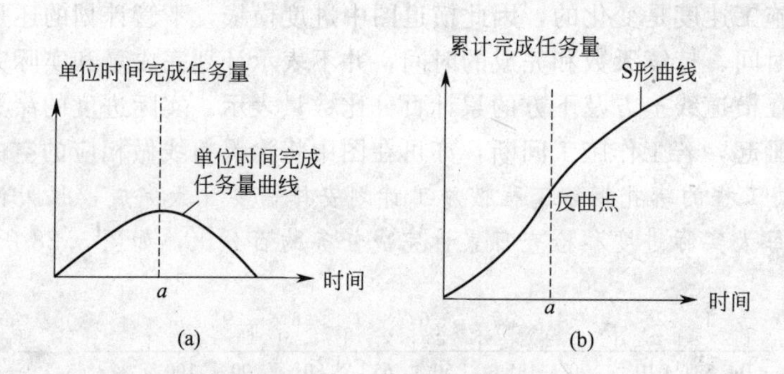

图 5.29　S 形曲线的形成

一般情况下，计划进度控制人员在计划实施前绘制出 S 形曲线。在项目施工过程中，按规定时间将检查的实际完成情况绘制在计划 S 形曲线的同一张图上，可得出实际进度 S 形曲线，如图 5.30 所示。比较两条 S 形曲线可以得到如下信息：

① 当实际工程进展点落在计划 S 形曲线左侧，则表示此时实际进度比计划进度超前；若落在其右侧，则表示拖后；若刚好落在其上，则表示二者一致。

② 项目实际进度比计划进度超前或拖后的时间，如图 5.30 所示。

③ 项目实际进度比计划进度超额或拖欠的任务量，如图 5.30 所示。

④ 后期工程按原计划速度进行，则工期拖延预测值为 ΔT_c，如图 5.30 所示。

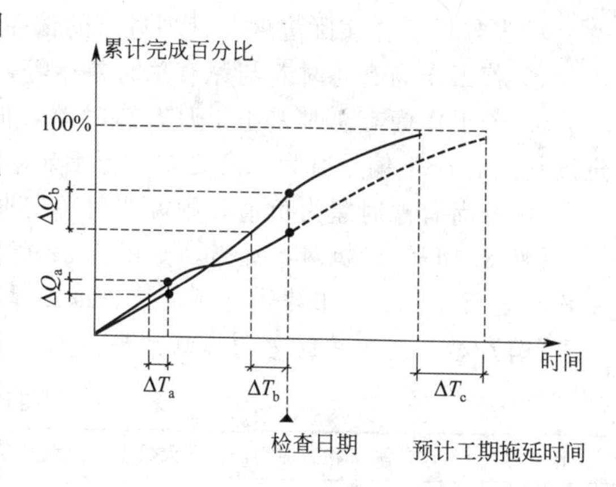

图 5.30 S形曲线比较法

5.4.7.3 “香蕉”形曲线比较法

“香蕉”形曲线是两条S形曲线组合成的闭合曲线。从S形曲线比较法中得知，按某一时间开始的施工项目进度计划，实施过程中进行时间与累计完成任务量的关系可以用一条S形曲线表示。对于一个施工项目的网络计划，在理论上总是分为最早和最迟两种开始与完成时间，因此，任何一个施工项目的网络计划，都可以绘制出两条曲线，其一是计划以各项工作的最早开始时间安排进度而绘制的S形曲线，称为ES曲线；其二是计划以各项工作的最迟开始时间安排进度而绘制的S形曲线，称为LS曲线。两条S形曲线都是从计划的开始时刻开始和完成时刻结束，因此两条曲线是闭合的。一般情况下，其余时刻ES曲线上的各点均落在LS曲线相应点的左侧，形成一个形如“香蕉”的曲线，故称为“香蕉”形曲线，如图 5.31 所示。

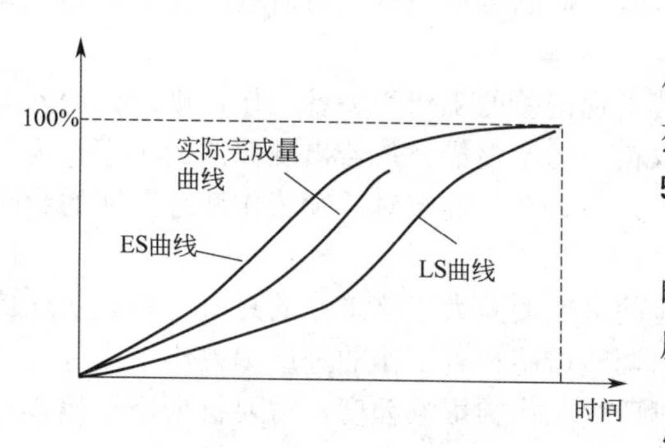

图 5.31 “香蕉”形曲线

在项目的实施中，进度控制的理想状况是任一时刻按实际进度描绘的点，应落在该“香蕉”形曲线的区域内，见图 5.31。

5.4.7.4 前锋线比较法

施工项目的进度计划用时标网络计划表达时，还可以采用实际进度的前锋线进行实际进度与计划进度比较。

前锋线比较法是从计划检查时间的坐标出发，用点划线依次连接各项工作的实际进度点，最后到计划检查时间的坐标点为止，形成前锋线。按前锋线与工作箭线交点的位置判别施工实际进度与计划进度的偏差，见图 5.32。

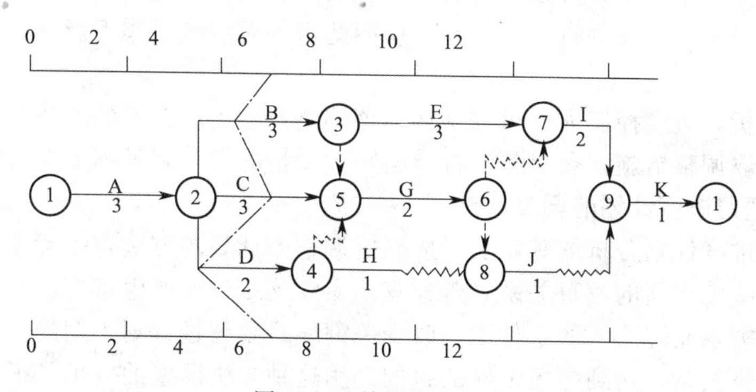

图 5.32 前锋线比较法

5.4.7.5 列表比较法

列表比较法是记录检查时正在进行的工作名称和已进行的天数，然后列表计算有关参数，根据原有总时差和尚有总时差判断实际进度与计划进度的偏差。

填表分析工作实际进度与计划进度的偏差，可能有以下几种情况：

① 若工作尚有总时差与原有总时差相等，则说明该工作的实际进度与计划进度一致。

② 若工作尚有总时差小于原有总时差，但仍为正值，则说明该工作的实际进度比计划进度拖后，产生偏差值为二者之差，但不影响总工期。

③ 若尚有总时差为负值，则说明对总工期有影响，应当调整。

【例 5.10】 已知网络计划，如图 5.32 所示。在第 5 天检查时，发现 A 工作已完成，B 工作已进行 1 天，C 工作进行了 2 天，D 工作尚未开始。用列表比较法比较进度情况。

【解】 根据尚有总时差的计算结果，判断工作实际进度情况，见表 5.5。

表 5.5 网络计划检查分析表

工作代号	工作名称	检查时尚需作业天数	到计划最迟完成尚有天数	原有总时差	尚有总时差	情况判断
2～3	B	2	1	0	−1	影响工期 1 天
2～5	C	1	2	1	1	正常
2～4	D	2	2	2	0	正常

5.4.8 施工项目进度计划的调整

5.4.8.1 分析进度偏差的影响

通过前述的进度比较方法，当出现进度偏差时，应当分析该偏差对后续工作和对总工期的影响。

(1) 分析进度偏差的工作是否关键工作　若出现偏差的工作为关键工作，则无论偏差大小，都对后续工作及总工期产生影响，必须采取相应的调整措施；若出现偏差的工作不为关键工作，需要根据偏差值与总时差、自由时差的大小关系，确定对后续工作和总工期的影响程序。

(2) 分析进度偏差是否大于总时差　若工作的进度偏差大于该工作的总时差，说明此偏差必将影响后续工作和总工期，必须采取相应的调整措施；若工作的进度偏差小于或等于该工作的总时差，说明此偏差对总工期无影响，对后续工作的影响程度，需要根据比较偏差与自由时差的情况来确定。

(3) 分析进度偏差是否大于自由时差　若工作的进度偏差大于该工作的自由时差，说明此偏差对后续工作产生影响，应该如何调整，应根据后续工作允许影响的程度而定；若工作的进度偏差小于等于该工作的自由时差，则说明此偏差对后续工作无影响，因此，原进度计划可以不做调整。

经过如此分析，进度控制人员可以确认应该调整产生进度偏差的工作和调整偏差值的大小，以便确定采取调整措施，获得新的符合实际进度情况和计划目标的新进度计划。

5.4.8.2 施工项目进度计划的调整方法

在对实施的进度计划分析的基础上，应确定调整原计划的方法，一般主要有以下两种。

(1) 改变某些工作间的逻辑关系　若检查的实际施工进度产生偏差，影响了总工期，在工作之间的逻辑关系允许改变的条件下，改变关键线路和超过计划工期的非关键线路上的有关工作之间的逻辑关系，达到缩短工期的目的。用这种方法调整的效果是很显著的，例如可以把依次进行的有关工作改成平行的或互相搭接的，或流水施工的等，都可以达到缩短工期的目的。

(2) 缩短某些工作的持续时间　这种方法是不改变工作之间的逻辑关系，而是缩短某些工作的持续时间，而使施工进度加快，并保证实现计划工期的方法。这些被压缩持续时间的工作，位于实际施工进度的拖延而引起总工期增长的关键线路或某些非关键线路；同时，这些工作又是可压缩持续时间的工作。这种方法实际上就是网络计划优化中的工期优化方法和费用优化方法。

复习思考题

1. 简述网络计划技术的起源与发展、分类和特点。
2. 什么是双代号网络计划和单代号网络计划？
3. 环境工程项目进度控制的含义、目的和任务是什么？
4. 计算机辅助建设项目进度控制的意义是什么？
5. 双代号网络计划和单代号网络计划的特点是什么？
6. 简述环境工程项目进度计划的编制方法。
7. 环境工程项目进度控制的方法有哪些？

参 考 文 献

[1] 曹吉鸣，徐伟. 网络计划技术与施工组织设计. 上海：同济大学出版社，2006.
[2] 科兹纳. 项目管理：计划进度和控制的系统方法. 北京：电子工业出版社，2002.

实例4　某污水处理厂施工进度管理案例

一、目录

1. 编制说明及工程简介
2. 设备开箱检验、移交
3. 施工方案及主要技术措施
4. 施工部署、项目班子及施工平面布置
5. 施工人员、主要施工机械配备计划
6. 质量目标及保证措施
7. 冬雨季施工措施
8. 安全施工措施
9. 文明施工及环保措施
10. 施工工期、进度计划及保证措施
11. 附表

二、编制依据

本施工组织设计是依据建设单位提供的招标文件、施工图、同类工程施工资料和国家有关施工规范及验收标准进行编制的。

三、工程概况

本工程为某市污水处理项目设备安装工程，工程规模为日处理污水量10万吨。

本工程的施工内容分为工艺设备安装和动力仪表安装工程两大部分。其中工艺设备安装主要包括进行控制井、粗格栅、提升泵房、细格栅、旋流沉砂池、计量井、厌氧池、氧化沟、配水井、终沉池、接触池、配水池、污染回流泵房、污泥浓缩脱水机房、贮泥池、加氯间、前混凝与配水构筑物、高密度沉淀池、滤池、回用水送水泵房流量计井、机修间、综合楼等二十几个工号在内的工艺热力管道和设备的安装。工艺热力管道有Q235钢、不锈钢、UPVC、ABS四种材质。设备大部分为国产设备，主要有：泵、旋流沉砂设备、阀门、闸板、堰板、曝气管、刮吸泥机、水下推进器、格栅 、潜水搅拌机、浓缩脱水机等十几种设备和几个工号内电动单梁桥式起重机。动力、仪表安装工程主要包括厂区内的电缆敷设、送水泵房及低压系统、沉砂池、氧化沟、污泥回流泵房、出水泵房、鼓风机房、配电中心及控制中心等各工号内的仪表、电气设备的安装。

施工时，设备的安装工作需在设备生产厂家技术人员的指导下或严格按设备说明书和国家规范进行安装。

本项目工程量大、工期紧、设备多、技术要求高、工号多、施工现场分散，且需要与土建配合施工，管理难度较大。

四、工期、质量目标及承诺

本工程的开工日期为 2008 年 9 月 15 日，竣工日期 2009 年 3 月 1 日，总工期为 168 日历天。如果不能按时交工，以逾期一天扣罚工程款的 0.1%作为惩罚。

本工程的工程质量等级为合格。如达不到合格，建设单位可扣罚工程总造价的 1%作为处罚。

五、施工方案的关键点、难点及对策

1. 本工程在施工过程中的关键点

设备安装的找平找正工作，和进水泵房中大型潜水泵导轨的安装工作；管道施工时的关键点为管道的焊接施工。

2. 难点

本工程中的设备安装精度要求很高，部分设备的重量大，吊装运输困难。有些工号内的设备很多，所以设备安装就位时需要合理安排施工顺序，以免有些设备难于对位安装。

3. 处理措施

大型设备找平找正：设备安装时用水准仪或经纬仪测定设备安装的基准线，以保证设备的安装精度。设备安装好后，用水准仪进行水平检测，用经纬仪进行垂直度的检测。进水泵房中大型潜水泵的轨道安装，主要是轨道的垂直度的控制。这些设备安装时，要由施工经验丰富的钳工技师负责具体施工，并由专业工程师进行指导，并且设备安装时要用水准仪和经纬仪对设备轨道的平行度和垂直度进行监控，发现问题及时处理。

管道焊接前，首先做管道材质的焊接工艺评定，管道焊接时，严格执行此种管道的焊接工艺评定。

各工号内的设备安装前，工程技术人员要根据施工现场实际情况确定设备安装的合理顺序，制定科学的专项施工方案，以便有力地指导施工。大型设备吊装运输时，要首先确定安全可靠的运输路线，大型设备吊装时要找好合理的吊点（只对于没有吊孔的设备），且设备吊装时要由吊装经验丰富的起重工统一指挥。

六、施工流程

由于本工程中的工艺管道及设备种类多，型号、规格多，数量大，加大了施工的难度，为了使施工的条理清晰，特编制施工流程如下。

1. 设备安装

基础验收→基础放线↓

设备开箱验收→设备划线(安装基准线)→设备就位→设备初平→初找标高→精平→精正→二次灌浆→养护→单体试运行

2. 工艺管道制作及安装

(1) 管道卷制

领料→划线→下料→卷圆→焊纵缝→回圆→组对环缝→焊环缝→探伤

(2) 管道防腐

管材检查及验收→管子内除锈→管子内防腐→养护检验→管子外除锈→管子外防腐→养护检验

(3) 管道安装

管道防腐层检查→管子运输→布管→对口→焊接→压力严密性试验

管道压力试验及严密性试验合格且设备单体试运行合格后，即可进行整体运行；整体运行合格后，办理竣工手续，准备交工。

(4) 电动单梁起重机及电动葫芦安装

悬挂节点制作→工字钢调直、安装→主梁安装→电气设备配线、安装→车挡、限位安装→调试与验收

(5) 动力、仪表安装

桥架管路敷设→动力仪表设备安装→电缆敷设→校接线→调试

七、项目部机构设置及职责

1. 工程部

设工长1名，选用施工经验丰富，并具有中级以上技术职称的施工管理人员担任，负责排水管道安装、土建的施工管理、劳动力组织安排、计划任务的下达。

2. 技术部

设技术员1名，具有初级以上技术职称，负责管道安装的技术质量工作，制定技术措施以及管理工程资料。

3. 质量安全部

设质量负责人1名，质量检验员1名，负责本项工程的质量检验、质量评定，组织汇总施工中的质量资料。设安全员1名，负责本项工程施工现场的安全管理工作，组织整理安全资料，监督检查文明施工。

4. 经营部

设经营负责人1名，负责本工程的经营、财务等工作。并设计划员1名，负责本项工程的费用预测控制、合同及变更管理、计划统计、工程预结算工作。

5. 材料设备部

设材料员1名，机械设备管理员1名，负责本项工程材料供应、材料质量及材料质量证明资料的管理和工机具、计量仪器的管理。

6. 办公室

设置政工人员1名，负责本工程现场文秘、后勤、食堂、消防、保卫等工作。

八、平面布置

为加快施工进度，减少临时设施，体现文明施工，布置施工现场遵循以下原则。

① 符合施工要求和工作方便。

② 充分利用已成构筑物或设施。

③ 安排整齐有序。

④ 注意运输道路的畅通。

⑤ 材料存放地点和施工的距离要近，尽量减少搬运次数。

⑥ 现场办公室、施工班组更衣室，尽量靠近工作现场。

九、劳动力、主要施工机械使用计划及材料供应计划

① 劳动力使用计划见表5.6。

② 主要机械、工机具使用计划见表5.7，计量器具计划见表5.8。

表 5.6 劳动力使用计划

序号	工种名称	投入的劳动力情况	序号	工种名称	投入的劳动力情况
1	管理人员	13	8	电工	14
2	管道工	20	9	油工	8
3	焊工	8	10	测量员	4
4	混凝土工	4	11	钳工	3
5	钢筋工	2	12	超重工	5
6	木工	3	13	辅助工	18
7	瓦工	2			

表 5.7 主要机械、工机具使用计划

序号	名称	型号	单位	数量	序号	名称	型号	单位	数量
1	吊车	8t	台	2	16	电动试压泵		台	2
2	吊车	25t	台	2	17	潜水泵		台	2
3	倒链	2t	台	6	18	排污泵	*DN*80	台	2
4	倒链	5t	台	8	19	架管		吨	10
5	气泵		台	2	20	脚手板		块	50
6	手砂轮		台	6	21	三步塔		个	13
7	电焊机		台	8	22	冲击钻		台	6
8	电锤		台	3	23	滚杠		根	40
9	台钻		台	2	24	汽车		辆	1
10	无齿锯		台	2	25	叉车	20t	台	2
11	气焊		套	6	26	平板车	12m 平板	辆	3
12	对讲机		对	4	27	铲车		辆	2
13	焊条烘干箱		台	2	28	挖掘机		台	2
14	保温桶		个	8	29	推土机		台	2
15	千斤顶	50t	台	6	30	蛙式打夯机		台	8

表 5.8 计量器具计划

序号	名称	型号	单位	数量	序号	名称	型号	单位	数量
1	水准仪		套	2	12	百分表		块	2
2	经纬仪		套	2	13	绝缘摇表	2C-7	块	6
3	塔尺	5m	把	2	14	数字万用表	M3900	块	6
4	塞尺	0.02～0.5	套	8	15	接地电阻测试仪	2C-8	块	2
5	盒尺	5m	把	15	16	水平尺	500m	把	4
6	钢卷尺	30m	把	2	17	压力表	Y-100 1.0MPa	块	4
7	钢卷尺	50m	把	2					
8	角尺	300mm×500mm	把	4	18	压力表	Y-100 1.6MPa	块	4
9	钢板尺	1000mm	把	4					
10	游标卡尺	0.02	把	2	19	压力表	Y-100 2.5MPa	块	3
11	螺旋测微器	0.005	把	2					

③ 材料供应计划：为了保证施工所用材料的及时供应，在施工过程中实行月份材料使用计划和周材料使用计划制度，且材料的月需用计划要提前 15 天上报材料科，以便制订材料的采购计划；周材料使用计划提前 3 天上报现场材料员，以保证材料的准时供应和小件材料的最佳

采购。

十、冬雨季施工措施

根据施工实际情况，本工程跨越冬季，施工难度加大。为了保证工程质量和施工进度，在本施工组织设计中对本项工程冬季施工一般注意事项和采取的技术措施进行简要的说明。待正式施工前，根据施工现场的实际情况，由项目工程师负责组织分项技术负责人编制有针对性的技术措施，以保证工程的正常施工。

冬季施工，如果有地下水在挖槽过程中进入沟槽内，应及时排出沟槽，并及时处理沟槽底部，使沟槽底部符合设计要求和规范规定。采用机械挖土时，应按规范要求预留沟槽底部的土方。

管道在冬季施工，应符合以下要求：管道焊接前必须清除焊接部位的冰、雪、霜等。在焊接位置做好防风、防雪等措施，搭设防雪棚或在焊接位置加罩。焊接时环境温度如果低于零度，应在焊口范围100mm内进行预热；如果焊接时温度低于－20～－10℃，预热温度应按焊接工艺评定进行确定。焊接时，应保证焊缝自由伸缩并防止焊口的冷却速度过快。焊条必须按规定进行烘干，用保温干燥桶运到施工现场，随用随取，不得受潮。不得在未焊接完毕的部位敲打焊接，即使敲打焊渣，也宜在焊缝焊接完毕后再敲打。

管道试压后应及时将管道和试压泵内的水排净。

冬季施工应注意防火，施工现场和生活区应采取必要的预防措施，施工现场应做好防滑工作。

冬季施工应注意职工的防冻，生活基地应采取取暖措施，备足取暖物资。

十一、文明施工、环保措施

① 文明施工的现场是工程进度、质量和安全生产的有力保证，也是树立企业外部形象的关键因素，因此必须加强施工现场的形象建设，由项目经理负责，项目副经理具体组织落实，公司质安科、生产科负责检查监督。

② 职工形象：进入施工现场的每一名职工，必须统一穿着××安装公司的工作服，戴好安全帽。

③ 材料场：材料场内材料分类堆放整齐，材料标识牌整齐。

④ 基地形象：施工基地大门口竖立“单位名称牌”、“工程概况牌”及“安全措施牌”、“现场平面图”等。

⑤ 用户第一原则，对于建设单位和监理单位提出的建议，应愉快地接受，并诚心诚意地照办，让建设单位和监理单位满意。

⑥ 施工中，尽力保护市政设施。在施工过程中，保证主要公路交通畅通，尽量减少对交通的影响；尽量减轻对周围居民的影响。对于施工中不可避免造成暂时交通中断或影响交通时，应有专人指挥车辆和行人。路面、人行道开挖后应设置明显的警示标志，以免造成伤害事故。堆放在路边的杂土等应及时清理。

⑦ 施工中密切配合建设单位做好各项工作，如果在施工中与周边单位或当地居民发生矛盾，应积极主动地进行协商解决。

⑧ 在施工中，遇有技术问题时，及时会同建设单位和设计单位进行协商解决，绝不私自改动设计，以免造成隐患。

⑨ 生活基地布置合理，办公室、食堂、职工宿舍整齐卫生，通风供暖良好。

⑩ 生产现场要尽量远离居民区，减少对周围居民的影响。

第6章 环境工程项目质量和安全管理

6.1 环境工程项目质量管理概述

6.1.1 环境工程项目质量

6.1.1.1 质量

2000版国家标准GB/T 19000对质量的定义是：“一组固有特性满足要求的程度。”术语“质量”可以用差、好或优秀来修饰。定义中“固有”就是指某事或某物本来就有的，尤其是那种永久的特性，如水泥的化学成分、强度、凝结时间就是固有特性，而水泥的价格和交货期则是赋予特性。对质量管理体系来说，固有特性是实现质量方针和质量目标的能力。对过程来说，固有特性是过程将输入转化为输出的能力。

质量是满足要求的程度，要求包括明示的、隐含的或必须履行的要求或期望。明示的要求一般是指在合同环境中，用户明确提出的需要或要求，通常是通过合同、标准、规范、图纸、技术文件所做出的明确规定；隐含需求是指组织、顾客和其他相关方的惯例或一般做法，是公认的、不言而喻的、不必做出规定的要求，如房屋的居住功能（保温、隔热、防风雨等）。要求可由不同的相关方提出。

6.1.1.2 环境工程项目质量

环境工程项目质量主要包括两个方面：环境工程项目产品质量和环境工程项目工作质量。

(1) 环境工程项目产品质量　环境工程项目产品质量是环境工程项目满足业主需要的，符合国家法律、法规、技术规范标准、设计文件以及合同规定的特性综合。即指项目最终可交付成果（工程）的质量，是指工程的使用价值及其属性，是一个综合性的指标，体现符合项目任务书或合同书中明确提出的，以及隐含的需要及要求功能。环境工程项目产品质量包括以下几个方面。

① 适用性　即功能，是指工程项目满足使用目的的各种性能，包括：物理性能、化学性能、使用性能和外观性能等。

② 耐久性　即寿命，是指工程项目在规定的条件下，满足规定功能要求使用的年限，也就是工程竣工后的合理使用寿命周期。

③ 安全性　是指工程项目建成后在使用过程中保证结构安全、保证人身和环境免受危害的程度。

④ 可靠性　是指工程项目在规定的时间和规定的条件下完成规定功能的能力。

⑤ 经济性　是指工程项目从规划、勘察、设计、施工到整个产品使用寿命周期内的成

本和所消耗的费用。

⑥ 与环境的协调性　是指工程项目要与其周围生态环境协调，与其所在地区经济环境协调以及与周围已建工程相协调，以适应社会可持续发展的要求。

上述六个方面的质量特性彼此之间是相互依存的，工程项目的适用、耐久、安全、可靠、经济以及与周围环境协调都是环境工程项目产品质量必须达到的基本要求，缺一不可。但是对于不同的业主有不同的要求，因此工程项目的功能与使用价值的质量，也就无一个固定和统一的标准，可根据其所处的特定地域环境条件、技术经济条件的差异，有不同的侧重面。

(2) 环境工程项目工作质量　工作质量是指参与项目的实施者和管理者，为了保证项目质量所从事工作的水平和完善程度。它反映了项目的实施过程对产品质量的保证程度，项目工作质量主要体现在以下两方面。

① 项目范围内所有阶段、子项目、项目工作单元的实施质量　包括决策质量、设计质量、施工质量、回访保修质量、工序质量、分项工程质量、分部工程质量和单位工程质量。

② 项目过程中的管理工作、决策工作的质量　这两方面的质量都必须满足项目目标，任何一个达不到要求，都可能对环境工程项目产品、项目的相关者及项目组织产生重大影响，损害项目总目标。

6.1.2　环境工程项目质量管理

(1) 质量管理　2000版国家标准GB/T 19000对质量管理的定义为："在质量方面指挥和控制组织的协调活动。"质量管理的首要任务是确定制定质量方针和质量目标的职责，核心是建立有效的质量管理体系，通过具体的四项活动，即质量策划、质量控制、质量保证和质量改进，确保质量方针和质量目标的实施和实现。

质量方针是指由组织的最高管理者正式发布的该组织总的质量宗旨和方向。它体现了该组织（项目）的质量意识和质量追求，是组织内部的行为准则，也体现了顾客的期望和对顾客做出的承诺。质量方针是总方针的一个组成部分，由最高管理者批准。

质量目标是指在质量方面所追求的目标。它是落实质量方针的具体要求，它从属于质量方针，应与利润目标、成本目标、进度目标等相协调。质量目标必须明确、具体，尽量用定量化的语言进行描述，保证质量目标容易被沟通和理解。质量目标应分解落实到各部门及项目的全体成员，以便于实施、检查和考核。

质量策划是致力于制定质量目标并规定必要的运行过程和相关资料以实现质量目标。

质量控制是指致力于满足质量要求。质量控制的目标就是确保产品的质量满足客户、法律法规等方面所提出的质量要求。质量控制要贯穿项目实施的全过程。

质量保证是指致力于提供质量要求会得到满足的信任。质量保证的内涵不是单纯为了保证质量，保证质量是质量控制的任务，而质量保证是以保证质量为基础，进一步引申到提供"信任"这一基本目的。质量保证可分为内部质量保证和外部质量保证。内部质量保证是为了使管理者确信产品质量或服务质量满足规定要求所进行的活动，它是项目质量管理职能的一个组成部分，其目的是使组织管理者对本组织的产品质量放心。外部质量保证是向顾客或第三方认证机构提供信任，这种信任表明企业（或项目）能够按照规定的要求，保证持续稳定地向顾客提供合格产品，同时也向认证机构表明企业的质量管理体系是符合GB/T 19000标准要求的，并且能够有效运行。

质量改进是指致力于增强满足质量要求的能力。质量改进对质量要求可以是有关任何方面的，如有效性、效率或可追溯性。

总之，质量管理是项目围绕使产品质量能满足不断更新的质量要求，而开展的策划、组织、计划、实施、检查、审核等所有管理活动的总和。它是项目各级职能部门领导的职责，由组织最高领导（或项目经理）负全责，应调动与质量有关的所有人员的积极性，共同完成好本职工作，有效地实现质量方针和目标。

(2) 环境工程项目质量管理　环境工程项目质量管理的目的是为环境工程项目客户（顾客）和其他与项目相关者提供高质量的工程和服务，实现项目目标，使客户满意。使环境工程项目达到质量目标，保证项目满足其质量要求是项目管理的职责。项目组织的各层次对相应的过程和产品负责，必须对质量做出承诺。项目的质量管理是综合性的工作。项目质量管理过程和目标围绕项目目标与范围，适用于所有项目管理的职能和过程，包括项目决策质量、项目计划的质量、项目控制的质量，以及战略策划、综合性管理、范围管理、工期管理、成本管理、人力资源管理、组织管理、沟通管理、风险管理和采购管理等过程。

环境工程项目质量管理与通常的企业生产质量管理有很大区别。对一般的工业产品，用户在市场上直接购置一个最终产品，不介入该产品的生产过程。而环境工程项目的建设过程是十分复杂的，他的用户（业主）必须直接介入其整个生产过程，参与全过程的、各个环节的对各种要素的质量管理。环境工程项目质量管理过程是各个方面共同投入的过程，而且是一个不断反馈的过程。

(3) 环境工程项目质量管理体系　国家标准 GB/T 19000—2000 对质量管理体系的定义是：“在质量方面指挥和控制组织的管理体系。”具体来说质量管理体系也是建立质量方针和质量目标并实现这些目标的体系。环境工程项目质量管理体系就是以控制和保证建设环境项目产品的质量为目标，从施工准备、施工生产到竣工投产的全过程，运用系统的方法，在全员参与下，建立一套严密、协调和高效的全方位的管理体系。它是一个有机整体，强调系统性和协调性，它的各个组成部分是相互关联的。

质量管理体系把影响质量的技术、管理、人员和资源等因素加以组合，在质量方针的指引下，为达到质量目标而发挥作用。一个组织要进行正常的运行活动，就必须建立一个综合的管理体系，其内容可包含质量管理体系、环境管理体系、职业健康安全管理体系和财务管理体系等。2000 版 GB/T 19000 标准为组织综合管理体系的建立提供了方便。

(4) 环境工程项目质量管理原则　质量管理原则是项目质量管理体系形成的基础，它适用于所有的项目管理过程。它的贯彻执行能促进项目组织管理水平的提高，提高顾客对其产品或服务的满意程度。

① 以顾客为关注焦点　组织依存于顾客，没有顾客组织将无法生存，组织应理解顾客当前和未来的需求，满足并争取超越顾客的期望。工程项目质量是建筑产品使用价值的集中体现，用户最关心的就是工程质量的优劣，或者说用户的最大利益在于工程质量。因此组织在工程项目施工中必须树立以顾客为关注焦点，切实保障项目质量。

② 领导作用　领导指的是组织的最高管理层，领导的作用即最高管理者起到决策和领导一个组织的关键作用。实践证明只有领导重视，各项质量活动才能有效开展。领导者必须将组织的宗旨、方向和内部环境统一起来，并营造和保持使员工能够充分参与实现组织目标的内部环境。

最高管理者拥有管理项目的职责和权力，他应确保建立和实施一个有效的质量管理体系，建立项目质量方针和目标，决定项目资源配置和管理，并随时将组织运行的结果与目标比较，根据情况决定实现质量方针、目标的措施，决定持续改进的措施，确定项目组织机构和职能分配，激励和授权于项目成员等。

③ 全员参与　各级人员都是组织之本，只有他们的充分参与，才能使他们的才干为组织带来收益。项目质量是项目形成过程中全体人员共同努力的结果，其中也包括为项目提供支持的管理、检查、行政等人员的贡献。因此要对项目员工进行质量意识、职业道德、以顾客为中心的意识和敬业精神等方面教育，激发他们的积极性和责任感，并通过采用适当的方法、技术和工具，监督和控制项目过程，使项目组织结构更加完善，使项目员工全员积极参与。

④ 过程方法　将相关的资源和活动作为过程进行管理，可以更高效地得到期望的结果。任何利用资源的生产活动和将输入转化成输出的一组相关联的活动都可视为过程。系统地识别和管理组织所应用的过程，特别是这些过程之间的相互作用，就是过程方法。过程方法的目的是获得持续改进的动态循环，并使组织的总体业绩得到提高。

⑤ 管理的系统方法　管理的系统方法是将相互关联的过程作为系统加以识别、理解和管理，有助于组织提高实现目标的有效性和效率。系统就是相互关联或相互作用的一组要素。系统的特点之一就是通过各分系统协调作用，相互促进，使总体的作用往往大于各分系统的作用之和。

质量管理中采用系统方法，就是把质量管理体系作为一个大系统，对组成管理体系的各个过程加以识别、理解和管理，以实现质量方针和质量目标。

⑥ 持续改进　持续改进总体业绩应当是组织的永恒目标。持续改进是增强满足要求的能力的循环活动。为了改进组织的整体业绩，满足顾客和其他相关方对质量更高期望，项目组织应将收集到的信息加以整理、分析，并应用到项目的持续改进过程，不断地改进和提高产品及服务的质量，提高项目实施过程的有效性和效率。

⑦ 基于事实的决策方法　有效决策是建立在数据和信息分析的基础上的，对数据和信息的逻辑分析或直觉判断是有效决策的基础。决策是组织中各级领导的职责之一，以事实为依据做决策，可防止决策失误。正确的决策要求项目领导者用科学的态度，将反映项目实施状况的有关数据和信息收集和整理，通过合理的分析，做出正确的实施决策。

⑧ 与供方互利的关系　组织与供方是相互依存的，建立双方的互利关系可以增强双方创造价值的能力。供方提供的产品是项目组织提供产品的一个组成部分，供方提供高质量的产品是组织为顾客提供高质量产品的前提条件。能否处理好与供方的关系，影响到项目组织能否持续稳定地提供顾客满意的产品，因此，组织与供方的合作交流是非常重要的。对供方不能只讲控制，不讲合作互利，特别是关键供方，更要建立互利关系，与供方共同策划、共担风险、共同发展，以保证供方的生产过程和产品规格满足项目要求，这对项目组织与供方双方都有利。

(5) 环境工程项目质量管理内容

① 识别相关过程，确定管理及控制对象，例如某污水厂的工程设计、设备材料采购、施工安装（工序、分项过程）、试运行（调试）等过程。

② 规定管理及控制标准，及详细说明控制对象应达到的质量要求。

③ 制定具体的管理及控制方法，如控制程序、管理规定、作业指导书等。

④ 提供相应的资源。

⑤ 明确所采用的检查和检验方法。

⑥ 按照规定的检查和检验方法进行实际检查和检验。

⑦ 分析检查结果和实测数据，对照标准查找原因，采取措施实施改进。

6.2 建设参与各方的质量责任和义务

为了加强对建设工程质量的管理，保证建设工程质量，保障人民生命财产安全，《中华人民共和国建筑法》和《建设工程质量管理条例》对参与工程建设的有关各方，包括建设单位、勘察单位、设计单位、施工单位及工程监理单位的责任和义务做了明确规定，建设参与各方的质量责任和义务具体如下。

6.2.1 建设单位的质量责任和义务

《建设工程质量管理条例》规定建设单位的质量责任和义务如下所述。

① 应当将工程发包给具有相应资质等级的单位，不得将建设工程肢解发包。

② 应当依法对建设项目的勘察、设计、施工、监理以及与工程建设有关的重要设备、材料等的采购进行招标。

③ 必须向有关的勘察、设计、工程监理等单位提供与建设工程有关的原始资料。原始资料必须真实、准确、齐全。

④ 不得迫使承包方以低于成本的价格竞标，不得任意压缩合理工期。建设单位不得明示或者暗示设计单位或者施工单位违反工程建设强制性标准，降低建设工程质量。

⑤ 应当将施工图设计文件报县级以上人民政府建设行政主管部门或者其他有关部门审查。施工图设计文件未经审查批准的，不得使用。

⑥ 实行监理的建设工程，应当委托具有相应资质等级的工程监理单位进行监理，也可以委托具有工程监理相应资质等级并与被监理工程的施工承包单位没有隶属关系或者其他利害关系的该工程的设计单位进行监理。

⑦ 在领取施工许可证或者开工报告前，应当按照国家有关规定办理工程质量监督手续。

⑧ 按照合同约定，由建设单位采购建筑材料、建筑构配件和设备的，建设单位应当保证建筑材料、建筑构配件和设备符合设计文件和合同要求。

⑨ 涉及建筑主体和承重结构变动的装修工程，建设单位应当在施工前委托原设计单位或者具有相应资质等级的设计单位提出设计方案。没有设计方案的，不得施工。

⑩ 收到建设工程竣工报告后，应当组织设计、施工、工程监理等有关单位进行竣工验收。建设项目经验收合格后，方可交付使用。

⑪ 应当严格按照国家有关档案管理的规定，及时收集、整理建设项目各环节的文件资料，建立、健全建设项目档案，并在建设项目竣工验收后，及时向建设行政主管部门或者其他有关部门移交建设项目档案。

6.2.2 勘察、设计单位的质量责任和义务

《建设工程质量管理条例》规定的勘察、设计单位的质量责任和义务如下所述。

① 从事建筑工程勘察、设计单位应当依法取得相应等级的资质证书，并在其资质等级许可的范围内承揽工程。禁止勘察、设计单位超越其资质等级许可的范围或者以其他勘察、设计单位的名义承揽工程。禁止勘察、设计单位允许其他单位或个人以本单位的名义承揽工

程。勘察、设计单位不得转包或者违法分包所承揽的工程。

② 必须按照工程建设强制性标准进行勘察、设计，并对其勘察、设计的质量负责。注册建筑师、注册结构师等注册职业人员应当在设计文件上签字，对设计文件负责。

③ 勘察单位提供的地质、测量、水文等勘察成果必须真实、准确。

④ 设计单位应当根据勘察成果文件进行建设工程设计。

⑤ 设计单位在设计文件中选用的材料、构配件和设备，应当注明规格、型号、性能等技术指标，其质量要求必须符合国家规定的标准。除特殊要求的建筑材料、专用设备、工艺生产线外，设计单位不得指定生产厂、供应商。

⑥ 设计单位应当就审查合格的施工图设计文件向施工单位做出详细说明。

⑦ 设计单位应当参与建设工程质量事故分析，并对因设计造成的质量事故提出相应的技术处理方案。

6.2.3 施工单位的质量责任和义务

《建设工程质量管理条例》规定的施工单位的质量责任和义务如下所述。

① 施工单位应当依法取得相应等级的资质证书，并在其资质等级许可的范围内承揽工程。禁止施工单位允许其他单位或者个人以本单位的名义承揽工程。施工单位不得转包或者违法分包工程。

② 对建设工程的施工质量负责。施工单位应当建立质量责任制，确定工程项目的项目经理、技术负责人和施工管理负责人。建设工程实行总承包的，总承包单位应当对全部建设工程质量负责；建设工程勘察、设计、施工、设备采购的一项或者多项实行总承包的，总承包单位应当对其承包的建设工程或者采购的设备的质量负责。

③ 总承包单位依法将建设工程分包给其他单位的，分包单位应当按照分包合同的约定对其分包工程的质量向总承包单位负责，总承包单位与分包单位对分包工程的质量承担连带责任。

④ 施工单位必须按照工程设计图纸和施工技术标准施工，不得擅自修改工程设计，不得偷工减料。施工单位在施工过程中发现设计文件和图纸有差错的，应当及时提出意见和建议。

⑤ 施工单位必须按照工程设计要求、施工技术标准和合同约定，对建筑材料、建筑构配件、设备和商品混凝土进行检验，检验应当有书面记录和专人签字；未经检验或者检验不合格的，不得使用。

⑥ 施工单位必须建立、健全施工质量的检验制度，严格工序管理，做好隐蔽工程的质量检查和记录。隐蔽工程在隐蔽前，施工单位应当通知建设单位和建设工程质量监督机构。

⑦ 施工人员对涉及结构安全的试块、试件以及有关材料，应当在建设单位或者工程监理单位监督下现场取样，并送具有相应资质等级的质量检测单位进行检测。

⑧ 施工单位对施工中出现质量问题的建设工程或者竣工验收不合格的建设工程，应当负责返修。

⑨ 施工单位应当建立、健全教育培训制度，加强对职工的教育培训；未经教育培训或者考核不合格的人员，不得上岗作业。

6.2.4 监理单位的质量责任和义务

《建设工程质量管理条例》规定的监理单位的质量责任和义务如下所述。

① 工程监理单位应当依法取得相应等级的资质证书，并在其资质等级许可的范围内承

担工程监理业务。禁止工程监理单位超越本单位资质等级许可的范围或者以其他工程监理单位的名义承担工程监理业务。禁止工程监理单位允许其他单位或者个人以本单位的名义承担工程监理业务。工程监理单位不得转让工程监理业务。

② 工程监理单位与被监理工程的施工承包单位以及建筑材料、建筑构配件和设备供应单位有隶属关系或者其他利害关系的，不得承担该项建设工程的监理业务。

③ 工程监理单位应当依照法律、法规以及有关技术标准、设计文件和建设工程承包合同，代表建设单位对施工质量实施监理，并对施工质量承担监理责任。

④ 工程监理单位应当选派具备相应资格的总监理工程师和监理工程师进驻施工现场。未经监理工程师签字，建筑材料、建筑构配件和设备不得在工程上使用或者安装，施工单位不得进行下一道工序的施工。未经总监理工程师签字，建设单位不拨付工程款，不进行竣工验收。

⑤ 监理工程师应当按照工程监理规范的要求，采取旁站、巡视和平行检验等形式，对建设工程实施监理。

6.3 环境工程项目质量控制

6.3.1 环境工程项目质量控制的概念及内容

(1) 环境工程项目质量控制的含义　质量控制是GB/T 19000质量管理体系标准的一个质量术语。质量控制是质量管理的一部分，是指为满足质量要求而采取的一系列的作业技术和管理活动。作业技术是直接产生产品或服务质量的条件；但并不是具备相关作业技术能力，都能产生合格的质量，在社会化大生产的条件下，还必须通过科学的管理，来组织和协调作业技术活动的过程，以充分发挥其质量形成能力，实现预期的质量目标。

环境工程项目质量控制是指为了达到环境工程建设项目质量要求所采取的作业技术和活动。即环境工程项目质量控制就是为了保证环境工程建设项目的质量满足合同、规范、标准和顾客的期望，通过采取一系列的措施、方法和手段，如行动方案和资源配置的计划、实施、检查和监督来实现预期目标的过程。

(2) 环境工程项目质量控制原则　在环境工程项目建设过程中，对其质量控制应遵循以下原则。

① 坚持质量第一原则　环境工程项目建设的产品作为一种特殊的商品，一旦出现问题会直接威胁到国家和人民生命财产的安全，质量就是生命，所以必须树立强烈的“质量第一”的思想。

② 坚持以人为控制核心的原则　人是质量的创造者，质量控制必须“以人为核心”，把人作为质量控制的动力，发挥人的积极性、创造性；处理好与业主、承包单位各方面的关系，增强人的责任感，深入贯彻“质量第一”的原则；提高人的素质，避免人的失误；以人的工作质量确保工程质量。

③ 坚持以预防为主的原则　预防为主是指要重点做好质量的事前控制、事中控制，同时严格对工作质量、工序质量和中间产品质量进行检查，达到防患于未然的目的。这是确保工程质量的有效措施。

④ 坚持质量标准　质量控制必须建立在有效的数据基础上，必须依靠能够确切反映客观实际的数字和资料，否则就谈不上科学的管理。质量标准是评价产品质量的尺度，数据是质量控制的基础。产品质量是否符合合同规定的质量标准，必须通过严格检查，以数据为

依据。

⑤ 树立一切为用户的思想　真正好的质量是用户完全满意的质量，要把一切为了用户的思想，作为一切工作的出发点，贯穿到环境工程项目质量形成的各项工作中。同时，要在项目内部树立“下道工序就是用户”的思想。各个部门、各种工作、各种人员都有前后的工作顺序，在自己这道工序的工作一定要保证质量，凡达不到质量要求的，坚决不能交给下道工序。

⑥ 贯彻科学、公正、守法的职业规范　在工程项目建设过程中，应尊重客观事实，尊重科学，遵纪守法。在质量监控和处理质量问题过程中，应做到尊重客观事实，尊重科学，客观、公正，不持偏见，遵纪守法，坚持原则，严格要求，秉公监理的职业道德规范，以保证工程质量。

(3) 建设环境工程项目质量控制的内容　建设工程项目质量控制的内容有：①工程项目勘察设计质量控制；②工程项目材料设备采购质量控制；③工程项目施工质量控制；④工程项目竣工验收质量控制。

6.3.2 环境工程项目勘察设计质量控制

工程勘察是根据建设工程的要求，查明、分析、评价建设场地的地质、地理环境特征和岩土工程条件，编制建设工程勘察文件的活动。工程设计是指根据建设工程的要求，对建设工程所需的技术、经济、资源、环境等条件进行综合分析、论证，为工程项目的建设提供技术依据的设计文件和图纸的整个活动过程。

建设工程勘察、设计是环境工程项目建设前期的关键环节，建设工程勘察、设计的质量对整个工程项目的质量起着决定性作用，如果项目在勘察、设计阶段的质量保证不了，那么谈何后期工程的质量，因此，勘察设计阶段质量控制是整个环境工程项目建设过程中的一个重要控制阶段。

(1) 勘察设计质量控制的要点　国家对建设工程勘察、设计的单位实行资质管理，对建设工程勘察、设计的专业技术人员，实行执业资格注册管理制度，建设工程勘察、设计单位应当在其资质等级许可的范围内承揽业务。

单位资质制度是指建设行政主管部门对从事建筑活动单位的人员素质、管理水平、资金数量、业务能力等进行审查，以确定其承担任务的范围，并发给相应的资质证书。个人资格制度是指建设行政主管部门及有关部门对从事建筑活动的专业技术人员，依法进行考试和注册，并颁发执业资格证书，并使其获得相应签字权。勘察设计单位资质控制是确保工程质量的一项关键措施，也是勘察设计质量事前控制的重点工作。

建设工程勘察设计资质分为工程勘察资质和工程设计资质两大类。工程勘察资质分综合类、专业类、劳务类三类；工程设计资质分工程设计综合资质、工程设计行业资质和工程设计专项资质三类。

对于工程勘察、设计单位的资质进行核查是勘察、设计质量控制工作的第一步，勘察、设计质量的责任由单位和个人共同承担，因此对勘察、设计单位资质审查要认真，监理工程师应根据考核情况，对被考核单位给出一个综合评价，形成文字材料，送建设单位或有关单位作为参考。对勘察、设计单位资质考核要点为：①检查勘察、设计单位的资质证书类别和等级及所规定的适用业务范围与拟建工程的类型、规模、地点、行业特性及要求的勘察、设计任务是否相符，资质证书所规定的有效期是否已过期，其资质年检结论是否合格；②检查勘察、设计单位的营业执照，重点是有效期和年检情况；③对参与拟建工程的主要技术人员的执业资格进行检查，对专职技术骨干比例进行考察，包括一级注册建筑师、一级注册工程师和在国家实行其他专业注册工程师制度后的注册工程师；注册造价工程师；取得高级职称的技术人员，从事工程设计实践10年以上并取得中级职称技术人员；重点检查其注册证书的有效性，签字权的级别是否与拟建工程相符；④对勘察、设计单位实际的建设业绩、人员素质、管理水平、资金情况、技术装备进行实地考察，特别是对其近期完成的与拟建工程类型、规模、特点相似或相近的工程勘察、设计任务进行查访，了解其服务意识和工作质量；⑤对勘察、设计单位的管理水平，重点考查是否达到了与其资质等级相应的要求水平。

（2）勘察质量控制

① 勘察阶段划分及其工作任务　勘察阶段应与设计阶段相适应，一般可分为可行性研究勘察、初步勘察、详细勘察及施工勘察。工程勘察的主要任务是按勘察阶段的要求，正确反映工程地质条件，提出岩土工程评价，为设计、施工提供依据。各勘察阶段的工作任务如下：a. 可行性研究勘察，又称选址勘察，该阶段主要是搜集区域已有资料，如地质、地形地貌、地震、矿产和附近地区的岩土工程地质与岩土工程资料和当地的建筑经验；通过踏勘，初步了解场地的主要地层、构造、岩土性质，不良地质现象及地下水情况；对工程地质与岩土条件较复杂，已有资料及踏勘尚不能满足要求的场地，应进行工程地质测绘及必要的勘探工作，对拟建场址稳定性和适宜性做出评价；b. 初步勘察是指在可行性研究勘察的基础上，对场地内建筑地段的稳定性做出岩土工程评价，并为确定建筑总平面布置、主要建筑物地基基础方案及对不良地质现象的防治工作方案进行论证，满足初步设计或扩大初步设计的要求；c. 详细勘察应对地基基础处理与加固、不良地质现象的防治工程进行岩土工程计算与评价，满足施工图设计的要求；d. 施工勘察就是对岩土技术条件复杂或有特殊使用要求的建筑物地基，需要在施工过程中实地检验、补充或在基础施工中发现地质条件有变化或与勘察资料不符时进行的补充勘察。

② 勘察阶段质量控制要点

a. 协助建设单位选定勘察单位　按照国家的有关规定，凡在国家建设工程设计资质分级标准规定范围内的建设项目，建设单位均应委托具有相应资质等级的工程勘察单位承担勘察业务工作，建设单位原则上应将整个建设工程项目的勘察业务委托给一个勘察单位，也可以根据勘察业务的专业特点和技术要求分别委托几个勘察单位。在选择勘察单位时，除重点对其资质进行审核控制外，还要检查勘察单位的技术管理制度和质量管理程序，考察勘察单位的专业技术骨干的素质、业绩和服务意识。

b. 勘察工作方案审查和控制　工程勘察单位在实施勘查工作之前，应结合各勘察阶段的工作内容和深度要求，按照有关规范、规程的规定，结合工程的特点编制勘察工作方案。监理工程师应按编制勘察工作方案进行认真审查。

c. 勘察现场作业的质量控制　勘察工作期间，监理工程师应重点检查以下几个方面的工作：（a）现场作业人员应进行专业培训，重要岗位要实施持证上岗制度，并严格按“勘察工作方案”及有关“操作规程”的要求开展现场工作并留下印证记录；（b）原始资料取得的方法、手段及使用的仪器设备应当正确、合理，勘察仪器、设备、实验室应有明确的管理程序，现场钻探、取样机具应通过计量认证；（c）原始记录表格应按要求认真填写清楚，并经有关作业人员检查、签字；（d）项目负责人应始终在作业现场进行指导、督促检查，并对各项作业资料检查验收签字。

d. 勘察文件的质量控制　监理工程师对勘察成果的审核与评定是勘察阶段质量控制最重要的工作。首先应检查勘察成果是否满足以下条件：（a）工程勘察资料、图表、报告等文件要依据工程类别按有关规定执行各级审核、审批程序，并由负责人签字；（b）工程勘察成果应齐全、可靠，满足国家有关法规及技术标准和合同规定的要求；(c) 工程勘察成果必须严格按照质量管理有关程序进行检查和验收，质量合格方能提供使用，对工程勘察成果的检查验收和质量评定应当执行国家、行业和地方有关工程勘察成果检查验收评定的规定。由于工程勘察的最后结果是工程勘察报告，监理工程师必须详细审查。应针对不同的勘察阶段工程勘察报告的内容和深度进行检查，看其是否满足勘察任务书和相应设计阶段的要求。

e. 后期服务质量保证　勘察文件交付后，监理工程师应根据工程建设进展情况，督促勘察单位做好配合工作，对施工过程中出现的地质问题要进行跟踪服务，并做好监测和回访工作。

f. 勘察技术档案管理　环境工程项目建设完成后，监理工程师应检查勘察单位技术档案管理情况，要求将全部资料，特别是质量审查、监督主要依据的原始资料，分类编目，归档保存。

(3) 设计质量控制　工程设计是建设项目进行整体规划和表达具体实施意图的重要过程，是科学技术转化为生产力的纽带，是处理技术与经济关系的关键性环节，是确定与控制工程造价的重点阶段。工程设计是否经济与合理，对工程建设项目造价的确定与控制具有十分重要的意义。

① 设计阶段质量控制原则　设计质量控制的原则：a. 环境建设工程设计应当与社会、经济发展水平相适应，做到经济效益、社会效益和环境效益相统一；b. 环境建设工程设计应当按工程建设的基本程序，坚持先勘察、后设计、再施工的原则；c. 环境建设工程设计应力求做到适用、安全、美观、经济；d. 环境建设工程设计应符合设计标准、规范的有关规定，计算要准确，文字说明要清楚，图纸要清晰、准确，避免“错、漏、碰、缺”。

② 设计阶段质量控制方法　设计质量控制的主要方法就是设计质量跟踪，设计质量跟踪是指要定期对设计文件进行审核，必要时对计算书进行核查，发现不符合质量标准和要求的，指令设计单位修改，直至符合标准为止。因此，设计质量跟踪就是在设计过程中和阶段设计完成时，以设计招标文件、设计合同、监理合同、政府有关批文、各项技术规范和规定、气象等自然条件及相关资料、文件为依据，对设计文件进行深入细致的审核。审核内容主要包括：图纸的规范性，工艺流程设计，结构设计，设备设计，水、电、自控设计，建筑造型与立面设计，平面设计，空间设计，装修设计，城市规划、环境、消防、卫生等部门的要求满足情况，专业设计的协调一致情况，施工可行性等方面。在审查过程中，特别要注意过分设计和不足设计两种极端情况。过分设计，导致经济性差；不足设计，存在隐患或功能降低。工程设计按其工作阶段可分为设计准备阶段、设计阶段、设计成果验收阶段和施工阶段，监理单位根据各设计阶段的工作重心，进行设计质量跟踪控制，以保证工程项目的设计质量。

③ 设计阶段质量控制任务　设计阶段质量控制主要任务是编制设计任务书中有关质量控制的内容；组织设计招标，进行设计单位的资质审查，优选设计单位，签订合同并履行合同；审查设计基础资料的正确性和完整性；组织专家对优化设计方案进行评审，保证设计方案的技术经济合理性、先进性和实用性，满足业主提出的各项功能要求；跟踪审核设计图纸质量；建立项目设计协调程序，在施工图设计阶段进行设计协调，督促设计单位完成设计工作；控制各阶段的设计深度，并按规定组织设计评审，按法规要求对设计文件进行审批(如：扩初设计、设计概预算、有关专业设计等)，保证各阶段设计符合项目策划阶段提出的质量要求及获得政府有关部门审查通过，提交的施工图满足施工的要求，工程造价符合投资计划的要求。审核特殊专业设计的施工图纸是否符合设计任务书的要求，是否满足施工的

要求。

对于设计阶段质量控制，通常是通过事前控制和设计阶段成果优化来实现的。在各个设计阶段前编制一份好的设计要求文件，分阶段提交给设计单位，明确各阶段设计要求和内容，是设计阶段进行质量控制的主要手段。设计要求文件的编制是一个对工程项目的目标、内容、功能、规模和标准进行研究、分析和确定的过程。因此，设计阶段必须重视设计任务书的编制。设计任务书一般要包括以下内容：项目组成结构；项目的规模；项目的功能；设计的标准和要求；项目的目标。其中，设计的要求是设计任务书的核心内容。

6.3.3 环境工程项目材料设备采购质量控制

(1) 材料设备采购质量控制的重要性　使用不合格的材料将构成建设项目的先天性缺陷，造成难以挽回的损失；设备满足生产运行要求的程度将影响建设项目投产后的效益，设备和系统是最终使用者赖以创造效益的基础。因此，材料设备采购的质量控制十分重要。

采购质量控制主要包括对采购产品及其供方的控制，制定采购要求和验证采购产品。建设项目中的工程分包，也应符合规定的采购要求。

(2) 供应方的资质控制　供应方的资质控制是材料设备采购质量控制的第一关，是保证稳定提供满足设计要求的材料和设备的关键。对于重要的大宗材料以及价值高或对运行安全至关重要的设备供应方，要审核其是否通过国际质量标准体系认证，还要审核其质量管理体系的有效性、相关经验、顾客满意程度和信誉等。材料设备供应合同，应列明质量保证条款。

(3) 采购要求　采购要求是采购产品控制的重要内容。采购要求的形式可以是合同、订单、技术协议、询价单及采购计划等。采购要求包括：①有关产品的质量要求或外包服务要求；②有关产品提供的程序性要求，如：供方提交产品的程序；供方生产或服务的过程要求；供方设备方面的要求；③对供方人员资格的要求；④对供方质量管理体系的要求。

(4) 采购的材料或设备质量要求　采购的材料或设备应符合设计文件、标准、规范、相关法规及承包合同要求，如果项目部另有附加的质量要求，也应予以满足。对于重要物资、大批量物资、新型材料以及对工程最终质量有重要影响的物资，可由企业主管部门对可供选用的供方进行逐个评价，并确定合格供方名单。建筑材料或工程设备应当符合下列要求：①有产品质量检验合格证明；②有中文标明的产品名称、生产厂名和厂址；③产品包装和商标式样符合国家有关规定和标准要求；④工程设备应有产品详细的使用说明书，电气设备还应附有线路图；⑤实施生产许可证或实行质量认证的产品，应当具有相应的许可证或认证证书。

(5) 重要设备供应的质量计划　对于重要设备，建设项目业主可要求供应方提交设备供应质量计划，经建设项目业主审核后严格执行，必要时可派人员驻厂监造。质量计划要特别明确测量和试验要求、质量见证点控制、停工待检点控制、不合格控制、出厂验收控制和记录要求。这是建设项目业主对设备制造的主要监控点。设备供应还要做好产品标示、包装、运输、储存保管以及安装过程中的防护和保养等环节的质量控制。

(6) 采购产品的质量检验和保管　凡进入施工现场的建筑材料和工程设备均应按有关规定进行检验。经检验不合格的产品不得用于工程。采购产品的质量检验，根据不同情况分别采用书面检验、外观检验、理化检验和无损检验等方式，并根据材料特点、来源和质量保证情况，分别实行免检、抽检或全部检验。组织应根据不同产品或服务的检验要求规定检验的主管部门及检验方式，并严格执行。验收发现的不合格材料及设备应按不合格处理程序执行，未经授权人批准，一律不得放行使用。应制定和执行材料及设备的储存和保管程序，明确储存保管环境要求、材料标示要求和堆放要求等，避免材料发生变异、混用或误用。

6.3.4 环境工程项目施工质量控制

环境工程项目施工是根据环境工程设计文件和图纸要求最终实现并形成工程实体的过程，该过程是形成工程产品质量和使用价值的重要阶段，直接影响工程的最终质量。因此，施工阶段的质量控制是整个环境工程项目质量控制的关键环节。

工程项目施工是一个极其复杂的综合过程，它具有涉及面广、位置固定、生产流动、结构类型不一、质量要求不一、施工方法不一、体型大、整体性强、建设周期长、受自然条件和气候影响大等特点，因此，施工质量更加难以控制。施工阶段质量控制是一种过程性、纠正性和把关性的质量控制，只有对施工全过程进行严格质量控制，才能实现项目质量目标。

（1）施工质量控制的过程　工程项目施工阶段是一个从输入转化到输出的系统过程，项目实施阶段的质量控制，也是一个从对投入品的质量控制开始，到对产出品的质量控制为止的系统控制工程。在工程项目实施阶段的不同环节，其质量控制的工作内容不同。根据工程实体质量形成过程的时间划分，可以将工程项目施工质量控制的过程分为施工准备质量控制、施工过程质量控制和施工验收质量控制三个阶段。

① 施工准备质量控制是指工程项目正式开始施工活动前，对各项施工准备工作及影响质量的各因素进行控制。施工准备质量是属于工作质量范畴，然而它对建设工程产品的质量产生重要的影响。

② 施工过程质量控制是指对施工过程中进行的施工作业技术活动的投入与产出的质量控制，其内涵包括全过程施工生产及其中各分部分项工程的施工作业过程。

③ 施工验收质量控制是指对已完工程验收时的质量控制，即对最终的环境工程产品的质量控制。其包括隐蔽工程验收、检验批验收、分项工程验收、分部工程验收、单位工程验收和整个建设工程项目竣工验收过程的质量控制。

施工质量控制过程既有施工承包方的质量控制职能，也有业主方、设计方、监理方、供应方及政府的工程质量监督部门的控制职能，他们具有各自不同的地位、责任和作用。

（2）施工准备阶段的质量控制　施工准备是为了保证生产正常进行而必须事先做好的工作，施工准备不仅是在工程开工前要做好，而且贯穿于整个施工过程。施工准备的基本任务就是为施工项目建立一切必要的施工条件，确保项目施工顺利进行，保证环境项目工程质量符合要求。

① 技术资料、文件准备的质量控制

a. 施工项目所在地的自然条件及技术经济条件调查资料　对施工项目所在地的自然条件和技术经济条件的调查，是为选择施工技术与组织方案收集基础资料，并以此作为施工准备工作的依据。具体收集的资料包括：地形与环境条件、地质条件、地震级别、工程水文地质情况、气象条件，以及当地水、电、能源供应条件、交通运输条件、材料供应条件等。

b. 施工组织设计审查　施工组织设计是指导施工准备和组织施工的全面性技术经济文件，是指导工程施工的纲领性技术文件，也是监理工作的依据之一。根据合同约定或监理单位要求，施工单位应在正式施工前将需要监理单位审核的施工组织设计编制完成，并经施工企业单位的技术负责人审批。对施工组织设计，要进行两方面的控制：一是选定施工方案后，制定施工进度时，必须考虑施工顺序、施工流向，主要分部分项工程的施工方法，特殊项目的施工方法和技术措施能否保证工程质量；二是制定施工方案时，必须进行技术经济比较，使工程项目满足符合性、有效性和可靠性的要求，取得施工工期短、成本低、安全生产、效益好的经济质量。根据环境工程项目特点，选择科学、可行的施工方案，从施工方法上保证施工质量。监理单位重点核查其审批程序、内容是否全面；是否具备可行性、有效性、合理性。

c. 国家及政府有关部门颁布的有关质量管理方面的法律、法规性文件及质量验收标准　质量管理方面的法律、法规，规定了工程建设参与各方的质量责任和义务，质量管理体系建立的要求、标准，质量问题处理的要求、质量验收标准等，这些是进行质量控制的重要依据。

d. 工程测量控制　工程施工测量是建设环境工程项目产品由设计转化为实物的第一步，施工测量的质量好坏，直接影响最后工程的质量，并且制约着施工过程中有关工序的质量。因此工程测量控制可以说是施工中质量控制的一项基础工作，是施工之前进行质量控制的一项基础工作。施工现场的原始基准点、基准线、参考标高及施工控制网等数据资料，这些数据资料是进行工程测量控制的重要内容。

② 设计交底和图纸审核的质量控制　设计图纸是进行质量控制的重要依据。为使施工单位熟悉有关的设计图纸，充分了解拟建项目的特点、设计意图和工艺与质量要求，减少图纸的差错，消灭图纸中的质量隐患，要做好设计交底和图纸审核工作。

a. 设计交底　设计交底是指在施工图完成并经审查合格后，设计单位在将设计文件交付施工时，按法律规定的义务就施工图设计文件向施工单位和监理单位做出详细的说明。其目的是对施工单位和监理单位正确贯彻设计意图，使其加深对设计文件特点、难点、疑点的理解，掌握关键工程部位的质量要求，确保工程质量。

设计交底主要内容包括：(a) 地形、地貌、水文气象、工程地质及水文地质等自然条件；(b) 施工图设计依据：初步设计文件，规划、环境等要求，设计规范；(c) 设计意图：设计思想、设计方案比较、基础处理方案、结构设计意图、设备安装和调试要求、施工进度安排等；(d) 施工注意事项：对基础处理的要求，对建筑材料的要求，采用新结构、新工艺的要求，施工组织和技术保证措施等；(e) 对施工单位、监理单位、建设单位提出的图纸中的问题和疑点要解释，对要解决的技术难题，拟定出解决办法。

b. 图纸审核　图纸审核是指承担施工阶段的监理单位组织施工单位、建设单位以及材料、设备供货等相关单位，在收到审查合格的施工图设计文件后，在设计交底前进行的全面细致熟悉和审查施工图纸的活动。图纸审核是设计单位和施工单位进行质量控制的重要手段，也是使施工单位通过审查熟悉设计图纸，了解设计意图和关键部位的工程质量要求，发现和减少设计差错，保证工程质量的重要方法。图纸审核的主要内容包括：(a) 对设计者资质的认定，图纸是否经设计单位正式签署；(b) 设计是否满足抗震、防火、环境卫生等要求；(c) 图纸与说明是否齐全；(d) 图纸中有无遗漏、差错或相互矛盾之处，图纸表示方法是否清楚并符合标准要求；(e) 地质及水文地质等资料是否充分、可靠；(f) 所需材料来源有无保证，能否替代；(g) 施工工艺、方法是否合理，是否切合实际，是否便于施工，能否保证质量要求；(h) 施工安全、环境、卫生有无保证；(i) 施工图及说明书中涉及的各种标准、图册、规范、规程等，施工单位是否具备。

③ 对承包单位和分包单位资质的审查　监理工程师必须协助建设单位审查承建单位以及人员的资质，这是质量控制的关键。对于小型的工程来说，可能只有一个承建单位，而对于比较大的工程来说，可能会有总集成商和分项系统集成商，无论哪种方式产生的系统集成商，监理单位都要对其单位资质以及参与项目的人员资质进行审核，从而确定其是否具有完成本项目的能力。

审核承建单位以及人员资质的主要内容有：a. 对施工单位资质进行核查，使施工单位的资质等级与承揽的工程项目要求相一致；对施工人员素质和人员结构进行监控，使参与施工的人员技术水平与工程技术要求相适应；b. 查对“营业执照”及“建筑业企业资质证书”，并了解其实际的建设业绩、人员素质、管理水平、资金情况、技术装备等；c. 查对近期承建工程，实地参观考核工程质量情况及现场管理水平；d. 承建单位的主要技术领域是否与本工程需要的技术相符合；e. 工程的项目管理人员及其他技术人员的技术经历是否与本工程的技术要求相符；f. 检查施工单位是否建立和健全了质量管理体系。

在全面了解的基础上，重点考核与拟建工程类型、规模和特点相似或接近的工程，优先选取创出名牌优质工程的企业。

分包单位资质审查时，主要是审查施工承包合同是否允许分包，分包的范围和工程部位是否可进行分包，分包单位是否具有按工程承包合同规定的条件完成分包工程任务的能力。如果认为该分包单位不具备分包条件，则不予批准。若监理工程师认为该分包单位基本具备分包条件，则应在进一步调查后由总监理工程师予以书面确认。审查、控制的重点一般是分包单位施工组织者、管理者的资格与质量管理水平，特殊专业工种和关键施工工艺或新技术、新工艺、新材料等应用方面操作者的素质与能力。

④ 施工质量计划的编制　施工质量计划的编制主体是施工承包企业。在总承包的情况下，分包企业的施工质量计划是总包施工质量计划的组成部分。总包有责任对分包施工质量计划的编制进行指导和审核，并承担施工质量的连带责任。在已经建立质量管理体系的情况下，质量计划的内容必须全面体现和落实企业质量管理体系文件的要求，同时结合本环境工程的特点，在质量计划中编写专项管理要求。施工质量计划的内容一般应包括：a. 工程特点及施工条件分析（合同条件、法规条件和现场条件）；b. 履行施工承包合同所必须达到的工程质量总目标及其分解目标；c. 质量管理组织机构、人员及资源配置计划；d. 为确保工程质量所采取的施工技术方案、施工程序；e. 材料设备质量管理及控制措施；f. 工程检测项目计划及方法等。施工质量计划编制完毕，应经企业技术领导审核批准，并按施工承包合同的约定提交工程监理或建设单位批准确认后执行。

⑤ 对进场的原材料及施工机械设备的控制　工程所需的原材料、半成品、构配件将成为永久性工程的组成部分，是工程施工的物质条件，它们质量的好坏直接影响到未来工程的质量，因此需要先对其质量进行严格控制。凡是不合格的不能进入现场，更不得在施工中使用。

影响材料质量的因素主要是材料的成分、物理性能、化学性能等，材料控制的要点有：a. 优选采购人员；b. 掌握材料信息，优选供货厂家；c. 合理组织材料供应，确保正常施工；d. 加强材料的检查验收，严把质量关；e. 抓好材料的现场管理，并做好合理使用；f. 做好材料的试验、检验工作。

对进入施工现场的机械设备的控制主要有：a. 对施工机械设备的选择，应考虑施工机械的技术性能、工作效率、工作质量、可靠性和维修难易、能源消耗，以及安全、灵活等方面对施工质量的影响与保证；b. 审查施工机械设备的数量是否足够保证施工质量；c. 审查所需的施工机械设备，是否已按批准的计划备妥；所准备的机械设备是否与监理工程师审查认可的施工组织设计或施工计划中所列的相一致；所准备的施工机械设备是否处于完好的可用状态等。

⑥ 质量教育与培训　通过教育培训和其他措施提高员工的能力，增强以质量和顾客满意为第一的思想意识，使员工满足所从事的质量工作对能力的要求。

项目领导班子应着重以下几方面的培训：a. 教育员工树立质量第一的意识；b. 充分理

解和掌握质量方针和目标；c. 熟悉质量管理体系有关方面的内容；d. 增强质量保持和持续改进意识；e. 掌握施工期间需要的相关操作技能。

（3）施工过程质量控制　环境工程项目施工过程涉及面广，是一个极其复杂的过程，影响工程质量的因素也非常多，如设计、材料、机械、地形、地质、水文、气象、施工工艺、操作方法、技术措施、管理制度等，均直接影响着工程项目的施工质量。施工过程中如使用材料的微小差异、操作的微小变化、环境的微小波动、机械设备的正常磨损，都会产生质量变异，造成质量事故。工程项目建成后，如发现质量问题又不可能像一些工业产品那样拆卸、解体、更换配件，更不能实行“包换”或“退款”，因此工程项目施工过程中的质量控制，就显得极其重要。

① 施工生产要素的质量控制　影响施工质量的五大要素有劳动主体、劳动对象、劳动方法、劳动手段和施工环境。通过对影响工程建设项目因素的分析，施工过程中对这五个方面的因素加以严格控制，是确保环境工程项目施工质量的关键。

a. 劳动主体的控制　劳动主体是指施工活动的组织者、领导者及直接参与施工作业活动的具体操作人员。劳动主体的质量包括参与工程各类人员的生产技能、文化素养、生理体能、心理行为等方面的个体素质及经过合理组织充分发挥其潜在能力的群体素质。因此，企业不仅要考虑择优录用，加强思想教育及技能方面的教育培训，合理组织、严格考核，并辅以必要的激励机制，使企业员工的潜在能力得到最好的组合和充分的发挥，还需根据具体工程实际特点，从确保工程质量的需要出发，从人的技术水平、生理缺陷、心理行为、错误行为等多个方面控制，从而保证劳动主体在质量控制系统中发挥主体自控作用。

施工企业控制必须坚持对所选派的项目领导者、组织者进行质量意识教育和组织管理能力训练，坚持对分包商的资质考核和施工人员的资格考核，坚持工种按规定持证上岗制度。

b. 劳动对象的控制　劳动对象是指原材料、半成品、工程用品、设备等。原材料、半成品、设备是构成工程实体的基础，其质量是工程项目实体质量的组成部分。故加强原材料、半成品及设备的质量控制，不仅是提高工程质量的必要条件，也是实现工程项目投资目标和进度目标的前提。

对原材料、半成品及设备进行质量控制的主要内容为：控制材料设备性能和标准要与设计文件相符；控制材料设备各项技术性能指标、检验测试指标与标准要求要相符；控制材料设备进场验收程序及质量文件资料要齐全等。

施工企业应在施工过程中贯彻执行企业质量文件中有关材料设备在封样、采购、进场检验、抽样检测及质保资料提交等一系列明确规定的控制标准。

c. 劳动方法的控制　广义的劳动方法控制是指对施工承包企业为完成项目施工过程而采取的施工方案、施工工艺、施工组织设计、施工技术措施、质量检测手段和施工程序安排所进行控制，而狭义的劳动方法控制则主要是指对施工方案所进行的控制，它要求施工承包企业做出的施工方案应结合工程实际，能解决工程难题，技术可行，经济合理，有利于在保证质量的同时，加快进度、降低成本。

施工工艺的先进合理是直接影响工程质量、工程进度及工程造价的关键因素，施工工艺的合理、可靠还直接影响到工程施工安全。因此在工程项目质量控制系统中，采用先进合理的施工工艺是工程质量控制的重要环节。对施工方案的质量控制主要包括以下内容：（a）全面正确地分析工程特征、技术关键及环境条件等资料，明确质量目标、验收标准、控制的重点和难点；（b）制订合理有效的施工技术方案和组织方案，前者包括施工工艺、施工方法；后者包括施工区段划分、施工流向及劳动组织等；（c）合理选用施工机械设备和施工临时设施，合理布置施工总平面图和各阶段施工平面图；(d) 选用和设计保证质量和安全的模具、脚手架等施工设备；(e) 编制工程所采用的新技术、新工艺、新材料的专项技术方案和质量管理方案；(f) 为确保工程质量，尚应针对工程具体情况，编写气象地质等环境不利因素对施工的影响及其应对措施。

d. 劳动手段的控制　劳动手段是指施工过程所采用的工具、模具、施工机械、设备等。施工所用的机械设备，包括起重设备、各项加工机械、专项技术设备、检查测量仪表设备及人货两用电梯等。施工阶段必须综合考虑施工现场条件、结构形式、施工工艺和方法、技术经济等，合理选择机械的类型和主要性能参数，合理使用机械设备，正确地操作。操作人员必须认真执行各项规章制度，严格遵守操作规程，并加强对施工机械的维修、保养、管理。

对施工方案中选用的模板、脚手架等施工设备，除按适用的标准定型选用外，一般需按设计及施工要求进行专项设计，对其设计方案及制作质量的控制及验收应作为重点进行控制。

按现行施工管理制度要求，工程所用的施工机械、模板、脚手架，特别是危险性较大的现场安装的起重机械设备，不仅要对其设计安装方案进行审批，而且安装完毕交付使用前必须经专业管理部门的验收，合格后方可使用。同时，在使用过程中尚需落实相应的管理制度，以确保其安全正常使用。

e. 施工环境的控制　环境因素主要包括地质水文状况，气象变化及其他不可抗力因素，以及施工现场的通风、照明、安全卫生防护设施等劳动作业环境等内容。环境因素对工程质量的影响具有复杂而多变的特点，如气象条件就变化万千，温度、湿度、大风、暴雨、酷暑、严寒都直接影响工程质量，往往前一工序就是后一工序的环境，前一分项、分部工程也就是后一分项、分部工程的环境。因此，根据工程特点和具体条件，应对影响质量的环境因素采取有效的措施严加控制。环境因素对工程施工的影响一般难以避免。要消除其对施工质量的不利影响，主要是采取预测预防的控制方法：(a) 对地质水文等方面的影响因素的控制，应根据设计要求，分析基地地质资料，预测不利因素，并会同设计等方面采取相应的措施，如降水排水加固等技术控制方案；(b) 对天气气象方面的不利条件，应在施工方案中制订专项施工方案，明确施工措施，落实人员、器材等方面各项准备以紧急应对，从而控制其对施工质量的不利影响；(c) 对环境因素造成的施工中断，往往也会对工程质量造成不利影响，必须通过加强管理、调整计划等措施，加以控制。

② 施工作业过程的质量控制　建设工程施工项目是由一系列相互关联、相互制约的作业过程（即工序）所构成，控制工程项目施工过程的质量，必须控制全部作业过程，即控制各道施工工序的施工质量。

工序是环境工程项目生产的基本环节，也是组织生产过程的基本单位。一道工序是指一个（或一组）人在一个工作地对一个（或几个）劳动对象（工程、产品、构配件）所完成的一切连续活动的总和。

工序质量也即工序工程的质量是指工序的成果符合设计、工艺或技术标准的要求程度。工序质量控制的最终目的是要保证稳定地生产合格产品。

施工作业过程质量控制的基本程序：进行作业技术交底，检查施工工序及施工条件，检查工序施工中人员操作程序、操作质量，检查工序施工中间产品的质量。对工序质量符合要求的中间产品（分项工程）及时进行工序验收或隐蔽工程验收。质量合格的工序经验收后可进入下道工序施工。未经验收合格的工序，不得进入下道工序施工。

a. 作业技术交底的控制　承包单位做好技术交底，是取得好的施工质量的条件之一，因此，每一分项工程开始实施前均要进行交底。作业技术交底是对施工组织设计或施工方案的具体化，是更细致、明确、更加具体的技术实施方案，是工序施工或分项工程施工的具体指导文件。为做好技术交底，项目经理部必须由主管技术人员编制技术交底书，并经项目总工程师批准。技术交底的内容包括施工方法、质量要求和验收标准，施工过程中需注意的问题，可能出现意外的措施及应急方案。技术交底要紧紧围绕和具体施工有关的操作者、机械设备、使用的材料、构配件、工艺、工法、施工环境、具体管理措施等方面进行，要明确做什么、谁来做、如何做、作业标准和要求、什么时间完成等。

对于关键部位，或技术难度大、施工复杂的工程，分项工程施工前，承包单位的技术交底书（作业指导书）要报监理工程师。经监理工程师审查，如技术交底书不能保证作业活动的质量要求，承包单位要进行修改补充。没有做好技术交底的工序或分项工程，不得进入正式实施。

b. 施工工序质量控制要求　工序质量是施工质量的基础，工序质量也是施工顺利进行的关键。为达到对工序质量控制的效果，在工序管理方面应做到：(a) 贯彻预防为主的基本要求，设置工序质量检查点，对材料质量状况、工具设备状况、施工程序、关键操作、安全条件、新材料新工艺应用、常见质量通病，甚至包括操作者的行为等影响因素列为控制点作为重点检查项目进行预控；(b) 落实工序操作质量巡查、抽查及重要部位跟踪检查等方法，及时掌握施工质量总体状况；(c) 对工序产品、分项工程的检查应按标准要求进行目测、实测及抽样试验的程序，做好原始记录，经数据分析后，及时做出合格及不合格的判断；(d) 对合格工序产品应及时提交监理进行隐蔽工程验收；(e) 完善管理过程的各项检查记录、检测资料及验收资料，作为工程质量验收的依据，并为工程质量分析提供可追溯的依据。

c. 施工质量控制点的控制　质量控制点是施工质量控制的重点，凡属关键技术，重要部位，控制难度大、影响大、经验欠缺的施工内容以及新材料、新技术、新工艺、新设备等，均可列为质量控制点，实施重点控制。设置质量控制点是保证达到施工质量要求的必要前提，对于质量控制点，一般要事先分析可能造成质量问题的原因，再针对原因制定对策和措施进行预控。承包单位在工程施工前应根据施工过程质量控制的要求，列出质量控制点明细表，提交监理工程师审查批准，在此基础上实施质量预控。

施工质量控制点设置的具体方法是，根据环境工程项目施工管理的基本程序，结合项目特点，在制订项目总体质量计划后，列出各基本施工过程对局部和总体质量水平有影响的项目，作为具体实施的质量控制点。如：大型污水处理厂施工质量管理中，可列出大型构筑物（生物池、沉淀池）的地基处理、工程测量、机械设备采购以及沉淀池出水堰的施工要求等作为质量控制重点。

施工质量控制点的管理应该是动态的，一般情况下在工程开工前、设计交底和图纸会审时，可确定一批整个项目的质量控制点，随着工程的展开、施工条件的变化，随时或定期进行控制点范围的调整和更新，始终保持重点跟踪的控制状态。

d. 施工测量质量控制　监理工程师应检查工地试验室资质证明文件、试验设备、检测仪器能否满足工程质量检查要求，是否处于良好的可用状态；精度是否符合需要；法定计量部门标定资料、合格证、率定表，是否在标定的有效期内；试验室管理制度是否齐全，符合实际；试验、检测人员是否有上岗资质等。经检查，确认能满足工程质量检验要求，则予以批准，同意使用，否则，承包单位应进一步完善、补充，在没得到监理工程师同意之前，工地试验室不得使用。在作业过程中监理工程师也应经常检查了解计量仪器、测量设备的性能、精度状况，使其处于良好的状态之中。

e. 工程变更的监控　工程变更是指工程项目任何形式上的、质量上的、数量上的变动，既包括工程具体项目的某种形式上的、质量上的、数量上的变动，也包括合同文件内容的某种变动。工程变更要求可能来自建设单位、设计单位或施工承包单位。为确保工程质量，不同情况下，工程变更的实施，设计图纸的澄清、修改，具有不同的工作程序。工程变更可能导致项目工期、成本或质量有所改变，因此，不管是哪方提出工程变更，都应进行严格控制，在工程变更中，主要考虑以下几方面：(a) 管理和控制那些能够引起工程变更的因素和条件；(b) 分析和确认各方面提出的工程变更要求的合理性和可行性；(c) 当工程变更时，应对其进行管理和控制；(d) 分析工程变更而引起的风险；(e) 针对变更要求及时进行变更交底；(f) 工程变更要求均应通过逐级交底实施，同时应及时办理相关的变更手续。

6.3.5　工程项目竣工验收质量控制

工程质量验收是对已完工的工程实体的外观质量及内在质量按规定程序检查后，确认其是否符合设计及各项验收标准的要求，是产品可交付使用前的一个重要环节。正确地进行工程项目质量的检查评定和验收，是保证工程质量的重要手段。从 2002 年 1 月 1 日起开始实施的《建筑工程施工质量验收统一标准》(GB 50300—2001)，规定了建筑工程施工质量应按下列要求进行验收：①建筑工程施工质量应符合本标准和相关专业验收规范的规定；②建筑工程施工应符合工程勘察、设计文件的要求；③参加工程施工质量验收的各方人员应具备规定的资格；④工程质量的验收均应在施工单位自行检查评定的基础上进行；⑤隐蔽工程在隐蔽前应由施工单位通知有关单位进行验收，并应形成验收文件；⑥涉及结构安全的试块、试件以及有关材料，应按规定进行见证取样检测；⑦检验批的质量应按主控项目和一般项目验收；⑧对涉及结构安全和使用功能的重要分部工程应进行抽样检测；⑨承担见证取样检测及有关结构安全检测的单位应具有相应资质；⑩工程的观感质量应由验收人员通过现场检查，并应共同确认。

(1) 工程质量验收程序　工程质量验收分为过程验收和竣工验收，其程序及组织包括：①分部分项工程完成后，应在施工单位自行验收合格后，通知建设单位（或工程监理）验收，重要的分部分项工程应请设计单位参加验收；②单位工程完工后，施工单位应自行组织检查、评定，符合验收标准后，向建设单位提交验收申请；③建设单位收到验收申请后，应组织施工、勘察、设计、监理单位等方面人员进行单位工程验收，明确验收结果，并形成验收报告；④按国家现行管理制度，房屋建筑工程及市政基础设施工程验收合格后，尚需在规定时间内，将验收文件报政府管理部门备案。

(2) 质量验收的基本内容及方法　建设工程施工质量检查评定验收的基本内容及方法：①分部分项工程内容的抽样检查；②施工质量保证资料的检查，包括施工全过程的技术质量管理资料，其中又以原材料、施工检测、测量复核及功能性试验资料为重点检查内容；③工程外观质量的检查。

(3) 工程项目最终质量检验　当建设工程具备以下条件时就可进行竣工验收：①完成建设工程设计和合同约定的各项内容；②有完整的技术档案和施工管理资料；③有工程使用的主要建筑材料、建筑构配件和设备的进场试验报告；④有勘察、设计、施工、工程监理等单位分别签署的质量合格文件；⑤有施工单位签署的工程保修书。

验收合格的条件有五个：除了构成单位工程的各分部工程应该合格，并且有关的资料文件应完整以外，还须进行以下三方面的检查。

首先，涉及安全和使用功能的分部工程应进行检验资料的复查。不仅要全面检查其完整性（不得有漏检缺项），而且对分部工程验收时补充进行的见证抽样检验报告也要复核。这种强化验收的手段体现了对安全和主要使用功能的重视。

其次，对主要使用功能还须进行抽查。使用功能的检查是对建筑工程和设备安装工程最终质量的综合检验，也是用户最关心的内容。因此，在分项、分部工程验收合格的基础上，竣工验收时再做全面检查。抽查项目是在检查资料文件的基础上由参加验收的各方人员商定，并用计量、计数的抽样方法确定检查部位。检查要求按有关专业工程施工质量验收标准的要求进行。

最后，还须由参加验收的各方人员共同进行观感质量检查。观感质量验收，往往难以定量，只能以观察、触摸或简单量测的方式进行，并由个人的主观印象判断，检查结果并不给出"合格"或"不合格"的结论，而是综合给出质量评价，最终确定是否通过验收。

单位工程技术负责人应按编制竣工资料的要求收集和整理原材料、构件、零配件和设备的质量合格证明材料、验收材料，各种材料的试验检验资料，隐蔽工程、分项工程和竣工工程验收记录，其他的施工记录等。

(4) 技术资料的整理　技术资料，特别是永久性技术资料，是施工项目进行竣工验收的主要依据，也是项目施工情况的重要记录。因此，技术资料的整理要符合有关规定及规范的要求，必须做到准确、齐全，能够满足建设工程进行维修、改造、扩建时的需要，其主要内容有：①工程项目开工报告；②工程项目竣工报告及工程竣工验收资料；③图纸会审和设计交底记录；④设计变更通知单及技术变更核定单；⑤工程质量事故发生后调查和处理资料；⑥水准点位置、定位测量记录、沉降及位移观测记录；⑦材料、设备、构件的质量合格证明资料及试验、检验报告；⑧隐蔽工程验收记录及施工日志；⑨竣工图；⑩质量验收评定资料。

监理工程师应对上述技术资料进行审查，并请建设单位及有关人员对技术资料进行检查验证。

(5) 工程竣工文件的编制和移交准备

① 项目可行性研究报告，项目立项批准书，土地、规划批准文件，设计任务书，初步（或扩大初步）设计，工程概算等。

② 竣工资料整理，绘制竣工图，编制竣工决算。

③ 竣工验收报告，建设项目总说明，技术档案建立情况，建设情况，效益情况，存在和遗留问题等。

④ 竣工验收报告书的主要附件：竣工项目概况一览表，已完单位工程一览表，已完设备一览表，应完未完设备一览表，竣工项目财务决算综合表，概算调整与执行情况一览表，交付使用（生产）单位财产总表及交付使用（生产）财产一览表，单位工程质量汇总项目（工程）总体质量评价表。

工程项目交接是在工程质量验收之后，由承包单位向业主进行移交项目所有权的过程。工程项目移交前，施工单位要编制竣工结算书，还应将成套工程技术资料进行分类整理，编目建档。

(6) 产品防护　竣工验收期要定人定岗，采取有效防护措施，保护已完工程，发生丢失、损坏时应及时补救。设备、设施未经允许不得擅自启用，防止设备失灵或设施不符合使用要求。

(7) 撤场计划　工程交工后，项目经理部编制的撤场计划的内容应包括：施工机具、暂设工程、建筑残土、剩余构件在规定时间内全部拆除运走，达到场清地平；有绿化要求的，达到树活草青。

6.4 环境工程项目安全管理概述

6.4.1 环境工程项目安全管理概念

环境工程项目安全管理是环境工程项目管理中最重要的任务，因为安全生产与管理直接关系到人身的健康与安全，而费用管理、进度管理等则主要涉及物质利益。

安全管理是企业全体职工参加的，以人的因素为主，为达到安全生产而采取的各种措施(包括一系列的相关法律、条例、规程及计划、组织、指挥、协调和控制的活动)。它是根据系统的观点提出来的一种组织管理方法，是施工企业全体职工及各部门同心协力，把专业技术、生产管理、数理统计和安全教育结合起来，建立从签订施工合同，进行施工组织设计到施工的各个阶段，直至工程竣工验收活动全过程的安全保证体系，采用行政的、经济的、法律的、技术的和教育等手段，有效地控制设备事故、人身伤亡和职业危害的发生，以实现安全生产、文明施工。

建筑行业具有产品固定、作业流动性大、产品体积大、露天作业和高处作业多、施工周期长、手工作业多、劳动条件差、人员和素质不稳定、施工现场受地理环境和气候影响大等特点，是安全事故高发的行业。随着我国建筑行业的迅猛发展，建筑行业呈现出规模不断增大、行业新技术发展较快、市场逐渐与国际接轨的特点，这就给施工安全提出来更高的要求，因此，科学的工程项目安全管理，是建筑行业可持续发展的基本保证条件。

施工项目安全管理是建筑企业安全管理系统的关键，是保证建筑企业处于安全状态的重要基础。开展施工项目安全管理，是保证项目施工中避免人员伤亡、财物损毁，追求最佳效益的需要，也是保证建设单位对施工项目工期、质量和功能达到最佳的需要，同时也是工程项目建立良好的生产秩序和环境的必要手段，因此对施工项目必须实施科学严格的安全管理。

6.4.2 环境工程项目安全管理内容

环境工程项目安全管理主要内容包括以下几项。

(1) 安全目标管理　为了贯彻落实“安全第一、预防为主”的方针和加强施工现场安全标准化的管理，落实安全生产责任制，企业必须制定安全管理控制目标和计划，建立安全生产领导小组及下设的安全机构和组成人员，明确各级人员责任目标管理。

(2) 建立安全生产制度　为加强生产工作的劳动保护，改善劳动条件，保护劳动者在生产过程中的安全和健康，结合环境工程施工项目的特点和公司实际情况建立相应的安全生产制度。建立的安全生产制度必须符合国家和地区的有关政策、法规、条例和规程；建立各级人员安全生产责任制度，明确各级人员的安全责任。抓制度落实、抓责任落实，定期检查安全责任落实情况，保障生产者在施工作业中的安全和健康。

(3) 贯彻安全技术措施　所有建筑工程施工都必须有施工安全技术措施，它是施工组织设计的重要内容之一，它针对建筑工程施工中存在的不利条件和不安全因素进行预先分析，从技术上和管理上制定控制和消除隐患、防止事故的措施。

制定的安全技术措施必须结合工程实际，切实可行，必须符合国家颁发的施工安全技术法规、规范及标准，并要求全体人员认真贯彻执行。

(4) 坚持安全教育和安全培训　进行安全教育与训练，能增强人的安全生产意识，提高安全生产知识，有效地防止人的不安全行为，减少人为失误。安全教育、训练是进行人的行为控制的重要方法和手段。因此要组织全体人员认真学习安全生产责任制、安全技术规程、安全操作规程及劳动保护条例等，使操作者了解、掌握生产操作过程中潜在的危险因素及防范措施。对变换工种及换岗、新调入、临时参加生产人员应视同新工人进行上岗安全教育。对新机具、新设备和新工艺应由有关技术部门制定规程并对操作人员进行专门训练。对从事有毒、有害作业的人员由卫生和有关部门在工作前进行尘毒危害和防治知识教育后方可上岗。从事特殊作业的人员，必须经国家规定的有关部门进行安全教育和安全技术培训，并经考核合格取得正式操作证者，方准独立作业。

(5) 安全生产检查　安全检查是发现不安全行为和不安全状态的重要途径，是消除事故隐患，落实整改措施，防止事故伤害，改善劳动条件的重要方法。检查要有领导、有计划、有重点地进行。除工地上安全员进行经常性的安全检查外，其他的各种安全检查都必须有领导有计划地进行，特别是组织的大检查，更为必要。安全检查是发现危险因素的手段，安全整改是为了采取措施消除危险因素，把事故和职业通病消灭在事故发生之前，以保证安全生产。

(6) 事故的调查与处理　事故是违背人们意愿，且又不希望发生的事件。一旦发生事故，不能以违背人们意愿为理由，予以否定。关键在于对事故的发生要有正确认识，并用严肃、认真、科学、积极的态度，处理好已发生的事故，尽量减少损失。要采取有效措施，避免同类事故重复发生。发生事故后，以严肃、科学的态度去认识事故，实事求是地按照规定、要求报告。不隐瞒、不虚报、不避重就轻是对待事故科学、严肃态度的表现。分析事故，弄清发生过程，找出造成事故的人、物、环境状态方面的原因。分清造成事故的安全责任，总结生产因素管理方面的教训。采取预防类似事故重复发生的措施，并组织彻底的整改，使采取的预防措施完全落实。经过验收，证明危险因素已完全消除时再恢复施工作业。

6.5 环境工程项目施工现场管理与文明施工

施工现场的管理与文明施工是安全生产的重要组成部分。安全生产是树立以人为本的管理理念，保护社会弱势群体的重要体现；文明施工是现代化施工的一个重要标志，是施工企业一项基础性的管理工作，坚持文明施工具有重要意义。安全生产与文明施工是相辅相成的，建筑施工安全生产不但要保证职工的生命财产安全，同时要加强现场管理，保证施工井然有序，改变过去脏乱差的面貌，对提高投资效益和保证工程质量也具有深远意义。

6.5.1 环境工程施工现场管理的概念及意义

(1) 施工现场管理概念　施工现场是指从事施工活动经批准占用的施工场地，包括红线以外现场附近经批准占用的临时施工用地。

环境工程施工现场管理就是应用科学的管理思想、管理组织、管理方法和管理手段，对施工现场的各种生产要素，如人（操作者、管理者）、机（各种施工设备）、法（工艺、检测）、环境、资源、能源、信息等，进行合理配置和优化组合，通过计划、组织、控制、协调、激励等管理职能，以保证现场按预定的目标，实现优质、高效、低耗、按期、安全、文明的生产。如何对施工现场进行科学安排、合理使用，使其与各种环境保护协调是现场管理的核心内容。

(2) 施工现场管理意义　首先，现场管理是项目的镜子，通过对工程施工现场观察，能反映出施工单位精神面貌和管理水平，文明的施工现场能产生很好的社会效益，会赢得广泛的社会信誉，反之会损害企业的声誉和形象。其次，现场是进行施工的舞台，所有的活动都要通过现场来实施，大量的物资、劳动力、机械设备都需要在施工现场转变为建筑物，因而现场管理正确与否直接关系到施工项目能否顺利进行。再次，现场管理是处理各方关系的焦点，施工现场与城市法规、环境保护等周边各方关系非常密切，是一个严肃而敏感的社会问题和政治问题，稍有不慎就会出现可能成为危及社会安定的问题，因此，在施工现场负责现场管理的人员必须具备强烈的法制观念和为人民服务的精神，才能担此重任。最后，现场管理是连接项目其他工作的纽带，现场管理很难和其他管理工作分开，而其他管理工作的开展也必须和现场管理相结合，因此，现场管理的顺利开展是其他工作顺利进行的前提和保障。

综上所述，施工现场管理是环境工程项目管理的关键部分，只有加强施工现场管理，才能保证工程质量、降低成本、缩短工期，提高建筑企业在市场中的竞争力。加强施工现场管理，不断提高施工现场管理水平，已经越来越受到建筑行业主管部门和施工企业的重视。

6.5.2 环境工程施工现场管理的内容

(1) 合理组织施工用地　根据施工项目及建筑用地的特点合理规划使用，方便施工并降低成本。若场地空间不够，应会同建设单位按规定向城市规划管理部门和公安交通部门申请，经批准后方可使用场外临时施工用地。

(2) 科学设计施工总平面图　在编制施工组织设计时，应合理安排施工现场总平面图。临时设施、各类大型机械、材料堆场、物资仓库、构件堆场、消防设施、道路及进出口、加工场地、水电管线、周转使用场地等要布置合理、方便施工，并要符合各项安全、环保要求。

(3) 正确实施施工现场的动态管理及检查制度　根据不同施工阶段的具体要求，对现场平面布置进行调整，以实现现场的动态管理和控制。现场管理人员应经常检查现场布置是否符合总平面布置及各项有关规定，以便及时发现问题及时调整。

(4) 建立文明施工现场　文明施工现场指按有关法规的要求，使施工现场和临时占地范围内秩序井然，文明安全，应做到不破坏绿地树木，交通通畅，保存文物，防火设施完备，居民不受干扰，场容和环境卫生符合要求等。

6.5.3 文明施工

建设工程工地应按《建筑施工安全检查标准》(JGJ 59—99) 做到以下文明施工要求。

(1) 现场围挡

① 围挡高度：市区主要路段的工地围挡高度不低于 2.5m，一般路段工地周围围挡高度不低于 1.8m。

② 围挡材料：围挡材料应选用砌体、金属板材等硬质材料，严禁使用彩条布、竹笆、安全网等易变形的材料作施工围挡。

③ 施工围挡在施工前应进行设计、审批，必须做到坚固、平稳、整洁、美观，施工完毕后必须有行验收（业主、监理、施工）并做好验收记录，签字存档备查。

(2) 封闭管理

① 为加强施工现场管理，施工工地四周应连续进行围挡封闭，封闭后应建立固定的进出口。进出口必须按规定设置大门。

② 施工现场进出口大门应设置门卫，建立施工现场进出管理制度，凡进入施工现场的人员应佩戴工作卡，外来人员必须出示有效证件，才能进入施工现场。

③ 施工现场进出口大门必须按规定进行混凝土硬化处理，设置车辆冲洗设施，建立排

水沟、沉砂井，严禁污水乱流和带泥上路，污染环境。

(3) 施工场地

① 施工现场应根据批准的施工总平面布置图的要求，建立施工现场内的干道，并进行道路硬化，无条件的可采用其他硬化地面的措施，使现场地面平整坚实。但像搅拌机棚内等处易积水的地方，应做水泥地面和有良好的排水措施。

② 施工现场应建立有效地排水系统，防止施工的废水、泥浆任意流放，污染施工区域及围挡外道路。

③ 作业区及建筑楼层内，必须做到工完料清，各层建筑垃圾不能长期堆放在楼层内，应及时运走，并按规定的位置集中分类堆放，及时清运。严禁高空抛洒建筑垃圾和乱倒污水，严禁建筑垃圾堆放在围墙外。

④ 施工作业区禁止吸烟，防止火灾事故的发生，应按工程情况设置固定的吸烟室或吸烟处，并按规定设置应有的消防器材。

(4) 材料堆放

① 施工现场的各种材料、构件的堆放，必须按总平面布置图规定的位置进行堆放。在堆放时，各种材料、构件必须按品种、规格堆码整齐，并设置明显的标识牌。

② 易燃易爆物品不得混放，必须按规定分类进行存放，并建立严格的管理制度。

(5) 现场住宿

① 施工现场必须将施工作业区与生活区严格分开。施工作业区与办公区应有明显划分，有隔离和安全防护措施，防止发生事故。

② 职工食堂必须取得“卫生许可证”和食堂人员“健康证”，并建立严格的食堂管理制度，所购食品必须安全，保障职工的食品安全。

③ 职工宿舍室内净空高度不低于2.5m，必须符合安全、卫生、通风、采光和防火等要求。每间宿舍不超过10人，不得使用道铺，宿舍内住宿人员名单上墙，建立卫生保洁制度，有消暑、保暖和和防蚊叮咬措施，室内无异味，床铺平整干净。

④ 淋浴室安全卫生整洁，有冷热水供应，厕所、墙面、便槽内应铺设瓷砖，地面应铺设地砖，并有冲洗设施和专人进行管理。

(6) 现场防火

① 施工现场应根据施工作业环境和条件，制定消防制度，制定消防措施，按不同的作用条件，合理配备消防器材。

② 当建筑施工高度超过30m时，应配备足够的消防水源和自救所用的水量，配备消防水管。水管直径应在2寸以上，保证有足够扬程的水压，并在每层设置消防水源接口。

③ 施工现场应建立动火审批制度。凡有明火作业的必须按规定进行报批，作业时，应按审批的意见和措施进行，并设置监护人员，作业后，必须确认无火源危险时，才能离开作业现场。

(7) 治安综合治理

① 施工现场必须建立健全的治安保卫制度，并责任分解到人，有专人负责进行检查落实。

② 施工现场应在生活区内适当设置工人业余学习和娱乐场所，以使劳动后的人员有合理的休息方式。工地内治安秩序良好，刑事治安案件的发生。

(8) 施工现场标牌

① 施工现场应根据不同的部位按规定挂置警示标志、标示，并进一步对职工做好安全

宣传工作，标志、标示应设置在施工现场的明显处，应有必要的安全标语。

② 施工现场应在生活区内设置读报栏、黑板报等宣传园地，丰富学习内容，表扬好人好事，批评不遵守安全规则的人和事。

（9）生活设施

① 施工现场应设置食堂和茶水棚；食堂应有良好的通风和洁卫措施，保持卫生清洁，炊事员持健康证上岗。

② 施工现场作业人员应能喝到符合卫生要求的白开水，有固定的盛水容器和有专人管理。

③ 施工现场应按作业人员的数量设置足够使用的淋浴设施。

④ 施工现场应设固定的男女简易沐浴室和厕所，并要保证结构稳定、牢固和防风雨；厕所天棚、墙面刷白，有高1.5m墙裙；便槽贴面砖；地面用水泥砂浆或地砖，采用水冲式并实行专人管理，及时清扫，保持清洁。

⑤ 环境卫生及生活垃圾的存放与处理，按规定要求进行，不能与施工垃圾混放，并设专人管理。

（10）保健急救

① 施工现场应设有医疗保健室，配备专职医务人员（项目较小的现场应设置医药保健箱，配备兼职医务人员），并建立一支经过培训合格的急救人员队伍，有合理的急救措施和急救药材。

② 施工现场应有医生进行巡回医疗检查，并经常开展卫生防病教育，保障作业人员身体健康。

（11）社区服务

① 施工现场应针对施工工艺，设置防噪声和防尘设施，在施工中不超标（施工现场规定不超过85分贝），不扰民，夜间施工严禁超过22点。因特殊原因需要连续夜间施工，必须经过批准和制定有效地降噪措施，才能进行夜间连续施工。

② 施工现场严禁排放有毒烟尘和气体或物质，严禁在施工现场洗石灰、熬煎沥青，工地生活燃料必须符合环保有关要求，不得从建筑物高处流放污水、倾倒垃圾。

③ 施工现场自拌混凝土，必须严格按市政府和市建委规定进行，严格控制施工扬尘。

复习思考题

1. 什么是环境工程项目质量管理，其原则是什么？
2. 环境工程项目质量控制意义及原则是什么？
3. 勘察阶段质量控制要点有哪些？
4. 环境工程项目各施工阶段质量控制有哪些内容？
5. 环境工程项目安全管理主要内容包括哪些？
6. 环境工程施工现场管理的内容是什么？

参 考 文 献

[1] 陆惠民等．工程项目管理．南京：东南大学出版社，2010．

[2] 成虎，陈群．工程项目管理．北京：中国建筑工业出版社，2009．

[3] 丛培经．工程项目管理．北京：中国建筑工业出版社，2006．

[4] 戚安邦．项目管理学．天津：南开大学出版社，2003．

[5] 中华人民共和国建设部．中华人民共和国国家标准——建设工程项目管理规范．北京：中国建筑工业出版社，2006．

［6］ 王祖和．现代工程项目管理．北京：电子工业出版社，2007.
［7］ 杜晓玲．建设工程项目管理．北京：机械工业出版社，2007.
［8］ 池仁勇等．项目管理．北京：清华大学出版社，2007.
［9］ 中国建设监理协会．建设工程质量控制．北京：中国建筑工业出版社，2003.
［10］ 陈小萍．影响项目施工质量因素的控制．嘉兴学院学报，2002，(06).
［11］ 宋伟，刘岗．工程项目管理．北京：科学出版社，2006.
［12］ 宣卫红，张本业．工程项目管理．北京：中国水利水电出版社，知识产权出版社，2006.
［13］ 吴涛，丛培经．建设工程项目管理规范实施手册．第2版．北京：中国建筑工业出版社，2002.
［14］ 建设工程质量管理条例（中华人民共和国法律法规单行本系列）．北京：中国法制出版社，2000.
［15］ 国务院法制办公室．中华人民共和国建筑法．北京：中国法制出版社，2002.

第7章 环境工程项目信息管理

7.1 环境工程项目信息管理的含义和目的

信息是各项管理工作的基础和依据，没有及时、准确和满足需要的信息，管理工作就不能有效地起到计划、组织、控制和协调的作用。随着现代化生产和建设日益的复杂化，信息在项目管理中已经成为一个非常重要的组成部分。

7.1.1 信息的含义和特征

信息指的是用口头的方式、书面的方式或电子的方式传输（传达、传递）的知识、新闻，或可靠的或不可靠的情报。声音、文字、数字和图像等都是信息表达的形式。在管理科学领域中，其通常被认为是一种已被加工或处理成特定形式的数据，它对接受者有用，对决策或行为有现实或潜在的价值。

数据是用来记录客观事物的性质、形态、数量和特征的抽象符号。不仅文字、数字和图形可以看作是数据，声音、信号和语言也可以认为是数据。信息是根据要求，将数据进行加工处理转换的结果。同一组数据可以按管理层次和职能不同，将其加工成不同形式的信息。不同数据如采用不同的处理方式，也可得到相同的信息。数据与信息的关系如图7.1所示。

在当今社会，信息作为一种经济资源，不仅具有有用性、稀缺性和可选择性等经济特征，同时还具有本身独特的事实性、转换性、传递性、共享性、时效性、增值性等特征。

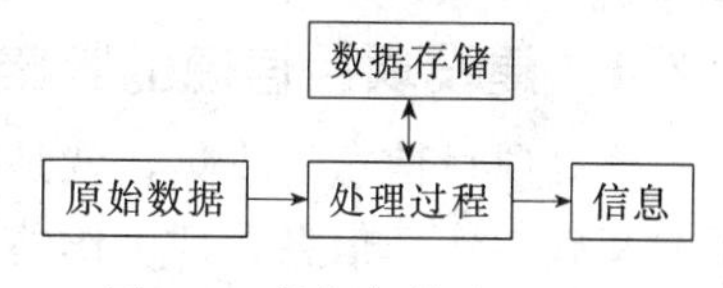

图7.1 数据与信息的关系

7.1.2 环境工程项目信息管理的含义及目的

（1）环境工程项目信息管理的内涵 环境工程项目的信息管理是通过对各个系统、各项工作和各种数据的收集管理，使项目的信息能方便和有效地获取、存储、存档、处理和交流。其主要作用是通过动态、及时的信息处理和有组织的信息流通，使决策者能及时、准确地获得相应的信息，以便采取正确的决策和行动。

环境工程建设项目的信息包括在项目决策过程、实施过程（设计准备、设计、施工和物资采购过程等）和运行过程中产生的信息，以及其他与项目建设有关的信息，包括：项目的组织类信息、管理类信息、经济类信息、技术类信息和法规类信息。

（2）环境工程项目信息管理的目的及原则 环境工程项目信息管理的目的是通过信息传输的有效组织管理和控制为环境工程建设项目提供增值服务。为了达到信息管理的目的，就要把握信息管理的各个环节：①了解和掌握信息来源，对信息进行分类；②掌握和正确运用信息管理的手段（如计算机）；③掌握信息流程的不同环节，建立信息管理系统。

环境工程建设项目产生的信息数量巨大，种类繁多。为便于信息的搜集、处理、储存、传递和利用，建设项目信息管理应遵从以下基本原则：①标准化原则，标准化原则就是要求在项目实施过程中有关信息的分类要统一，信息流程要规范，控制报表要力求做到格式化和标准化，健全的信息管理制度，从组织上保证信息产生过程的效率；②有效性原则，有效性原则是指信息系统所提供的信息，应根据不同层次管理者的要求进行适当的加工，提供不同层次要求和浓缩程度的信息；③定量化原则，环境工程建设项目信息不应是项目实施过程中数据的简单记录，而应该是经过信息人员处理采用定量工具对数据进行加工比较与分析后的数据；④时效性原则，环境工程建设项目信息的时效性主要是为了保证决策过程的时效性，决策总是在某一时刻点进行，建设过程信息都有一定的生命周期，所采用的信息必须是在某一时段内的信息，才能保证信息的有效性和准确性；⑤高效处理原则，高效处理原则主要是指通过高性能的信息处理工具，尽量缩短信息在处理过程中的延迟时间，保证信息处理的效率；⑥可预见原则，环境工程建设项目信息作为项目实施的历史数据，可以用来预测未来的情况，通过采用先进的方法和工具，为决策者制定未来目标和行动计划提供必要的信息。

(3) 环境工程建设项目信息管理的任务　环境工程建设项目一般具有周期较长、参与单位多、单件性和专业性强等特征，一个项目在决策和实施的过程中，项目信息往往会数量巨大、变化多而且错综复杂，项日信息资源的组织与管理任务十分重大。环境工程建设项目信息管理的任务应主要做好以下几方面的工作：①编制建设项目信息管理规划；②明确建设项目管理班子中信息管理部门的任务；③编制和确定信息管理的工作流程；④建立建设项目信息管理的处理平台；⑤建立建设项目信息中心。

7.2 环境工程项目信息管理的过程和内容

环境工程建设项目信息管理贯穿于建设过程全过程，衔接建设工程的各个阶段、各个参与方面。其过程主要包括信息的收集、加工整理、存储、检索、传递。

7.2.1 建设项目信息的收集

建设项目信息的收集，就是收集项目决策和实施过程中的原始数据，是信息管理非常重要的基础工作，信息管理工作的质量好坏，很大程度上取决于原始资料的全面性和可靠性。信息收集最重要的是必须保证所需信息的准确、完整、可靠和及时。建设项目的信息收集根据介入的阶段不同，收集的内容也不同。建设项目信息收集的内容包括以下几个方面。

(1) 项目决策阶段的信息收集　项目决策阶段信息的收集主要包括以下内容：①项目相关市场方面的信息，如产品预计进入市场后的占有率、社会需求量、预计产品价格变化趋势、影响市场渗透因素及产品生命周期等；②项目资源相关方面信息，如资金的筹措渠道及方式，原材料及设备来源，劳动力、水、电、气的供应等；③自然环境方面的信息，如城市交通、运输、气象、工程地质、水文、地形、地貌、废物处理的可能性等；④新技术、新设备、新工艺、专业配套能力方面的信息；⑤政治环境、社会治安状况，当地法律、政策、教育等方面的信息。

(2) 设计阶段的信息收集　设计阶段主要收集信息包括以下内容：①可行性研究报告、前期相关文件资料、存在疑点、建设单位的前期准备和项目审批报告完成情况；②同类工程相关信息，包括建设规模，结构形式，造价构成，工艺设备的选型，建设工期，采用的新工艺、新设备的实际效果及存在的问题，技术经济指标等；③拟建工程所在地相关信息，包括气象、地质、水文、地形、地貌、地下和人防设施，水、电、气接入点，周围建筑、交通、排污、商业、消防等；④勘察、测量、设计单位相关信息，如同类工程完成情况、实际效果、完成该工程的能力、设计深度、创新能力、人员设备情况、专业配套能力、合约履行情况等；⑤工程所在地政府相关信息，包括国家和地方政策、法律、法规、环保政策及政府服务情况和限制等；⑥设计进度计划、质量保证体系，合同执行情况，专业设计交接情况，执行规范、技术标准，特别是强制性条文执行情况，设计概预算的编制和执行情况等。

(3) 施工招投标阶段的信息收集　施工招投标阶段收集的主要信息有：①工程地质、水文地质勘察报告，施工图设计及预算，审批报告，设计概算，特别是该建设单位有别于其他工程的技术要求、材料、设备、工艺、质量等有关方面的信息；②建设单位前期工作的有关文件，包括立项文件，建设用地、征地、拆迁许可证文件等；③工程造价信息；④施工单位技术、管理水平和质量保证体系；⑤本工程使用的规范、规程和技术标准；⑥工程所在地有关招投标的规定；⑦工程所在地招标代理机构的能力、特点，招标管理机构以及管理程序；⑧投标单位对工程采用的新技术、新工艺、新设备、新材料的了解程度、经验、措施和处理能力。

(4) 施工阶段的信息收集　施工阶段的信息收集根据施工阶段的不同可分为施工准备期、施工期和竣工期三个阶段的信息收集。

① 施工准备期的信息收集　建设项目在正式开工之前，需要进行大量的工作，这些工作将产生大量的文件，包含着丰富的内容。主要包括：a. 监理大纲，施工图设计及预算，工程结构特点、工艺特点和设备特点，施工合同体系等；b. 施工单位项目部的组成情况，施工场地的准备情况，施工组织设计，特殊工程技术方案，承包单位和分包单位情况等；c. 建设工程场地的工程地质、水文气象情况，原有建筑物及管线情况，建筑红线、标高、坐标，水、电、气的引入标志等；d. 施工图会审记录及技术交底资料，开工前监理交底记录，开工报告的批准情况等；e. 与工程有关的建筑法律、法规、规范等。

② 建设项目施工期的信息收集　建设项目在整个工程施工阶段，每天都发生各种各样的情况，相应地包含着各种信息需要及时收集和处理。因此，项目的施工阶段，可以说是大量的信息发生、传递和处理的阶段。建设项目施工期的信息收集主要包括：a. 施工单位人员、设备、水、电、气等的信息；b. 建筑原材料、半成品、产品、构配件等工程物资进场、加工、保管和使用信息；c. 项目经理部的管理资料，工程质量、进度、投资的控制措施，工序交接制度，事故处理制度，施工组织设计执行情况，工地文明施工及安全措施等信息；d. 施工过程的相关记录，如地基验槽及处理记录、工序交接记录、隐蔽工程检查记录、建筑材料实验记录、设备安装调试记录、工地会议记录、工程监理记录等信息；e. 施工中执行的相关法律、法规、标准及施工合同情况等信息。

③ 工程竣工阶段的信息收集　工程竣工并按要求进行竣工验收时，需要收集大量的与竣工验收有关的各种资料信息。主要包括：工程准备阶段的相关文件，施工资料，竣工图及竣工验收资料等。这些信息一部分是在整个施工过程中长期积累形成的；一部分是在竣工验收期间，根据积累的资料整理分析而形成的，完整的竣工资料应由承建单位编制，经工程监理单位和有关方面审查后，移交建设单位并通过建设单位移交项目管理运行单位以及相关的政府主管部门。

7.2.2　环境工程建设项目信息的加工整理

建设项目的信息管理除应注意各种原始资料的收集外，更重要的要对收集来的资料进行加工整理，并对工程决策和实施过程中出现的各种问题进行处理。根据不同管理层次对信息的不同要求，信息的加工整理从浅到深一般分为三个层次：①初级加工，对资料和数据进行简单整理和过滤，如筛选、校核和整理；②综合分析，对信息进行分析，概括并综合成决策信息，供有关建设项目管理人员决策使用；③应用数学模型统计分析和推断，根据信息和数据内容，借助于数学模型进行统计计算和预测，为工程管理工作者提供辅助决策信息。

为了保证加工后信息的真实度和准确度，以及为了加工后的信息便于存储、检索和传递，信息的加工整理过程要本着标准化、系统化、准确性、时间性的原则进行。

在项目建设过程中，依据当时收集到的信息所做的决策或决定一般有以下几个方面：①依据进度控制信息，对施工进度状况提出意见和指示；②依据质量控制信息，对工程质量控制情况提出意见和指示；③依据投资控制信息，对工程结算和决算情况提出意见和指示；④依据合同管理信息，提出对索赔的处理意见。

7.2.3 建设项目信息的存储、检索和传递

建设项目信息的存储是指处理后的信息的存储，经处理后的信息，有的并非立即使用，有的虽然立即使用，但日后还需要使用或作参考，因此需要将它们存储起来，建立档案，妥善保管。

检索是指对某个或某些要用的信息进行查找的方法和手段。工程项目管理工作中存储有大量的信息，为了查找方便，就需要建立一套科学迅速的检索方法，以便项目管理人员能全面、及时、准确地获得所需要的信息。

因此无论是存入档案库还是存入计算机存储器的信息、资料，为了查找的方便，在入库前都要拟定一套科学的查找方法和手段，做好编目分类工作。健全的检索系统可以使报表、文件、资料、人事和技术档案既保存完好，又查找方便。否则会使资料杂乱无章，无法利用。

信息的传递是指借助于一定的载体（如纸张、软盘、磁带等），在建设项目信息管理工作的各部门、各单位之间的传递。通过传递，形成各种信息流。畅通的信息流，将利用报表、图表、文字、记录、电讯、各种收发文、会议、审批及计算机等传递手段，不断地将建设项目信息输送到项目建设各方手中，成为他们工作的依据。

信息管理的目的，是为了更好地使用信息，为决策服务。处理好的信息，要按照需要和要求编印成各类报表和文件，以供项目管理工作使用。信息检索和传递的效率和质量是随着计算机的普及而提高。存储于计算机数据库中的数据，已成为信息资源，可为各个部门所共享。因此，在项目管理过程中，应加大计算机应用的比重，做到快捷、准确、适用、经济。对于较大规模的项目，在条件具备的情况下，还可以建立项目管理信息系统，实现信息过程管理电子化、自动化。

7.3 环境工程项目文档资料管理

7.3.1 环境工程项目文档资料概念与特征

（1）环境工程项目文档资料概念　环境工程建设项目文档资料是指在环境工程建设活动中直接形成的具有归档保存价值的各种形式的历史信息记录，包括环境工程项目在立项、设计、施工、监理和竣工活动中形成的基建文件、监理文件、施工文件、竣工图和竣工验收

文件。

（2）项目文档资料特征　资料是数据或信息的载体，在项目实施过程中资料上的数据有两种：①内容性数据，它是资料的实质性内容，如施工图纸上的图、报告的内容等，它的内容丰富，形式多样，通常有一定的专业意义，其内容在项目过程中可能有变更；②说明性数据，为了方便资料的编目、分解、存档、查询，对各种资料必须做出说明和解释，用一些特征以互相区别，其内容一般在项目管理中不变，由文档管理者设计，如图标、各种文字说明、文件的索引目录等。

通常文档按内容性数据的性质分类，而具体的文档管理，如生成、编目、分解、存档等以说明性数据为基础。

在项目实施过程中，文档资料面广量大，形式丰富，因此建设项目文档资料分散而复杂，为了便于进行文档管理，应将它们分类。常用的分类方法有：①按重要性分，可分为必须建立文档、值得建立文档和不必存档文档；②按资料的提供者分，可分为外部和内部文档；③按登记责任分，分为必须登记、存档、不必登记；④按特征分，分为书信、报告、图纸等；⑤按产生方式分，分为原件和拷贝；⑥按内容范围分，分为单项资料、资料包（综合性资料），如综合索赔报告、招标文件等。

7.3.2　项目文档管理各方的职责

建设项目档案资料的管理涉及到建设单位、工程监理单位、施工单位以及地方城建档案部门。以下内容根据我国目前政府主管部门有关文件规定对工程建设参与有关各方管理职责进行介绍。

（1）各方的通用职责

① 工程各参建单位填写的工程档案应以工程合同、设计文件、工程质量验收标准、施工及验收规范等为依据。

② 工程档案应随工程进度及时收集、整理，并应按专业归类，认真书写，字迹清楚，项目齐全、准确、真实，无未了事项。表格应采用统一表格，特殊要求需增加的表格应统一归类。

③ 工程档案进行分级管理，各单位技术负责人负责本单位工程档案的全过程组织工作，工程档案的收集、整理和审核工作由各单位档案管理员负责。

④ 对工程档案进行涂改、伪造、随意抽撤或损毁、丢失等行为，应按有关规定予以处罚。

（2）建设单位职责

① 应加强对基建文件的管理工作，并设专人负责基建文件的收集、整理和归档工作。

② 在与勘察设计单位、监理单位、施工单位签订勘察、设计、监理、施工合同时，应对监理文件、施工文件和工程档案的编制责任、编制套数和移交期限做出明确规定。

③ 必须向参建的勘察设计、施工、监理等单位提供与建设项目有关的原始资料，原始资料必须真实、准确、齐全。

④ 负责在工程建设过程中对工程档案进行检查并签署意见。

⑤ 负责组织工程档案的编制工作，可委托总承包单位或监理单位组织该项工作；负责组织竣工图的绘制工作，可委托总承包单位或监理单位或设计单位具体执行。

⑥ 编制基建文件的套数不得少于地方城建档案部门要求，并应有完整基建文件归入地方城建档案部门及移交产权单位，保存期应与工程合理使用年限相同。

⑦ 应严格按照国家和地方有关城建档案管理的规定，及时收集、整理建设项目各环节

的资料，建立、健全工程档案，并在建设项目竣工验收后，按规定及时向地方城建档案部门移交工程档案。

（3）工程监理单位职责

① 应加强监理资料的管理工作，并设专人负责监理文件的收集、整理和归档工作。

② 监督检查工程文件的真实性、完整性和准确性。在设计阶段，对勘察、测绘、设计单位的工程文件进行监督、检查；在施工阶段，对施工单位的工程文件进行监督、检查。

③ 接受建设单位的委托进行工程档案的组织编制工作。

④ 在工程竣工验收后三个月内，由项目总监理工程师组织对监理档案进行整理、装订与归档。监理档案在归档前必须由项目总监理工程师审核。

⑤ 编制的监理文件的套数不得少于地方城建档案部门要求，并应有完整监理文件移交建设单位及自行保存，保存期根据工程性质以及地方城建档案部门有关要求确定。如建设单位对监理档案的编制套数有特殊要求的，可另行约定。

（4）工程施工单位职责

① 应加强施工文件的管理工作，实行技术负责人负责制，逐级建立健全施工文件管理工作。建设项目的施工文件应设专人负责收集和整理。

② 总承包单位负责汇总整理各分包单位编制的全部施工文件，分承包单位应各自负责对分承包范围内的施工文件进行收集和整理，各承包单位应对其施工文件的真实性和完整性负责。

③ 接受建设单位的委托进行工程档案的组织编制工作。

④ 按要求在竣工前将施工文件整理汇总完毕并移交建设单位进行工程竣工验收。

⑤ 负责编制的施工文件的套数不得少于地方城建档案部门要求，并应有完整施工文件移交建设单位及自行保存，保存期根据工程性质以及地方城建档案部门有关要求确定。如建设单位对施工文件的编制套数有特殊要求的，可另行约定。

（5）地方城建档案部门职责

① 负责接收和保管所辖范围应当永久和长期保存的工程档案和有关资料。

② 负责对城建档案工作进行业务指导，监督和检查有关城建档案法规的实施。

③ 列入向本部门报送工程档案范围的建设项目，其竣工验收应有本部门参加并负责对移交的工程档案进行验收。

7.3.3 环境工程建设项目档案资料编制质量要求

对环境工程建设项目档案资料编制质量的要求，各行政管理区域以及各行业都有自己的要求，但就全国来讲还没有统一的标准体系。我国对地方城建档案部门的一般性要求如下：①归档的工程文件一般应为原件，如有特殊原因不能使用原件的，应在复印件或抄件上加盖公章并注明原件存放处；②工程档案资料必须真实地反映工程实际情况，具有永久和长期保存价值的文件材料必须完整、准确、系统，责任者的签章手续必须齐全；③工程档案资料及签字必须使用耐久性的书写材料，如碳素墨水、蓝黑墨水，不得使用易褪色的书写材料，工程资料应字迹清楚、图样清晰、图表整洁，宜采用打印的形式并应手工签字；④工程文件的内容及其深度必须符合国家有关工程勘察、设计、施工、监理等方面的技术规范、标准和规程，文字材料幅面尺寸规格宜为 A4 幅面，图纸宜采用国家标准图幅；⑤工程文件的纸张应采用能够长期保存的、耐久性强的纸张，不同图面的工程图纸，应统一叠成 A4 幅面，图标栏露在外面；图纸一般采用晒蓝图，竣工图应是新蓝图；计算机出图必须清晰，不得使用计算机所出图的复印件；所有竣工图均应加盖竣工图章；利用施工图改绘竣工图，必须注明变更修改依据，有重大改变或变更部分超过图面 1/3 的，应当重新绘制竣工图；⑥工程档案资料的编制和填写应适应档案缩微管理和计算机输入的要求。工程档案资料的缩微制品，必须按国家缩微标准进行制作，主要技术指标要符合国家标准，保证质量，以适应长期安全保管；⑦工程档案资料的照片（含底片）及声像档案，要求图像清晰，声音清楚，文字说明或内容准确。

7.3.4 环境工程建设项目档案资料验收与移交

（1）档案资料的验收　工程档案资料的验收是工程竣工验收的重要内容。在工程竣工验收时建设单位必须先提供一套工程竣工档案报请有关部门进行审查、验收。

工程档案资料由建设单位进行验收，属于向地方城建档案部门报送工程档案资料的建设项目还应会同地方城建档案部门共同验收。

国家、省（自治区、直辖市）重点建设项目或一些特大型、大型的环境工程建设项目的预验收和验收会，应由地方城建档案部门参加验收。

为确保工程档案资料的质量，各编制单位、监理单位、建设单位、地方城建档案部门、档案行政管理部门等要严格进行检查、验收。编制单位、制图人、审核人、技术负责人必须进行签字或盖章。对不符合技术要求的，一律退回编制单位进行改正、补齐，问题严重者可令其重做。不符合要求者，不能交工验收。

凡报送的工程档案资料，如验收不合格则将其退回建设单位，由建设单位责成责任者重新进行编制，待达到要求后重新报送。检查验收人员应对接收的档案负责。

地方城建档案部门负责工程档案资料的最后验收，并对编制报送工程档案资料进行业务指导、督促和检查。

（2）档案资料的移交　施工单位、监理单位等有关单位应在工程竣工验收前将工程档案资料按合同或协议规定的时间、套数移交给建设单位，办理移交手续。

竣工验收通过后 3 个月内，建设单位将汇总的全部工程档案资料移交地方城建档案部门。如遇特殊情况，需要推迟报送日期，必须在规定报送时间内向地方城建档案部门申请延期报送，并申明延期报送原因，经同意后办理延期报送手续。

7.3.5 环境工程建设项目档案资料的分类

环境工程建设项目文档资料在归档过程中应按照当地城建档案主管部门的有关要求进行。以下内容反映了一般性城建档案主管单位对工程建设过程档案资料的总体管理情况。

（1）基建文件　基建文件包括：①决策立项文件；②建设用地、征地、拆迁文件；③勘察、测绘、设计文件；④工程招投标及承包合同文件；⑤工程开工文件；⑥商务文件；⑦工程竣工备案文件；⑧其他文件。

（2）工程监理资料　工程监理资料包括：①监理合同类文件；②工程的监理管理资料；③监理工作记录；④监理验收资料。

（3）施工资料　施工资料包括：①施工管理资料；②施工技术资料；③施工物质资料；④施工测量记录；⑤工程施工记录；⑥施工试验记录；⑦施工验收资料；⑧竣工图；⑨工程资料、档案封面和目录。

复习思考题

1. 什么是环境工程项目的信息管理？其作用是什么？
2. 环境工程项目信息管理的过程和内容是什么？
3. 项目文档管理涉及哪几方的职责？

参考文献

[1] 杜小虎．浅谈建设工程项目管理的信息化管理．赤峰学院学报，2006，(5)．

[2] 蔡中辉．建设工程项目信息管理．北京：中国计划出版社，2007.

[3] 丛培经．工程项目管理．北京：中国建筑工业出版社，2006.

[4] 戚安邦．项目管理学．天津：南开大学出版社，2003.

[5] 成虎，陈群．工程项目管理．北京：中国建筑工业出版社，2009.

[6] 王祖和．现代工程项目管理．北京：电子工业出版社，2007.

[7] 杜晓玲．建设工程项目管理．北京：机械工业出版社，2007.

[8] 池仁勇等．项目管理．北京：清华大学出版社，2007.

[9] 宋伟，刘岗．工程项目管理．北京：科学出版社，2006.

[10] 宣卫红，张本业．工程项目管理．北京：中国水利水电出版社，知识产权出版社，2006.

第8章 环境工程设计阶段的项目管理

设计阶段项目管理的核心并不是对设计单位工作进行监督，而是通过建立一套沟通、交流与协作的系统化管理制度，帮助业主和设计方解决设计阶段设计单位与业主、政府有关建设主管部门、承包商等沟通和协调的问题，实现建设项目建设的经济、社会和环境效益的平衡。与实现其他阶段的项目管理职能不同，它具有一套特殊的管理措施和方法。本章内容包括设计阶段的项目管理概述、设计任务的委托及设计合同的管理、设计阶段的目标控制、设计协调和设计阶段信息管理。

8.1 设计阶段的项目管理概述

建设项目设计阶段是项目全寿命周期中非常重要的一个环节，它是在前期策划和设计准备阶段的基础上，通过设计文件将项目定义和策划的主要内容予以具体化和明确化，也是下一阶段建设的具体指导性依据。从建设项目管理角度出发，建设项目的设计工作往往贯穿于工程建设的全过程，从选址、可行性研究、决策立项，到设计准备、方案设计、初步设计、施工图设计、招投标以及施工，一直延伸到项目的竣工验收、投入使用以及回访总结为止。

8.1.1 设计过程的特点

要进行设计阶段的项目管理工作，先必须对设计过程的特点有所了解。设计过程具有以下三个方面的特点：

(1) 创造性　设计过程是一个创造过程，它是一个“无中生有”、从粗到细、从轮廓到清晰的过程。应当注意的是，在工程设计中，设计的原始构思就是一种创造，应最大限度地发挥建筑师的创造性思维。但是在整个设计过程中又并非所有的设计工作都是“无中生有”的，每个阶段的设计都应当是在上一阶段的设计成果及相关文件依据下进行的，设计阶段后期的重点是把设计的原始构思在优化的基础上进行细化，并将好的创意贯彻到底。

(2) 专业性　设计过程是一项高度专业化的工作，它是由各工程专业设计工种协作配合的一项工作，这表现在以下三个方面。

① 我国对设计市场实行从业单位资质、个人执业资格准入管理制度，只有取得设计资质的单位和取得执业资格的个人才允许进行设计工作。

② 工程建设项目的设计工作是一项非常复杂的系统工程，绝不是某一个人可以完成的。

③ 随着社会经济和技术的迅速发展，建设项目的规模越来越大，标准越来越高，越来越多的新技术、新材料得到应用，导致专业设计分工越来越细化。

(3) 参与性　主要针对业主方在设计阶段的参与性：业主要及时确认有关的设计文件和需要业主解决的其他问题，承担及时决策的责任。

8.1.2　设计阶段项目管理的类型

任何一个环境工程建设项目都需要投入巨大的人力、物力和财力等，并经历着项目的策划、厂址的选择、设计、施工等多个环节，最后才能投入使用，这些环节相互联系、相互制约。因此，从不同的角度可将设计阶段项目管理分为不同的类型，见表 8.1。

表 8.1　设计阶段项目管理的类型

分类方式	类型	分类方式	类型
按管理层次划分	宏观项目管理	按管理主体划分	业主方项目管理
	微观项目管理		设计方项目管理

(1) 按管理层次划分　按项目管理层次可以分为宏观项目管理和微观项目管理。宏观项目管理是指政府部门作为主体对工程项目活动所进行的管理，是以某一类或某一地区的项目为研究对象，不能特指一个具体的项目；微观项目管理是指项目参与方对项目活动进行的管理，是项目参与者为了各自的利益而以某一具体项目为对象进行的管理，本书中的管理属于这一类项目管理。

(2) 按管理主体划分　工程项目设计众多的相关方，不同的相关方对同一个工程项目承担着不同的任务和责任。因此，就形成了不同相关方的项目管理，主要分为业主方项目管理和设计方项目管理。

① 业主方项目管理　在设计阶段，业主方的项目管理类型主要有以下三种形式。

a. 设计阶段完全自管式项目管理　完全自管式项目管理是业主自己组织项目管理人员组成项目管理团队。这种形式的项目管理组织工作比较容易，但要求业主自身有较强项目管理力量，适用于拥有足够丰富经验的项目管理人员的业主，我国以前大部分项目的设计阶段管理都采用这种形式。

b. 委托式设计阶段的项目管理　委托式项目管理分为两种形式，即完全委托式和部分委托式，这两种委托方式又有很多不同。完全委托式是业主把设计阶段的项目管理完全委托给专业的项目管理公司，代替业主进行设计阶段的项目管理。委托式项目管理适用于业主方缺少经验丰富的设计项目管理人员，仅靠自己的力量难以完成设计阶段的项目管理任务的情况。

c. 混合式设计阶段的项目管理　混合式项目管理，是指由业主方的部分项目管理人员与项目管理公司的经验丰富项目管理人员，共同组成混合的设计阶段的项目管理团队。

② 设计方项目管理　设计单位受业主委托承担工程项目的设计任务，以设计合同所界定的目标和责任对设计项目进行的管理称为设计方项目管理，也就是设计单位对履行工程设计合同和实现设计单位经营方针目标而进行的设计管理，尽管其地位、作用和利益追求与项目业主不同，但是它也是环境工程设计阶段项目管理的重要组成

部分。

8.1.3 设计阶段项目的管理任务

设计阶段的项目管理从根本上来说，是为了保证建设项目目标的实现而进行的。因此，它的工作内容也是围绕着建设项目管理的核心任务：投资控制、质量控制、进度控制、安全管理、合同管理、信息管理和组织与协调而展开的。按照设计阶段项目管理的核心任务，可以确定设计阶段项目管理的工作内容，见表 8.2。

表 8.2 设计阶段项目管理的内容

内容 阶段	投资控制	进度控制	质量控制	安全管理	合同管理	信息管理	组织协调
方案设计 初步设计 施工图设计 技术设计	提出投资控制要求；监督投资控制的有效性	提出进度控制要求；监督、控制设计进度	提出质量设计要求；明确质量标准；监督、控制设计质量	提出安全设计要求；监督设计方案的安全性	签订合同；合同跟踪和管理	采集和处理相关信息	招标；监督；控制和协调

(1) 方案设计　方案设计是指建设方对项目实施目标的定位或设想，由建设方委托的设计单位提供总体规划构思或创意。方案设计阶段的目的是进行多方案比选，探讨最佳设计方案，在此阶段，根据环境工程的需要，一般有预可行性研究和可行性研究两个阶段。预可行性研究阶段的主要任务是阐明建设项目的必要性，提出建设项目的规模、技术标准、方案构思和投资估算，进行简要的工程经济效益、社会效益、环境效益分析，其成果是提出预可行性报告；可行性研究是指项目立项以后论证本工程项目的可行性，根据任务所要求的工程目的、规划设计要求和基础资料，对工程建设的技术可行性、经济合理性、实施可能性进行综合分析论证，并对方案进行比较和评价，其成果是提出可行性报告。可行性研究的深度比预可行性研究要深得多，具体得多。

(2) 初步设计　初步设计是在项目总体方案基本确定以后，根据已经批准的工程可行性研究报告进行编制。其主要任务是深化设计方案、明确工程规模、设计原则和标准，以及提出需要进一步解决的问题等。一般包括设计说明、设计图纸、主要设备系统设计、工程概算书，包括技术、经济指标。

与方案设计相比较，初步设计内容更全面、更详细。初步设计是整个设计过程最重要的部分。

(3) 施工图设计　施工图设计文件根据已经批准的初步设计文件进行编制，其主要任务是提供能满足施工、安装、加工和使用要求的设计图纸、设计说明和施工图预算等。施工图设计文件包括设计说明、专业设计图纸、根据设计合同要求而定的专业系统设计、技术规范、工程概算书。

施工图文件的深度应满足编制施工图预算及施工招标、材料设备订货、非标设备制作和施工安装的要求，并可以作为工程验收的依据。

(4) 技术设计　技术设计是针对技术复杂而又缺乏经验的建设项目所增加的一个设计阶段，对于一般常用技术和有经验的项目可以不进行技术设计。因此，技术设计是解决重大建设项目或者经主管部门指定项目中某些技术问题，在确定某些新技术方面需要进一步研究的问题所进行的一个设计阶段。在环境工程项目设计阶段它通常需要解决工艺流程试验、新型设备的试制等技术问题。

8.2 设计任务的委托及设计合同管理

8.2.1 设计任务的委托

随着社会经济的飞速发展，环境工程建设项目的规模越来越大，工程内容越来越复杂，技术要求越来越高。一项建设项目从决策、立项到完成，设计起着至关重要的作用。许多工程项目管理的实践证明，选择合适的设计委托模式，有利于项目的目标控制，是影响项目建设成败的重要因素之一。环境工程设计任务通常有以下几种委托模式。

(1) 设计平行委托模式　建设方把一个建筑工程项目的设计任务委托给多家具有相应设计资质的设计单位，其关系框图见图 8.1。

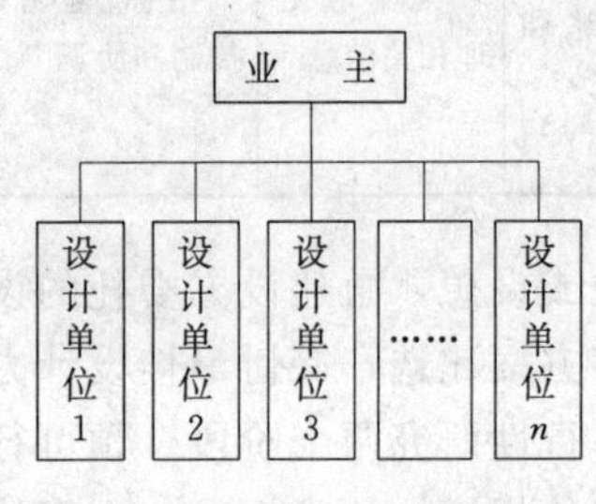

图 8.1　设计平行委托模式

本委托模式的特点是：建设方根据不同的设计专业分别与多家设计单位签订合同。建设方与各家设计单位签约的合同都是独立的，平行的。各设计单位对该项目的设计工作由建设方直接联系与管理。建设方直接控制各设计单位的设计进度和质量，设计酬金由建设方直接支付。此模式的优点是可以加快设计进度；甲方可以直接对设计分包发出修改或变更的指令。缺点是业主对于各家设计单位的协调工作量很大；分包合同较多，合同管理工作也较为复杂；由于各设计单位分别设计，因此较难进行总体的投资控制；参与单位众多也会给整体设计进度控制带来一定的难度。

(2) 设计总承包委托模式　建设方把一个建筑工程项目的设计任务委托给一家具有相应设计资质的设计单位承担。设计总包单位自行完成项目的全部设计工作，也可以把部分专业设计任务委托给其他专业设计单位完成。其关系框图见图 8.2。

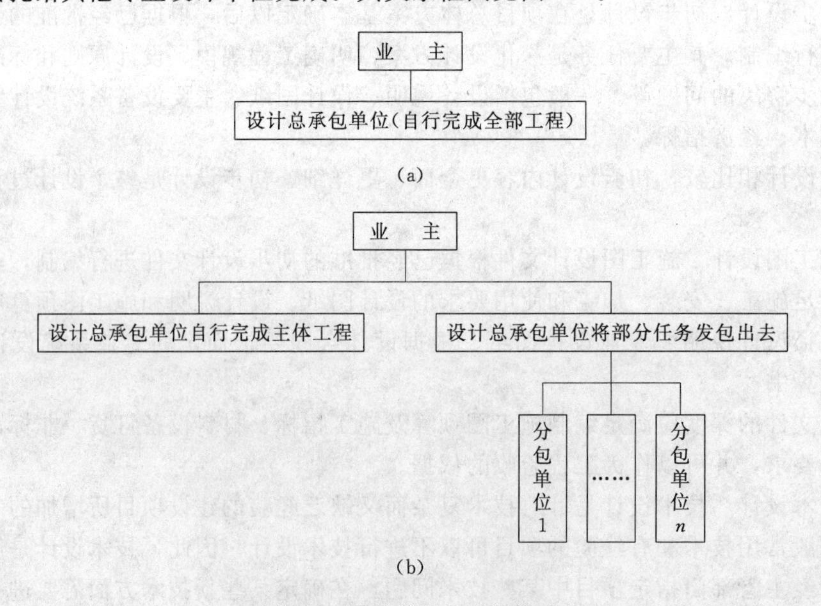

图 8.2　设计总承包委托模式

本委托模式的特点是：建设方只与一家设计单位签订设计合同，主体设计以及各专业设计均由该设计总承包单位自行完成，或者由该设计总承包单位负责主体等设计，而将部分专业设计的工作分包给其他专业设计单位。专业分包设计单位由设计总承包单位自行选择或与建设方共同选定。由设计总承包单位与各分包单位签订专业设计合同，设计分包单位对设计总承包单位负责。各专业设计的协调、配合工作由设计总承包单位全权负责。

该模式中，业主只与牵头的设计总包单位签约，由设计总包单位与其他设计单位签订总分包的合同。其优点是由于有设计总包单位的参与，业主方设计协调的工作量大大减少；由于业主方只有一个和总包单位的设计合同，因此合同管理较为方便。其缺点是总包单位选取很重要，如果由主要承担施工图设计的单位承担，很难对方案设计单位进行有效控制，如果由承担方案设计的设计单位承担，对于后期控制也不利，必须慎重考虑；业主对设计分包单位的指令是间接的，直接指令必须通过总包单位，管理程序比较复杂。

（3）设计总承包＋专业分包委托模式　建设方将设计任务委托给设计总承包单位以及各专业设计分包单位。这种模式实际上是上述第一种模式（设计平行委托）和第二种模式（设计总承包）的组合。本模式的特点是：建设方把设计任务委托给一家设计单位作为设计总承包，由承担总承包的设计单位承担主体设计任务，把部分专业设计任务委托给建设方指定的设计单位。这些指定的专业分包单位与建设方、设计总承包单位签订合同，形成如平行委托的模式。其关系框图见图 8.3。

建设方、设计总承包单位、指定设计分包单位签订三方或多方合同。合同中约定了设计总承包的职责，整个设计项目的质量、进度以及协调工作由设计总承包单位负责，指定设计分包单位纳入设计总承包单位的管理范畴，设计总承包单位适当收取设计总承包管理费。

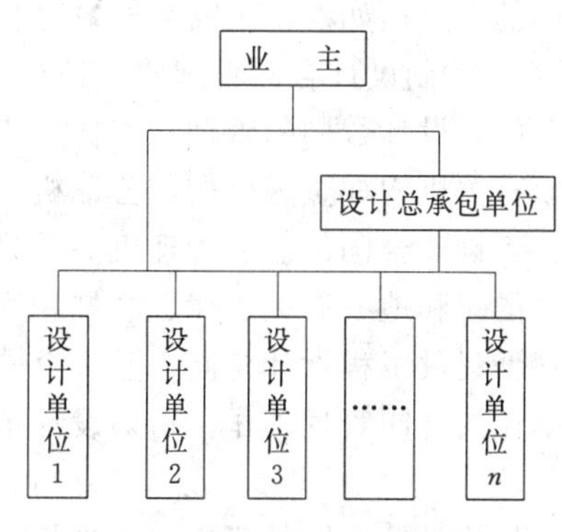

图 8.3　设计总承包＋专业分包委托模式

（4）设计联合体模式　在这种模式中，业主与由两家以上设计单位组成的设计联合体签署一份设计委托合同，各家设计单位按照合作协议分别承担设计任务，通常是按照设计阶段分别承担的。本模式的特点是：组成的设计联合体是为了共同完成某一工程项目设计任务而组成的临时性组织。合同约定的任务完成后，该联合体便解散。联合体各组成单位作为合同当事人共同的一方与建设方签订合同。本模式有利于发挥各设计单位的优势，有利于各设计单位的配合协调。联合体模式被认为是项目参与单位在进行项目管理活动时，冲突矛盾较少的一种模式。它的目的是给各方创造一个“双赢”的局面。如果联合体内部的问题没有处理好，对设计与工程进度、质量的影响也就不可避免。其关系框图见图 8.4。

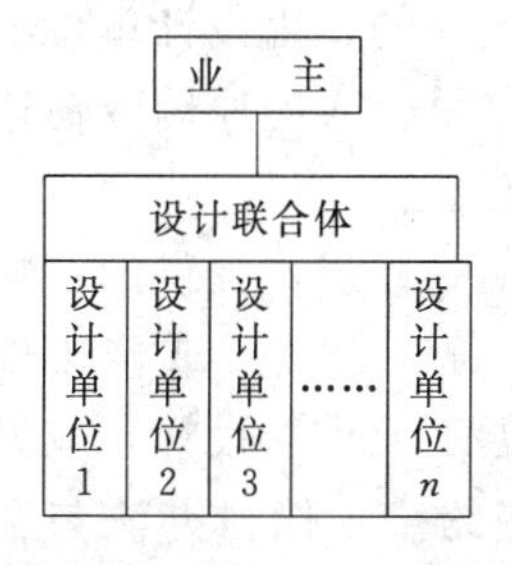

图 8.4　设计联合体委托模式

8.2.2　设计合同管理

合同管理是建设工程项目管理中的重要内容之一，设计合同管理是指建设项目取得批文后，从编制设计任务书开始，直至完成施工图设计、变更处理、配合施工和调试移交的全过程。设计阶段业主签订的任何合同，都与项目的投资、进度和质量有关，因此，项目管理中应该充分重视合同管理。

（1）对设计合同进行管理的依据

① 建设项目设计阶段项目管理委托合同。

② 批准的可行性研究报告及设计任务书。

③ 建设工程设计合同。

④ 经批准的选址报告和规划部门批文。

⑤ 工程地质、水文地质资料及地形图。

(2) 合同管理的任务　设计阶段合同管理包括各方职责界定、多方合作设计、进度配合、合同样本简介、法定责任和专业保险。具体内容包括以下几方面。

① 分析、论证项目实施的特点及环境，编制项目合同管理的初步规划。

② 分析项目实施的风险，编制项目风险管理的初步方案。

③ 从合同管理的角度为设计文件的编制提出建议。

④ 根据方案优选的结果，提出并确定设计合同的结构。

⑤ 选择标准合同文本，起草设计合同及特殊条款，进行设计合同的谈判、签订。

⑥ 从目标控制的角度分析设计合同的条款，分析合同执行过程中可能出现的风险以及如何进行风险转移，制定设计合同管理方案。

⑦ 进行设计合同执行期间的跟踪管理，包括合同执行情况检查，以及合同的修改、签订补充协议等事宜。

⑧ 分析可能发生索赔的原因，制定防范性对策，编制索赔管理初步方案，以减少索赔事件的发生；如发生索赔事件，对合同纠纷进行处理。

⑨ 编制设计合同管理的各种报告和报表。

(3) 设计合同的管理和监督　建设工程设计合同的管理除委托方、设计方自身管理外，国家有关机构如金融机构、公证机关、主管部门等依据职权划分，也可以对设计合同行使管理权。设计合同的监督管理机关是建设行政主管部门和工商行政管理部门，其主要职能是：贯彻国家和地方有关法律、法规和规章；制定和推荐使用建设工程勘察设计合同文本；审查和签证建设工程设计合同、监督合同履行，调解合同争议，依法查处违纪违法行为；指导设计单位的合同管理工作，培训设计单位的合同管理人员，总结交流经验，表彰先进的合同管理单位。

签订设计合同的双方，应当将合同文本送所在地省级建设行政主管部门或其授权机构备案，也可以到工商管理部门办理合同签证。在签订、履行合同过程中，有违反法律、法规，扰乱建设市场秩序的，建设行政主管部门和工商行政主管部门将依照各自职责，依法给予行政处罚。构成犯罪的，提请司法机关追究其刑事责任。当事人对行政处罚决定不服的，可以依法提起行政复议或行政诉讼，对复议决定不服的，可以向人民法院起诉。逾期不申请复议或向人民法院起诉，又不执行处罚决定的，由做出处罚的部门申请人民法院强制执行。

(4) 设计合同双方的责任　设计合同承包人违反合同规定的，应当承担以下违约责任：设计质量低劣引起的返工或未按期提交设计文件拖延工期造成发包人损失的，由设计单位继续完善设计任务，并应视造成损失大小减收或免收设计费并赔偿损失。承包人的原因致使建设工程在合同期限内造成人身和财产损害的，承包人应当承担损害赔偿责任。

设计合同发包人违反合同规定的，应当承担以下违约责任：由于变更计划，提供的资料不正确，未按期提供设计必需的资料或工作条件而造成设计的返工、停工、窝工或修改设计，发包人应按实际消耗的工作量增付费用。因发包人责任造成重大返工或重新设计，应另行增加设计费。发包人超过合同规定的日期付费时，应偿付逾期的违约金。偿付办法与金额，由双方按照国家的有关规定协商，在合同中说明。

(5) 设计合同变更　设计文件批准后，就具有一定的严肃性，不得任意修改和变更。如果必须修改，则必须经有关部门批准，其批准权限要根据修改内容所涉及的范围而定。如果修改的部分是属于可行性研究报告的内容，则必须经可行性研究报告的原批准单位批准；如果修改部分属于初步设计的内容，必须经原设计的批准单位批准；施工图设计的修改，必须经设计单位批准。

发包人因故要求修改工程设计，经承包人同意后，除设计文件提交时间另定外，发包人还应按承包人实际返工修改的工作量增付设计费。

8.3 设计阶段的目标控制

环境工程项目目标控制包括极其丰厚的内涵，从理论上讲，它几乎涉及工程项目管理的所有内容，一般情况下，人们习惯将它归纳为三大控制，即投资控制、进度控制和质量控制。这主要是由项目管理的三大目标引导而来的。目标控制是贯穿于整个项目的综合性管理工作，也是难度极高的工作。

8.3.1 设计阶段投资控制

设计过程是投资控制最为关键的阶段。设计过程投资控制不单纯是项目经济方面的工作，而且是包括组织措施、经济措施、技术措施、合同措施在内的一项综合性工作。

（1）设计阶段投资控制的意义　建设项目投资控制的目标是使项目的实际总投资不超过项目的计划总投资。建设项目投资控制贯穿于建设项目管理的全过程，即从项目立项决策直至工程竣工验收，在项目进展的全过程中，以循环控制的理论为指导，进行计划值和实际值的比较，发现偏离及时采取纠偏措施。

（2）设计阶段投资控制的任务　在投资和工程质量之间，工程质量是核心，投资的大小和质量要求的高低直接相联系。因此，在满足现行技术规范标准和业主要求的条件下，也要符合投资和工程质量的要求。工程项目建设通常是分阶段进行的，主要包括初步设计阶段、技术设计阶段、施工图设计阶段等。统计数据表明，初步设计阶段的费用虽然只占工程费用的1%左右，但在决策正确的条件下，它对工程造价的影响达70%以上。设计阶段投资控制的主要任务按照设计阶段不同分述如下。

① 初步设计阶段

a. 编制、审核初步设计任务书中有关投资控制的内容。

b. 审核项目设计总概算，并控制在总投资计划范围内。

c. 采用价值工程方法，挖掘节约投资的可能性。

d. 编制本阶段资金使用计划并控制其执行。

e. 比较设计概算与修正投资估算，编制各种投资控制报表和报告。

② 技术设计阶段

a. 对重大技术问题进一步深化设计，以作为施工图设计的依据。

b. 编制修正预算，修正投资控制额，控制目标应不突破初步设计阶段确定的概算。

③ 施工图设计阶段

a. 根据批准的总投资概算，修正总投资规划，提出施工图设计的投资控制目标。

b. 编制施工图设计阶段资金使用计划并控制其执行，必要时对上述计划提出调整建议。

c. 跟踪审核施工图设计成果，对设计从施工、材料、设备等多方面做必要的市场调查和技术经济论证，并提出咨询报告，如发现设计可能会突破投资目标，则协助设计人员提出解决办法。

d. 审核施工图预算，如有必要调整总投资计划，采用价值工程的方法，在充分考虑满足项目功能的条件下进一步挖掘节约投资的可能性。

e. 比较施工图预算与投资概算，提交各种投资控制报表和报告。

f. 控制设计变更，注意审核设计变更的结构安全性、经济性等。

g. 审核、分析各投标单位的投标报价。

h. 通过施工图预算审查，确定项目的造价，控制目标应不突破技术设计阶段确定的设计概算。

(3) 设计阶段投资控制的方法

① 设计阶段投资控制基本原理　设计阶段投资控制的主要依据是动态控制原理，即在项目设计的各个阶段，分析和审核投资计划值，并将不同阶段的投资计划值和实际值进行动态跟踪比较，当其发生偏离时，分析原因，采取纠偏措施，使项目设计在确保项目质量的前提下，充分考虑项目的经济性，使项目总投资控制在计划总投资范围之内。

② 价值工程　价值工程是对现有技术的系统化应用策略，它通过辨识产品或服务的功能，确定其经济成本，进而在可靠地保障其必要功能前提下实现其全寿命周期成本最小化这三个主要步骤来完成。它于20世纪60年代应用于建筑业，并逐步从施工、采购阶段拓展到设计、运营和维护阶段，甚至向前延伸到项目前期的决策阶段。

价值工程对于项目的意义在于为业主增值，不仅是经济方面，设计过程中，价值工程在投资控制中产生的效益是非常明显的。对建设项目投资影响最大的是设计过程，如果等到施工过程再应用价值工程来提高建设项目的价值是很有限的。要使建设项目的价值得以大幅度的提高，以获得较好的经济效益，必须首先在设计阶段应用价值工程，使建设项目的功能与投资合理匹配。

8.3.2 设计阶段进度控制

工程设计作为工程项目实施阶段的一个重要环节，设计周期是建设工期的重要组成部分。因此，为了实现建设工期进度总目标，就必须对设计进度进行控制。建设工程设计阶段进度控制最终目标是按质、按量、按时提供设计文件，这对保证工程总工期计划的实现有着关键的作用。

(1) 设计阶段进度控制的目标　设计进度控制的目标就是按质、按量、按时间要求提供施工图设计文件。具体包括以下内容。

① 设计准备目标　规划设计条件确定的时间目标和设计基础资料提供目标。

② 时间目标　方案设计、初步设计、技术设计、施工图设计交付的时间。

③ 各有关阶段设计审批目标　它与设计质量、审批部门工作效率及送审人员的工作态度等有关，特别是设计单位的配合要积极主动。审批手续完成，才是设计各阶段的目标实现。

(2) 设计阶段进度控制的任务　建设项目前一阶段的成果应在下一阶段开始前提交，一般不允许“三边”工程出现（边决策、边设计、边施工），否则可能会造成错误的累积。进度控制的主要任务按照设计阶段不同分述如下。

① 设计准备阶段

a. 收集有关工期的信息，进行工期目标和进度的控制决策。

b. 编制工程项目总进度计划。

c. 编制设计准备阶段详细工作计划，并控制其执行。

d. 进行环境及施工现场条件的调查和分析。

② 设计阶段

a. 编制设计阶段工作计划，并控制其执行。

b. 编制详细的出图计划，并控制其执行。

③ 施工图设计阶段

a. 编制施工图设计进度计划，审核设计单位的出图计划，如有必要，修改总进度规划，并控制其执行。

b. 协助业主编制甲供材料、设备的采购计划，协助业主编制进口材料、设备清单，以便业主报关。

c. 督促业主对设计文件尽快做出决策和审定，防范业主违约事件的发生。

d. 协调主设计单位与分包设计单位的关系，协调主设计与装修设计、特殊专业设计的关系，控制施工图设计进度满足招标工作、材料及设备订货和施工进度的要求。

e. 比较进度计划值与实际值，提交各种进度控制报表和报告。

f. 审核招标文件和合同文件中有关进度控制的条款。

g. 控制设计变更及其审查批准实施的时间。

h. 编制施工图设计阶段进度控制总结报告。

④ 施工阶段

a. 根据施工总进度计划，补充完整设计图纸，包括施工详图。

b. 及时处理变更设计及施工签证。

c. 及时配合施工总包招标、专业分包招标和材料、设备招标，编写工料技术规范或技术标书。

d. 及时审核专业分包商送呈的设计图纸。

(3) 设计阶段进度控制的方法　设计阶段进度控制的方法是规划、控制和协调。规划是指编制、确定项目设计阶段总进度规划和分进度目标；控制是指在设计阶段，以控制循环理论为指导，进行计划进度与实际进度的比较，发现偏差，及时采取纠偏措施；协调是指协调参加单位之间的进度关系。在设计单位提交的设计进度的基础上，综合考虑施工、设备采购衔接的问题，与设计单位一起确定项目设计各阶段进度计划，编制进度总计划，逐步细化编制年度进度计划；严格控制设计进度，对设计单位出图进度进行跟踪管理，并根据设计实际进展情况，及时对进度计划做调整。同时，要推进影响设计工作的决策、报审、勘察等工作，并协助设计单位解决出现的问题。

对于进度控制工作，应明确一个基本思想：计划的不变是相对的，变是绝对的；平衡是相对的，不平衡是绝对的。为了针对变化采取措施，要利用计算机作为辅助工具定期地调整进度计划。

(4) 影响设计阶段进度控制的因素　建设工程设计工作属于多专业协作配合的智力劳动，在工程设计过程中，影响其进度的因素很多，主要有以下几方面。

① 建设意图及要求改变的影响　建设工程设计是本着建设方的建设意图和要求而进行的，所有的工程设计必然是建设方意图的体现。因此，在设计过程中，如果建设方改变其建设意图和要求，就会引起设计单位的设计变更，必然会对设计进度造成影响。

② 设计审批时间的影响　建设工程设计是分阶段进行的，如果前一阶段的设计文件不能顺利获得批准，必然会影响下一阶段的进度。因此，设计审批时间的长短，在一定条件下将影响设计进度。

③ 工程变更的影响　除了建设方提出的变更要求，工程实施的过程中，如果已施工或未施工的部分发现问题，也需要进行设计变更。由于设计变更需要时间，必然会影响设计工作的进度。

④ 设备选用失误的影响　在采购、施工过程中会有设备选用的问题。由于设备选用失误而造成原有设计文件失效、重新设计，会造成设计进度受影响。

8.3.3　设计阶段质量控制

环境工程项目设计阶段是影响项目质量的决定性环节，没有高质量的设计就没有高质量的项目。在项目设计过程中，应针对项目的特点，根据决策阶段已确定的质量目标和水平，使其具体化。设计质量是一种适合性质量，通过设计，应使项目质量适应项目的使用要求，以实现项目的使用价值和功能；应使项目质量适应项目环境的要求，使项目在其生命周期内安全可靠；应使项目质量适应用户的要求，使用户满意。

(1) 设计质量控制目标　设计质量目标分为直接效用质量目标和间接效用质量目标两方面，这两种目标表现在建设项目中都是设计质量的体现。直接效用质量目标和间接效用质量目标及其表现形式共同构成了设计质量目标体系。

① 直接效用质量目标包括以下内容：符合规范要求；满足业主功能要求；符合市政部门要求；达到规定的设计深度；具有施工和安装的可建造性。

② 间接效用质量目标包括以下内容：建筑新颖；使用合理；功能齐全；结构可靠；经济合理；环境协调等。

(2) 设计阶段质量控制的任务

① 审查设计基础资料的正确性和完整性。

② 编制设计招标文件，组织设计方案优选。

③ 审查设计方案的先进性和合理性，确定最佳设计方案。

④ 督促设计单位完善质量保证体系，建立内部专业交底及专业会签制度。

⑤ 进行设计质量跟踪检查，控制设计图纸的质量。在初步设计和技术设计阶段，主要检查生产工艺及设备选型，总平面布置，建筑与设施的布置，采用的设计标准和主要技术参数；在施工图设计阶段，主要检查计算是否有误，选用的材料和做法是否合理，标注的各部分设计标高和尺寸是否有误等。

(3) 设计阶段质量控制的方法　设计阶段质量控制与投资控制、进度控制一样，也应该进行动态控制，通常是通过事前控制和设计阶段成果优化来实现的。其最重要的方法就是在各个设计阶段前编制一份好的设计要求文件，分阶段提交给设计单位，明确各阶段设计要求和内容，在各阶段设计过程中和结束后及时对设计提出修改意见，或对设计进行确认。常用的方法是方案优选、价值工程等。

8.4　设计协调

协调是使两个或两个以上的单位及个人配合适当、步调一致的行为过程，是各种关系显现和谐、适应、互补、统一等状态的过程。协调是项目成功的重要保证。为了实现项目的目标，协调工作需要围绕项目的中心任务和重点工作，保持和加强项目有关组织上下、左右、前后各方面的沟通和联络，及时调解各种矛盾或冲突。通过协调可使矛盾着的各个方面居于统一体中，使组织界面明确清晰、和谐一致，使系统结构均衡，使项目实施和运行过程顺利。

(1) 协调的性质　协调作为管理的本质，主要具有以下几个方面的性质。

① 普遍性　协调活动存在于项目的一切管理活动中，存在于项目管理活动的全过程之中。也就是说，协调作为一种管理方法贯穿于整个项目管理过程中。

② 主动性　由于项目的一次性以及项目的独特性，每一项目所需要协调的内容都是全新的，这就要求项目的管理者要有高度的责任心，在自己的管理范围内要主动发现问题，积极热情协调各方，并使所需协调的问题迅速解决。

③ 及时性　项目的一次性要求，在项目设计过程中要及时发现问题并解决问题，防止矛盾激化，减少损失。

④ 妥善性　对需要协调的问题不能就事论事，而要标本兼治。

⑤ 简捷性　管理者进行协调的工作方法要简捷，切实可行。

⑥ 满意性　通过协调，不仅使问题得到解决，而且同时要使有关单位、部门、人员感到满意才可以。

(2) 设计协调的内容与任务

① 设计协调的内容

a. 中方设计单位与外方设计单位的协调；

b. 设计内部各专业间的协调；

c. 主设计方与其他参与方的协调；

d. 设计方与施工方的协调；

e. 设计方与材料设备供应方的协调。

② 设计协调的任务　在设计阶段，业主方或其聘请的项目管理公司应通过设计协调，协助和确保设计单位做好以下工作：

a. 编制和及时调整设计进度计划；

b. 督促各工种人员参加相关设计协调会和施工协调会；

c. 及时进行设计修改，满足施工要求；

d. 协助和参与材料、设备采购以及施工招标。

(3) 设计协调的方法

① 制度式协调　按规章制度、组织程序进行协调解决。如果在某一环节上发生问题，责任者既不主动解决，又不向上级报告，则应按规章制度追究其责任。

② 例会式协调　由一个组织的主要领导者牵头，组织有关部门以定期召开例会的方法，来协调各部门之间的关系。

③ 精简合并式协调　将工作性质相近、管理业务相连的职能科室进行调整、合并，同时精简有关人员，就会减少横向摩擦，从而提高工作效率。

④ 职责连锁式协调　组织之间、组织内部各部门之间、上下级各层次之间要分工协作，明确责、权、利，使之环环相扣。

8.5　设计阶段信息管理

在环境工程项目的建设过程中，会产生大量的信息和数据，并且，随着工程的进展，与其有关的信息量也将逐渐增加。如何对环境工程建设项目的信息和数据进行收集、处理、存储、分析及提供利用服务，将对工程项目的最终目标产生重要的作用和影响。设计阶段信息管理是工程项目管理的工作任务之一。信息管理的目的就是要通过有效的信息规划和组织，使项目管理人员能够及时、准确地获得进行项目规划、项目控制和管理决策所需的信息。

（1）设计阶段信息管理的主要任务

① 建立设计阶段的工程信息的编码体系。

② 建立设计阶段信息管理制度，并控制其执行。

③ 进行设计阶段各类工程信息的收集、分类归档和整理。

④ 运用计算机作为项目信息管理的手段，随时向业主方提供有关项目管理的各类信息，并提供各类报表和报告。

⑤ 协助业主建立有关会议制度，整理各类会议记录。

⑥ 督促设计单位整理工程技术经济资料和档案。

⑦ 填写项目管理工作记录，每月向业主递交设计阶段的项目管理工作月报。

（2）设计阶段的信息收集　在环境工程设计阶段，信息收集应从以下几个方面进行。

① 同类项目相关信息　如建设规模、结构形式、工艺和设备的选型、地基处理方式和实际效果、技术经济指标等。

② 拟建项目所在地相关信息　如污水处理厂选址处的地质水文情况、地形地貌、地下埋设等周围环境。

③ 勘察设计单位相关信息　如同类项目完成情况和实际效果、完成该项目的能力、人员和设备投入情况、专业配套能力、质量管理体系完善情况、设计文件质量、合同履约情况等。

④ 设计进展相关信息　如设计进度计划、设计合同履行情况、不同专业之间设计交接情况、规范和标准的执行情况、设计概算和施工图预算结果、各设计工序对投资的控制、超限额的原因等。

设计阶段信息收集的范围广泛，不确定因素较多，难度较大，要求信息收集者要有较高的技术水平和一定的相关经验。

（3）设计阶段项目信息代码系统的建立　建立设计阶段信息代码系统对项目设计阶段的信息进行分类和管理，是进行有效信息管理的基础。项目信息代码系统应有助于提高信息的结构化程度，方便使用，并且应做到与企业信息编码保持一致。有效的信息管理是以与用户友好和较强表达能力的资料特征为前提的。在项目设计阶段，就应专门研究、建立该项目的信息编码体系。最简单的编码形式是用序数，但是它没有较强的表达能力，不能表示信息的特征。一般项目编码体系有如下要求：

① 统一的、对所有资料适用的编码系统；

② 能区分资料的种类和特征；

③ 能“随便扩展”；

④ 对人工处理和计算机处理有同样的效果。

一般情况下，环境工程设计阶段项目管理中信息编码包括如下几个部分。

① 有效的范围：说明资料的有效使用范围。

② 资料种类：形态不同的资料比如图纸，资料的特点等。

③ 内容和对象：资料的内容和对象是编码的着重点。

④ 日期/序号：相同有效范围、相同种类、相同对象的资料可通过日期或序号来区别。

(4) 设计文档管理　环境工程项目的文档管理是工程项目信息管理系统的重要组成部分。文档管理，最关键的是有完善的管理制度并持之以恒地坚决执行。文档系统的建立包括以下几部分。

① 建立合理的文档分类体系：文档分类不但要合理，而且要有系统性。

② 建立文档资料编码体系：文档管理的重要功能之一是检索和查阅，实现方便快捷检索查询功能的手段是建立一个科学的合理的文档资料编码体系。

③ 建立文档资料收发、登记和处理制度：明确文档资料处理流程，避免造成混乱和延误。

复习思考题

1. 环境工程设计阶段项目管理的任务主要有哪些？
2. 设计过程具有哪些特点？
3. 设计阶段的项目管理包括哪些内容？
4. 设计阶段目标控制的内容、任务和方法是什么？

参 考 文 献

[1] 陆惠民．工程项目管理．南京：东南大学出版社，2010.
[2] 成虎，陈群．工程项目管理．北京：中国建筑工业出版社，2009.
[3] 丛培经．工程项目管理．北京：中国建筑工业出版社，2006.
[4] 戚安邦．项目管理学．天津：南开大学出版社，2003.
[5] 中华人民共和国建设部．中华人民共和国国家标准：建设工程项目管理规范．北京：中国建筑工业出版社，2006.
[6] 孙占国，徐帆．建设工程项目管理．北京：中国建筑工业出版社，2007.
[7] 全国一级建造师执业资格考试用书编写委员会．建设工程项目．北京：中国建筑工业出版社，2010.
[8] 王祖和．现代工程项目管理．北京：电子工业出版社，2007.
[9] 彭尚银，王继才．工程项目管理．北京：中国建筑工业出版社，2005.
[10] 尹贻林．工程造价计价与控制．北京：中国计划出版社，2003.

第9章 环境工程发包与物资采购的项目管理

环境工程发包与物资采购是建设项目实施阶段的一项重要内容，它贯穿于项目实施过程的多个环节，即发包与物资采购工作分散在建设项目的设计准备阶段、设计阶段和施工图设计阶段等环节。本章所述物资采购与一般意义上的商品采购含义是不同的，它是指从项目系统外部获得项目所需的货物，具体是指购买环境工程建设项目所需的水处理设备、材料及与之相关的服务等，属于有形采购。本阶段项目管理工作的成效，不仅可以促进项目的顺利实施和按期完成，而且可以有效地降低项目的成本。因此，应对本阶段的项目管理给予高度的重视。

9.1 环境工程发包与物资采购项目管理的任务

在环境工程发包与物资采购过程中，工程发包与物资采购工作主要是在设计阶段完成后进行的，许多物资采购工作也可能在施工阶段进行，而设计招标或工程总承包单位的选择也可能在设计准备阶段或设计进行到一定阶段才进行。此阶段项目管理的任务主要包括以下几个方面：投资控制、进度控制、质量控制、合同管理、信息管理、组织与协调等。

（1）投资控制　主要包括以下几个方面：

① 审核项目投资概算和施工图预算；

② 编制和审核标底；

③ 将标底与初步设计概算或者施工图预算进行比较，分析是否存在偏差以及存在偏差的原因，并采取相应的控制措施；

④ 审核招标文件和合同文件中有关投资的条款，从有利于投资控制的角度选择确定招标文件和合同文件的有关条款；

⑤ 对各投标文件中的主要施工技术方案做必要的技术经济比较论证，寻求最经济的技术方案，在招标文件中也可以加入鼓励投标人进行价值工程的条款，通过优化设计和施工方案，加快进度，降低造价；

⑥ 审核、分析各投标单位的投标报价，并进行对比分析，寻求最低评标价格；

⑦ 对投资控制工作进行分析总结，提出投资控制报告；

⑧ 在评标及合同谈判过程中继续寻求节约投资的可能性。

（2）进度控制　主要包括以下几个方面：

① 编制工程发包与物资采购工作的详细进度计划，并控制其执行；

② 编制施工总进度规划，并在招标文件中明确工期总目标；

③ 审核招标文件和合同文件中有关进度的条款；

④ 审核、分析各投标单位的进度计划，审核其是否符合施工总进度规划和工期总目标的要求，审核其施工进度计划是否合理；

⑤ 定期提交进度控制报告；

⑥ 参加评标及合同谈判。

(3) 质量控制　主要包括以下几个方面：

① 审核初步设计和施工图设计，保证设计质量；

② 审核招标文件和合同文件中有关质量控制的条款；

③ 审核、分析各投标单位的质量计划；

④ 定期提交质量控制报告；

⑤ 参加评标及合同谈判。

(4) 合同管理　主要包括以下几个方面：

① 合理划分子项目，明确各子项目的范围；

② 确定项目的合同结构；

③ 策划各子项目的发包方式和各种物资的采购模式；

④ 起草、修改或审核施工承包合同以及甲供材料、设备的采购合同；

⑤ 参与合同谈判工作。

(5) 信息管理　主要包括以下几个方面：

① 起草、修改各类招标文件；

② 建立项目的结构和各子项目的编码，为计算机辅助的进度控制、投资控制奠定基础；

③ 招投标过程中各种信息的收集、分类与存档。

(6) 组织与协调　主要包括以下几个方面：

① 组织对投标单位的资格预审；

② 组织发放招标文件，组织投标答疑；

③ 组织对投标文件的预审和评标；

④ 组织、协调参与招投标工作的各单位之间的关系；

⑤ 组织各种评标会议；

⑥ 向政府主管部门办理各项审批事项；

⑦ 组织合同谈判。

9.2 环境工程项目采购规划

环境工程项目采购规划是项目管理总体规划的一个重要的组成部分，是指导项目采购各项工作的基础，也是用于控制和检查、监督管理的基础。项目采购是一项很复杂的工作，它不但要遵循一定的采购程序，更重要的是项目组织及其采购代理人在实施采购前必须清楚地知道所要采购的货物或服务的各种类目、性能规格、质量、数量，必须了解并熟悉市场价格和供求情况、所需货物或服务的供求来源等情况，上述几个方面，都必须在采购准备及实施采购过程中细致而妥善地做好。稍有不慎，就可能导致采购工作的延迟，不能采购到满意的货物或服务，从而造成损失，影响项目的顺利完成。

环境工程项目采购规划应该包括在项目管理总体规划中，在项目实施的开始阶段就要编制，并随着项目的进展不断调整。

(1) 项目物资采购规划的工作　按照如下步骤制订：

① 首先将项目分解，并列举所有需要采购的内容；

② 对采购内容进行分类，可以按照工程、货物、服务来划分；

③ 对采购内容进行分解或打包合并，确定合同包；

④ 选择确定采购的方法，如采用国际竞争性招标、国内竞争性招标、询价采购等方法；

⑤ 制订采购工作的进度计划。

(2) 在进行项目分解与合同打包时要考虑的因素

① 将类似的产品或服务放在一起考虑，实行批量采购往往容易获得更加优惠的报价；

② 工程进度计划和采购计划的安排，计划先实施的工程或先安装的设备要先采购，采购工作量要适当均衡，不能过于集中；

③ 合同额度要适中，如果太大，会限制投标人的条件，导致够格的投标人数量太少；如果太小，则许多承包商缺乏投标的兴趣，也会导致竞争不足。

(3) 物资采购规划管理的计划　采购管理计划应当说明具体的采购过程将如何进行管理，包括以下几个方面：

① 应当使用何种类型的合同；

② 是否需要有独立的估算作为评估标准，由谁负责，以及何时编制这些估算；

③ 项目实施组织是否有采购部门，项目管理组织在物资采购过程中自己能采取何种行动；

④ 是否需要使用标准的采购文件，从哪里找到这些文件。

(4) 物资采购规划的内容　物资采购规划是指确定项目需求以从实施组织之外采购产品或服务的过程。它是整个采购过程的第一步，包括项目的采购方式、采购的预测成本、时间的安排、各种采购的相互衔接、采购如何与项目的其他方面相协调等。项目采购规划规定了如何从项目组织的外部获取资源以便最好地满足项目需求。项目采购规划的内容主要包括以下几个方面。

① 采购什么，即采购的对象及其品质，这是由资源需求计划和各种资源需求的描述决定的。

② 何时采购，即采购的时间，如果采购过早，会增加库存的成本；如果采购过晚，则会由于库存不足而使项目停工待料，采购时间的决定可以采用经济订货点等方法。

③ 如何采购，即采购过程中采用的工作方式，是自制还是外购，采用招标采购还是非招标采购，选择何种合同类型等。

④ 采购多少，即采购的数量，可以通过经济订货量分析来确定采购数量。

⑤ 从何处采购，即选择适当的供应商作为项目的供应来源，这时要满足两个条件：一是经济性，也就是在供应来源中选择成本最小的；二是可获得性，供应商必须能够及时提供项目所采购的物料、工程或服务。

⑥ 以何种价格采购，即以适当的价格获得所需的资源，项目团队要在资源质量和交货期限的限制条件下，寻求最低的合同价格。

根据环境工程的特点和要求，物资采购的内容包括建筑材料、工艺设备、电气设备、仪表和监控设备、分析化验设备、热水器和空调等。采购物资质量的好坏和价格的高低，对环境工程项目建设的质量和经济效益都有直接而重大的影响。

9.3 资格审查

招标人可以根据招标项目本身的特点和要求，在招标邀请书中要求投标申请人提供有关资质、业绩和能力等的证明，并对投标申请人进行审查。资格审查分为资格预审和资格后审。

资格预审是指招标人在招标开始之前或者开始初期，由招标人对申请参加投标的潜在投标人的资质条件、业绩、信誉、技术、资金等多方面的情况进行资格审查；经认定合格的潜在投标人，才可以参加投标。通过资格预审可以使招标人了解潜在投标人的资信情况；通过资格预审，可以有效地控制投标人的数量，减少多余的投标，从而降低招标和投标的无效成本；通过资格预审，招标人可以了解潜在投标人对项目投标的兴趣。如果潜在投标人的兴趣大大低于招标人的预料，招标人可以修改招标条款，以吸引更多的投标人参加竞争。

资格后审一般是在开标后对投标人进行的资格审查，包括投标人资质的合格性审查和所提供货物的合格性审查两个方面。

(1) 对投标人资质的合格性审查　投标人填报的“资格证明文件”应能表明其有资格参加投标和一旦中标后有履行合同的能力。如果投标人是生产厂家，其必须具有履行合同所必需的财务、技术和生产能力；若投标人按照提供的货物不是自己制造或生产的，则应提供货物制造商正式授权同意提供该货物的证明材料。要求投标人提交供审查的证明资格的文件，包括营业执照的复印件、法人代表的授权书或制造商的授权信、银行出具的资格证明、产品鉴定书、生产许可证、制造商的资格证明等。

除了厂家的名称、地址、注册或成立的时间、主管部门等情况外，还应包括下述内容，比如职工情况调查、近期资产负债表、生产能力调查、今年该货物主要销售给国内外单位的情况、近年的年营业额、易损件的供应条件、审定资格时需提供的其他证明材料等。

(2) 对所提供货物的合格性审查　投标人应根据招标要求提供所有货物及其辅助服务的合格性证明资料，这些文件可以是手册、图纸和资料说明等。证明资料应说明下列情况：

① 表明货物的主要技术指标和操作性能；

② 为使货物正常、连续使用，应提供货物使用1～3年内所需的备品备件清单，并进行报价；设备随机的备品备件和专用工具等，价格包含在投标总价格中，备品备件指设备调试和运行所必需的可以替换的易损坏和必备附件、专用工具、润滑油、填料、化学药品和消耗性材料等；

③ 资格预审文件或招标文件中指出的工艺、材料、设备、参照的商标或样本目录号码仅作为基本要求说明，并不作为严格的限制条件。投标人可以在标书说明文件中选用替代标准，但替代标准必须优于或相当于技术规范所要求的标准。

9.4 招标文件

招标文件是招标单位或委托招标单位编制并发布的纲领性、实施性文件。在该文件中提出的各项要求，各投标单位以及选中的中标单位必须遵守。招标文件对招标单位或委托招标单位自身同样具有法律效力。招标单位不一定是建设单位，而“招标人”则是招标单位或委托招标单位的别称，也称业主。在我国，规定招标活动是法人之间的经济活动，所以招标人也指招标单位或委托招标单位的法人代表。

项目招标，要有一份内容明确、考虑细致周密、兼顾招标投标双方利益的招标文件。招标文件的作用，首先是向投标人提供招标信息，以指引承包人根据招标文件提供的资料进行投标分析与决策；其次，招标文件又是承包商投标和项目组织评标的依据；最后，招标、投标完成后，其是项目组织和承包商签订合同的主要组成部分。

招标文件的内容和篇幅大小，与项目的规模和类型有关，招标人应当根据招标项目的特点和需要编制招标文件，根据环境工程建设项目招标方式的不同，招标文件的内容和编制要点也不尽相同。《工程建设项目货物招标投标办法》规定物资采购招标文件是标明项目采购数量、规格、要求和招投标双方责权关系的书面文件。一般应包含如下内容：

① 招标邀请书；

② 投标人须知；

③ 投标文件格式、资格审查需要的报表、采购项目清单、报价一览表及其他补充资料表；

④ 项目组织对货物与服务方面的要求一览表、技术规格、参数、图纸及其他要求；

⑤ 合同的通用条款、专用条款；

⑥ 双方签署的协议书格式、动员预付款保函格式等。

本章所述的物资采购招标文件可按照如下内容书写：

① 招标书，包括招标单位的名称，建设项目名称及简介，招标标的物的主要参数、数量、要求交货期，投标截止日期和地点，开标日期和地点等；

② 投标须知，包括对招标文件的说明及对投标者和投标文件的基本要求，评标、定标的基本原则和标准等；

③ 招标标的物的清单和技术要求、技术规范和图纸；

④ 合同格式及主要合同条款，包括价格及付款方式、交货条件、质量验收标准以及违约处理等内容；

⑤ 投标书格式、投标物资的数量以及价目表格式、投标保函格式等各种格式文本；

⑥ 其他需要说明的问题和事项。

9.5 评标

环境工程项目物资采购的评标通常会考虑物资价格、性能、交付期、运输费、保险费、支付要求、财务状况、信誉、业绩、服务及对招标文件的响应程度等因素。其中投标人的价格应包括物资的主机价格、备品备件及安装、调试、协作等售后服务的价格。物资的最终报价还应包括运输费、保险费及其他费用。上述费用的计算按照运输、保险公司，以及其他部门公布的费用标准进行。

设备的性能主要考虑设备的功率、在各种运行环境中适应性（如水下设备的水密性、腐蚀环境的防腐性等）、运营和维修费用等。如果设备性能超过招标文件要求，使发包人受益时，评标时应对这一因素予以考虑。

物资的交付期应以招标文件中规定的交货期为标准，如投标文件中所提出的交货期过早，一般不给予评标优惠。因为过早供货需要增加发包人的仓储管理费和货物的保养费。但是，交付期不能晚于规定的时间，否则将会对工程进度产生影响。如果迟于规定的时间，每迟某单位时间，可按报价的一定百分比计算折算价，将其加到报价上，或在其他部分的评分中扣除一定的分值。

评标的目的是在满足工程质量要求的前提下，保证采购工程、货物和服务所需要的费用最少，即采购的工程、货物和服务具有最佳经济性。

（1）评标的基本程序　物资采购的评标由以下步骤组成。

① 对投标书进行初步检查，主要检查以下几方面的工作：

a. 投标书检查的主要内容　标书是否完整，是否有签名；是否包含了投标保证金和其他要求的文件；是否有计算错误。

b. 不可接受的偏差　投标文件存在不可接受的偏差，将作为废标处理，按照世界银行采购政策要求，如果投标文件出现迟到提交的投标文件、不合格的投标人、未签字的投标文件、不符合时间进度要求、不可接受的分包等情况，可视为不可接受的偏差。

c. 修正计算错误　修正计算错误是通常的商业惯例，一般在检查过程中和正式评标前完成。世界银行的采购政策要求，修正计算错误一般按照以下原则进行：当大小写数字不一致时，以大写为准；当小数点的位置明显有错误时应该更正；一般不修改单价和数量，只修改算术错误（加、减、乘、除），即修改小计和总数。

② 将投标书中的不同投标货币转换为常用的同一种货币并进行比较。

③ 对投标书偏离和遗漏情况进行分析和量化。

④ 运用评标标准进行评标。

⑤ 准备评标报告。

（2）评标的方法　环境工程建设物资的采购应以价格最合理为原则，即评标时不仅要考察其报价的高低，还要考虑货物运抵现场过程中可能支付的所有费用，如果是设备招标则还要评审设备在预定的寿命期内可能投入的运营、维修和管理的费用等。

工程建设物资采购的评标方法一般包括综合评估法、经评审的最低评标价法、全寿命评标价法或者法律行政法规允许的其他评标方法。

复习思考题

1. 环境工程发包与物资采购项目管理的任务是什么？
2. 物资采购规划的内容是什么？
3. 物资采购招标文件的内容是什么？

参　考　文　献

[1] 叶锦韶．环境工程招标投标．北京：化学工业出版社，2008.
[2] 王怀宇，王惠丰．环境工程施工技术．北京：化学工业出版社，2009.
[3] 白建国．环境工程施工技术．北京：中国环境科学出版社，2007.
[4] 金毓荃等．环境工程设计基础．北京：化学工业出版社，2008.
[5] 郭正．环境工程施工与核算．北京：中国环境科学出版社，2005.
[6] 王祖和．现代工程项目管理．北京：电子工业出版社，2007.

第10章 环境工程施工阶段项目管理

环境工程施工阶段是环境工程项目的重要组成部分，需投入大量的人力、物力和财力，各方面安排运用是否合理决定着工程建设的成败。环境工程施工阶段的项目管理就是对工程施工阶段进行计划、组织、指挥、协调和控制，以有效地利用投入的人力、物力和财力，并以最低的消耗获得最佳经济效益、社会效益和环境效益的过程。

10.1 环境工程施工阶段的造价管理

10.1.1 施工阶段造价管理基本流程

第一步：明确施工阶段投资目标，由造价单位编制资金使用计划。

第二步：项目管理单位对资金使用计划进行审查，若发现不合理，退由造价单位修改或重新编制，直到完全合理为止。

第三步：造价单位对工程分阶段审核，审核内容包括设计变更情况、工程完成情况以及工程索赔文件。项目管理单位对审核结果做进一步审查，认为合理后交由业主确认。

第四步：项目管理单位定期将动态的项目投资实际值与计划值相比较，及时掌握投资偏差的情况。当实际值偏离计划值时，分析产生偏差的原因并采取适当的纠偏措施。

第五步：竣工结算。

10.1.2 主要工作内容

环境工程项目施工阶段工程造价的确定与控制是工程造价管理的核心内容，通过决策阶段、设计阶段和招投标阶段对工程造价的管理工作，使工程建设规划在达到预期功能要求的前提下，其投资预算数也达到最优的程度。

（1）环境工程项目施工阶段工程造价的确定　环境工程项目施工阶段工程造价的确定，就是在工程施工阶段按照承包人实际完成的工程量，以合同价为基础，同时考虑市场因素、物价上涨所引起的造价的提高及设计阶段未加统计而在施工阶段实际发生的工程变更及费用，合理确定工程的结算价款。

（2）环境工程项目施工阶段工程造价的控制　环境工程项目施工阶段工程造价的控制是环境工程项目全过程造价控制不可缺少的重要一环，造价管理者在施工阶段进行造价控制时应把计划投资额作为造价控制的目标值，在工程施工过程中定期地进行造价实际值与目标值的比较，通过比较发现并找出实际支出额与造价控制目标值之间的偏差，分析产生偏差的原因，并采取有效措施加以控制，以保证造价控制目标的实现。

为了更好地进行工程造价管理，在项目施工阶段应努力做好以下工作：认真做好环境工程项目招投标工作，严格按照合同约定拨付工程进度款，严格控制工程变更，及时处理施工索赔工作，加强价格信息管理，了解市场价格变动等。

10.1.3 影响造价的因素

(1) 工程变更　设计变更是工程变更的主要形式，会导致原预算书中某些部分项工程量的增多或减少，相关的原合同文件要进行全面的审查和修改，合同价也要进行相应的调整，最终引起工程造价的增多或减少。

工程变更的发生，主要是因为前期勘察设计工作不够细致，施工过程中发现许多没有考虑或估算不准的工程量，因而不得不改变原有施工设计，导致工程量的增减。

(2) 工程索赔　工程索赔通常是指在工程合同履行过程中，合同当事人一方因对方不履行或未能正确履行合同或者由于其他非自身因素而受到经济损失或权利损害，通过合同规定的程序向对方提出经济或时间补偿要求的行为。工程索赔发生后，工程造价必然受到严重的影响。

工程索赔费用有以下几种计算方法。

① 实际费用法　实际费用法是工程索赔计算最常用的一种方法，其计算原则是以承包单位为某项索赔工作所支付的实际开支为根据，向业主要求费用补偿。用实际费用法计算时，在直接费的额外费用部分的基础上，再加上应得的间接费和利润，即是承包单位应得的索赔金额。

② 总费用法　即总成本法，就是当发生多次索赔事件以后，重新计算工程的实际总费用，实际总费用减去投标报价时的估算总费用，即为索赔金额。由于实际发生的总费用中可能包括了承包单位的原因，如施工组织不善而增加费用，同时投标报价估算的总费用却因为想中标而过低，所以这种方法只有在难以采用实际费用法时才应用。

③ 修正的总费用法　修正的总费用法是对总费用法的改进，修正的内容如下：将计算索赔款的时段局限于受到外界影响的时间，而不是整个施工期；只计算受影响时段内的某项工作所受影响的损失；与该项工作无关的费用不列入总费用中；按受影响时段内该项工作的实际单价进行核算，乘以实际完成的该项工作的工程量，得出调整后的报价费用。

(3) 工期　工期是指建设一个项目或一个单项工程从正式开工到全部建成投产时所经历的时间，是重要的核算指标之一。工期与工程造价有着对立统一的关系，加快工期需要增加投入，而延缓工期则会导致管理费用的提高，进一步影响工程造价，这些都会影响工程造价。

(4) 工程质量　工程质量与工程造价也有着对立统一的关系，工程质量要求较高，则应做财务上的准备，增加投入，而工程质量降低，意味着故障成本的提高。

(5) 人力及材料、机械设备等资源市场供求规律的影响　供求规律是商品供给和需求的变化规律。供求规律要求社会总劳动应按社会需求分配于国民经济的各部门。如果这一规律不能实现，就会产生供求不平衡，从而影响价格，进而会影响工程造价。

(6) 材料代用　所谓材料代用，是指设计图中所采用的某种材料规格、型号或品牌不能满足工程质量要求，或难以订货采购，工艺上又不允许等待，经施工单位提出，设计单位同意用相近材料代换，并签发代用材料通知单。材料代用势必会引起的材料用量或价格的增减，进而影响工程造价。

10.1.4 施工阶段工程造价控制的措施

环境工程项目施工阶段是工程项目费用消耗最多的时期，浪费投资的可能性比较大。因此，对施工阶段的投资应给予足够的重视，精心地组织施工，挖掘各方面的潜力，节约资源消耗。具体控制措施应从以下几个方面入手。

（1）组织措施

① 在项目管理单位中落实从投资控制角度进行施工跟踪的人员，并进行任务分工和智能分工。

② 编制施工阶段投资控制工作计划和详细的工作流程。

（2）经济措施

① 编制资金使用计划，确定、分解投资控制目标。对工程项目造价目标进行风险评价，并制定防范性对策。

② 进行工程计量。工程计量是指根据设计文件及承包合同中关于工程量计算的规定，项目管理机构对承包单位申报的已完成工程的工程量进行的核验。

③ 复核工程付款账单，签发付款证书。

④ 在施工过程中进行投资跟踪控制，定期地进行投资实际支出值与计划目标值的比较，发现偏差，分析产生偏差的原因，采取纠偏措施。

⑤ 协商确定工程变更价款，审核竣工结算。

⑥ 对工程施工过程中的投资支出做好分析与预测，经常或定期向建设单位提交项目投资控制及其存在的问题报告。

（3）技术措施

① 对设计变更进行技术经济比较，严格控制设计变更。

② 继续寻找通过设计挖掘节约投资的可能性。

③ 审核承包商编制的施工组织设计，对主要施工方案进行技术经济分析。

（4）合同措施

① 做好工程施工记录，保存各种文件图纸，特别是注有实际施工变更情况的图纸，注意积累素材，为正确处理可能发生的索赔提高依据，参与处理索赔事宜。

② 参与合同修改、补充工作，着重考虑它们对投资控制的影响。

10.2 环境工程施工阶段工程质量控制

10.2.1 环境工程施工阶段质量控制的目标

环境工程施工阶段质量控制的目标分为施工质量控制总目标、建设单位质量控制目标、设计单位质量控制目标、施工单位质量控制目标、监理单位质量控制目标。

（1）施工质量控制总目标　施工质量控制总目标就是对工程项目施工阶段的总体质量要求，也是项目各参与方一致的责任和目标，即贯彻执行建设工程法规和强制性标准，正确配置施工生产要素和采用科学的管理方法，实现工程项目预期的使用功能和质量标准。

（2）建设单位施工质量控制目标　建设单位的施工质量控制目标是通过对施工阶段全过程的全面质量监督管理、协调和决策，保证竣工验收项目达到投资决策时所确定的质量标准。

(3) 设计单位施工质量控制目标　设计单位施工阶段的质量控制目标是通过对施工质量的验收签证、设计变更控制及纠正施工中所发现的设计问题，采纳变更设计的合理建议等，保证竣工验收项目的各项施工结果与最终设计文件所规定的标准一致。

(4) 施工单位质量控制目标　施工单位的质量控制目标是通过施工全过程的全面质量自控，保证交付满足施工合同及设计文件所规定的质量标准。

(5) 监理单位施工质量控制目标　监理单位在施工阶段的质量控制目标是通过审核施工质量文件、报告报表及现场旁站检查、平行检查、施工指令和结算支付控制等手段，监控施工承包单位的质量活动行为，协调施工关系，正确履行工程质量的监督责任，以保证工程质量达到施工合同和设计文件所规定的质量标准。

10.2.2 环境工程项目质量的影响因素

影响环境工程项目质量的因素可概括为：人、材料、机械、方法（施工工艺）和环境五大方面。因此，对这五方面因素的严格管理是保证项目施工阶段质量的关键。

(1) 人的因素　这里的人是指从事工程项目的决策者、管理者和操作者。人的质量意识、质量责任感、技术水平以及职业道德等，都会直接或间接地影响工程项目的质量。因此在环境工程项目施工阶段，应根据工程项目施工的特点和环境，从政治素质、思想素质、业务素质和身体素质等方面对人进行综合考虑，全面管理。

(2) 材料因素　材料是工程项目施工的基础，没有材料就无法施工。材料质量是工程项目质量的基础。材料质量不符合要求，工程质量也就很难符合标准，甚至会酿成重大事故，危及人民生命和财产安全，因此，加强材料质量管理是提高施工质量的重要保障，也是实现投资管理目标和进度管理目标的前提。环境工程项目施工阶段，必须针对工程特点，根据材料性能、质量标准、适用范围和对施工要求等方面进行综合考虑，慎重地选择和使用材料。

(3) 机械因素　机械设备是实现施工机械化的重要物质基础，是现代化工程项目建设中必不可少的设施，对工程项目的质量有直接的影响。为此，必须综合考虑施工现场的条件、机械设备性能、施工工艺与方法、施工组织与管理、技术经济等各种因素来制定机械化施工方案，使施工机械设备能够合理装备、配套使用，以充分发挥其效能，力求获得较好的综合经济效益。选择机械设备应因地制宜、因项目制宜，按照技术先进、经济合理、生产适用、性能可靠、使用安全、操作和维修方便等原则，突出机械和施工相结合的特色，保证工程项目质量的可靠性。使用机械设备应正确操作，严格遵守操作规程，防止出现安全和质量事故。

(4) 方法与工艺因素　方法与工艺是指工程项目建设所采用的施工工艺与施工方法。选择的施工工艺与施工方法是否适合结果特点、质量要求与材料性能将直接影响施工质量。因此，在制定施工方案时，必须结合工程实际，从技术、组织、管理、经济等方面进行全面分析、综合考虑，确保所选择的施工工艺与方法在技术上可行、经济上合理，并有利于提高工程项目质量。同时，还应加强技术业务培训和工艺管理，严格贯彻工艺纪律，保证施工方法的正确执行。

(5) 环境因素　影响环境工程项目质量的环境因素较多，有工程技术环境，如地质、水文、气象等；有工程管理环境，如质量保证体系、质量管理制度等；有劳动环境，如劳动组合、劳动工具、工作面等。环境因素对工程质量的影响具有复杂而多变的特点，如气象条件的千变万化，温度、湿度、大风、暴雨、酷暑、严寒都不同程度地影响着工程质量。因此，在环境工程项目施工阶段应对影响质量的环境因素采取有效的措施严加管理，排除环境因素的干扰，创造良好的工程环境，以保证工程项目质量达到预定的标准。

10.2.3 施工阶段质量管理的工作内容

环境工程项目施工阶段的不同环节，其质量控制的工作内容不同。根据工程质量形成的时间，可以将施工阶段的质量控制分为事前质量控制、事中质量控制和事后质量控制。

(1) 事前质量控制　在项目施工前所进行的质量控制就称为事前质量控制，其控制的重点是做好项目施工的准备工作，且该项工作应贯穿于项目施工全过程。其主要内容有以下几点。

① 技术准备　熟悉审查项目的有关资料、图样；调查分析项目的自然条件、技术经济条件；确定项目施工方案及质量保证措施；确定计量方法和质量检测技术等。

② 物质准备　对项目所需材料、构配件的质量进行检查与控制；对永久性生产设备或装置进行检查与验收；对项目施工中所使用的设备或装置应检查其技术性能，不符合质量要求的不能使用；准备必备的质量检测设备、机具及质量控制所需的其他物质；对工程中采用的新材料、新结构、新工艺、新技术的技术鉴定书应进行审核。

③ 组织准备　建立项目组织机构及质量保证体系；对项目参与人员分层次进行培训教育，提高其质量意识和素质；建立与保证质量有关的岗位责任制；建立现场质量管理制度。

④ 现场准备　不同的项目，现场准备的内容亦不相同。环境工程项目的现场准备包括现场障碍物的清理、拆除，生产、生活临时设施的搭建；组织机具、材料进场等。

(2) 事中质量控制　在项目施工过程中所进行的质量控制就是事中质量控制。事中质量控制的策略是：全面控制施工过程，重点控制工序或工作质量。

事中质量控制的具体措施如下。

① 督促承包单位完善工序控制，应把影响工序质量的因素都纳入控制状态中，建立质量管理点，及时检查和审核承包单位提交的质量统计分析资料和质量控制图表。

② 严格工序交接检查，主要工作作业包括隐蔽作业需按有关验收规定经检查验收后，方可进行下一工序的施工。

③ 重要的工程部位或专业工程要做试验或技术复核。

④ 审查质量事故处理方案，并对处理效果进行跟踪调查。

⑤ 对完成的分项分部工程，按相应的质量评定标准和办法进行检查验收。

⑥ 设计变更和图纸修改应办理相应的手续，并进行审核。

⑦ 按照合同行使质量监督权和质量否定权。

⑧ 组织定期或不定期的质量现场会议，及时分析、通报工程质量状况。

⑨ 所有关于质量的文件都应存档。

(3) 事后质量控制　一个项目、工序或工作完成形成成品或半成品的质量控制称为事后质量控制。事后质量控制的重点是进行质量检查、验收及评定。

其具体的措施是：

① 审核承包单位提供的质量检验报告及有关技术性文件；

② 组织联动试车；

③ 按规定的质量评定标准和办法，进行检查验收。

上述三个阶段的质量控制体系及所涉及的主要方面如图 10.1 所示。

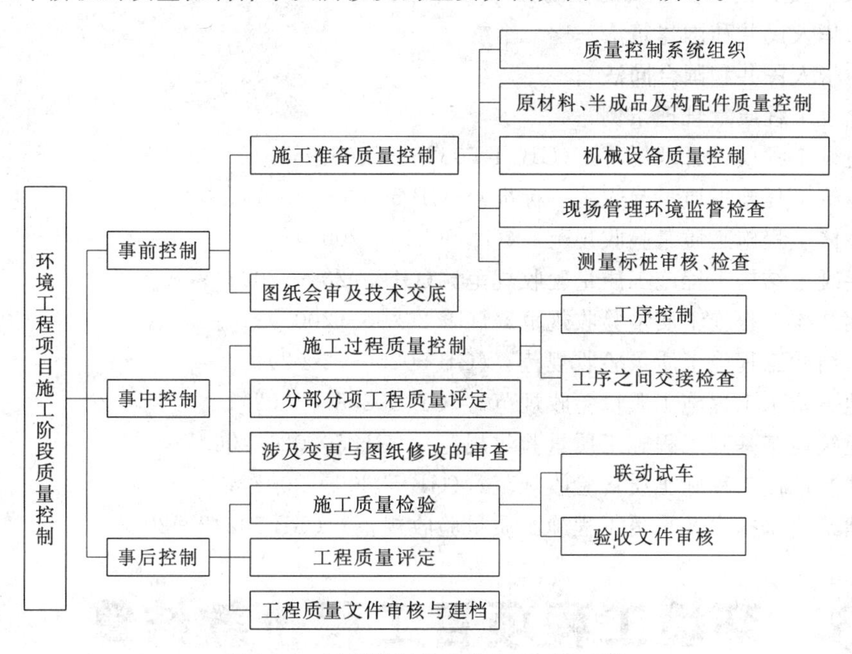

图 10.1　质量控制体系及主要工作内容

10.2.4　施工阶段质量控制流程

环境工程项目施工阶段质量控制的具体流程见图 10.2。

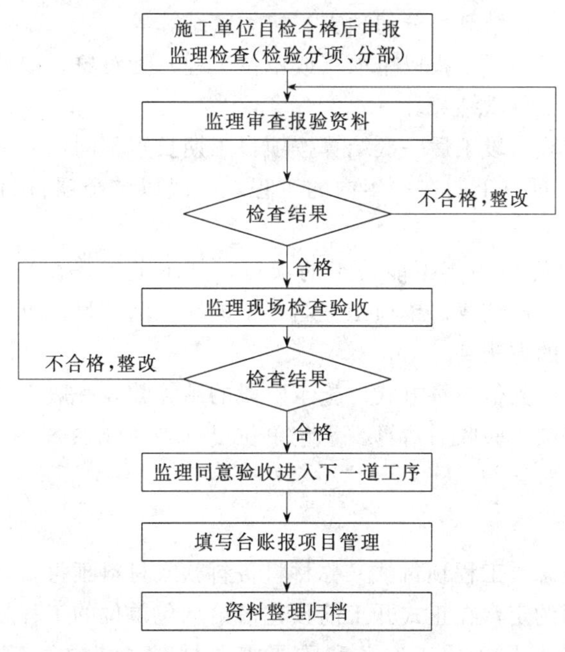

图 10.2　质量控制具体流程

10.2.5　施工质量控制依据

环境工程项目施工质量控制的依据主要指适用于施工阶段与质量控制有关的、具有指导意义和必须遵守（强制性）的基本文件，包括国家法律法规、行业技术标准与规范、企业标准、设计文件及合同等。主要的控制文件如下：

①《中华人民共和国建筑法》；

②《中华人民共和国合同法》；

③《建设工程质量管理条例》；

④《建设工程项目管理规范》（GB/T 50326—2006）；

⑤《建筑工程施工质量验收统一标准》（GB 50300—2001）；

⑥《砌体工程施工质量验收规范》（GB 50203—2002）；

⑦《混凝土结构工程施工质量验收规范》（GB 50204—2002）；

⑧《钢结构工程施工质量验收规范》（GB 20505—2002）；

⑨《木结构工程施工质量验收规范》（GB 50206—2002）；

⑩《地下防水工程施工质量验收规范》（GB 50208—2002）；

⑪《建筑地基基础工程施工质量验收规范》（GB 50202—2002）；

⑫《建筑地面工程施工质量验收规范》（GB 50209—2002）；

⑬《建筑给水排水及采暖工程施工质量验收规范》（GB 50242—2002）。

10.3 环境工程项目工程价款结算

10.3.1 价款结算的主要方式

（1）定期结算　定期结算是由施工单位提供已完成的工程进度报表，进行工程价款结算，可分为月初预支、月末结算、分旬预支、按季度结算等。

（2）阶段结算　阶段结算是指以单项（或单位工程）为对象，按其施工进度分为若干施工阶段，按阶段进行工程价款结算。

（3）竣工后一次结算　竣工后一次结算按项目工期长短不同可分为以下几项。

① 项目竣工结算　项目工期在一年内的工程，一般以整个项目为结算对象，实行竣工后一次结算。

② 单项工程竣工结算　当年不能竣工的项目，其单项工程在当年开工，当年竣工的，实行单项工程竣工后的一次结算。单项工程当年不能竣工的项目，也可以实行分段结算、年终结算和竣工后总结算的方法。

（4）结算双方约定的其他结算方式　施工阶段的结算款，一般不应超过承包工程价值的95%，其余尾款待工程竣工验收后清算。承包单位已向业主出具履约保函或有其他保证的，可以不留工程尾款。

10.3.2 工程预付款

（1）工程预付款概念　工程预付款又称材料备料款或材料预付款，它是工程施工合同订立后由发包人按照合同约定，在正式开工前预先借给承包单位的工程款，在开工后将抵扣工程进度款。工程预付款是用于施工准备和购买需要材料、结构件等所需流动资金的主要来源。

建设部对工程预付款做了如下规定：“实行工程预付款的，双方应当在专用条款内约定发包人向承包人预付工程款的时间和数额，开工后按约定的时间和比例逐次扣回。”

（2）工程预付款额度的确定　工程预付款额度，一般是根据施工工期、建安工作量、主要材料和构件费用占建安工作量的比例以及材料储备周期等因素经测算来确定，一般发包人招标时在合同条约中将约定工程预付款的百分比。

计算公式为：

$$工程预付款额=\frac{工程总价\times材料比重(\%)}{年度施工天数}\times材料储备定额天数$$

$$工程预付款比率=\frac{工程预付款数额}{工程总价}\times 100\%$$

式中，年度施工天数按 365 天计算；材料储备定额天数由当地材料供应的在途天数、加工天数、整理天数、供应间隔天数、保险天数等因素决定。

（3）工程预付款的扣回　发包人支付给承包人的过程预付款其性质是预支。随着工程进度的推进，拨付的过程进度款数额不断增加，工程所需的主要材料、构件的用量逐渐减少，原已支付的预付款应以抵扣的方式予以陆续扣回。

扣款的方法由发包人和承包人通过洽谈用合同的形式予以确定，可采用等比率或等额扣款的方式，或根据工程实际情况具体处理。

确定工程预付款起扣点的依据是未完施工工程所需主要材料和构件的费用等于工程预付款的数额。

$$T=P-\frac{M}{N}$$

式中　T——起扣点；

P——工程价款总额；

M——工程预付款数额；

N——主要材料、构件所占比重。

【例 10.1】 某污水处理厂建设工程承包工程价款总额 300 万，工程预付款为 35 万，主要材料、构件所占比重为 70%，问起扣点为多少万元？

【解】 按起扣点计算公式：

$$T=P-\frac{M}{N}=300-\frac{35}{70\%}=250\text{（万元）}$$

则当工程完成 250 万元时，该项工程预付款开始起扣。

10.3.3　工程进度款

（1）工程进度款的计算　工程进度款的计算主要涉及两个方面：一是工程量的计算；二是单价的计算。

① 工程量的计算　承包方按约定的时间向发包方提交已完成工程量的报告，发包人应在收到报告后 7 天内按设计图纸核实已完工程量，并在计量前约定的时间通知承包方，如发包人在约定的时间内未核实，在约定的时间止起承包方报告中开列的工程量将视为被确认，并作为付款依据。

② 单价的计算　单价计算主要根据由发包人和承包人事先约定的工程价格的计价方法决定。在我国，目前的工程价格的计价方法有工料单价和综合单价两种方法。

a. 工料单价法是以分部分项工程量乘以单价后的合计为直接工程费，直接工程费以人工、材料、机械的消耗量及其相应价格确定。直接工程费汇总后另加间接费、利润、税金生成工程造价，其计费程序分为以下三种。

(a) 以直接费为计算基础，见表10.1。

(b) 以人工费和机械费合计为计算基础，见表10.2。

(c) 以人工费为计算基础，见表10.3。

表10.1 以直接费为计算基础的工料单价计算

序号	费用项目	计算方法	备注
1	直接工程费	按预算表	
2	措施费	按规定标准计算	
3	小计	1+2	
4	间接费	3×相应费率	
5	利润	(3+4)×相应利润率	
6	合计	3+4+5	
7	含税造价	6×(1+相应税率)	

表10.2 以人工费和机械费合计为计算基础的工料单价计算

序号	费用项目	计算方法	备注
1	直接工程费	按预算表	
2	直接工程费中人工费和机械费	按预算表	
3	措施费	按规定标准计算	
4	措施费中人工费和机械费	按规定标准计算	
5	小计	1+3	
6	人工费和机械费小计	2+4	
7	间接费	6×相应费率	
8	利润	6×相应利润率	
9	合计	5+7+8	
10	含税造价	9×(1+相应税率)	

表10.3 以人工费为计算基础的工料单价计算

序号	费用项目	计算方法	备注
1	直接工程费	按预算表	
2	直接工程费中人工费	按预算表	
3	措施费	按规定标准计算	
4	措施费中人工费	按规定标准计算	
5	小计	1+3	
6	人工费小计	2+4	
7	间接费	6×相应费率	
8	利润	6×相应利润率	
9	合计	5+7+8	
10	含税造价	9×(1+相应税率)	

b. 综合单价法以分部分项工程单价为全费用单价，全费用单价经综合计算后生成，其内容包括直接工程费、间接费、利润和风险因素（措施费也可按此方法生成全费用价格）。各分项工程量乘以综合单价的合价汇总后，再加计规费和税金，便可生成工程造价。

由于各分部分项工程中的人工、材料、机械含量的比例不同，各分项工程可根据其材料费占人工费、材料费、机械费合计的比例（以字母“C”代表该项比值）在以下三种计算程序中选择一种计算其综合单价。

（a）以直接费为计算基础，见表10.4。

表10.4　以直接费为计算基础的综合单价计算

序　　号	费用项目	计算方法	备　　注
1	分项直接工程费	人工费＋材料费＋机械费	
2	间接费	1×相应费率	
3	利润	(1＋2)×相应利润率	
4	合计	1＋2＋3	
5	含税造价	4×(1＋相应税率)	

当$C>C_0$（C_0为本地区原费用定额测算所选典型工程材料费占人工费、材料费和机械费合计的比例）时，可采用以人工费、材料费、机械费合计为基数计算该分项的间接费和利润。

（b）以人工费和机械费为计算基础，见表10.5。

表10.5　以人工费和机械费为计算基础的综合单价计算

序　　号	费用项目	计算方法	备　　注
1	分项直接工程费	人工费＋材料费＋机械费	
2	1中人工费和机械费	人工费＋机械费	
3	间接费	2×相应费率	
4	利润	2×相应利润率	
5	合计	1＋3＋4	
6	含税造价	5×(1＋相应税率)	

当$C<C_0$值的下限时，可采用以人工费和机械费合计为基数计算该分项的间接费和利润。

（c）以人工费为计算基础，见表10.6。

表10.6　以人工费为计算基础的综合单价计算

序　　号	费用项目	计算方法	备　　注
1	分项直接工程费	人工费＋材料费＋机械费	
2	直接工程费中人工费	人工费	
3	间接费	2×相应费率	
4	利润	2×相应利润率	
5	合计	1＋3＋4	
6	含税造价	5×(1＋相应税率)	

如该分项的直接费仅为人工费，无材料费和机械费时，可采用以人工费为基数计算该分项的间接费和利润。

c. 工程价格的计价方法：常用的工料单价法和综合单价法是可调工料单价法和固定综合单价法。可调工料单价法和固定综合单价法在分项编号、项目名称、计量单位、工程量计算方面是一致的，都可按照国家或地区的单位工程分项进行划分、排列，包含了统一的工作内容，使用统一的计量单位和工程量计算。

可调工料单价法将人工、材料、机械再配上预算价作为直接成本单价，其他直接成本、间接成本、利润、税金分别计算；因为价格是可调的，其人工、材料等费用在竣工结算时按工程造价管理机构公布的竣工调价系数或按主材计算差价或主材用抽料法计算，次要材料按系数计算差价而进行调整；固定综合单价法是包含了风险费用在内的全费用单价，故不受时间价值的影响。

③ 工程进度款的计算　由于两种计价方法的不同，因此工程进度款的计算方法也不同。

当采用可调工料单价法计算工程进度款时，在确定已完工程量后，可按以下步骤计算工程进度款：

a. 根据已完工程量的项目名称、分项编号、单价得出合价；

b. 将本月所完全部项目合价相加，得出直接工程费小计；

c. 按规定计算措施费、间接费、利润；

d. 按规定计算主材差价或差价系数；

e. 按规定计算税金；

f. 累计本月应收工程进度款。

用固定综合单价法计算工程进度款比用可调工料单价法更方便、省事，工程量得到确认后，只要将工程量与综合单价相乘得出合价，再累加即可完成本月工程进度款的计算工作。

(2) 工程进度款的支付　《建设工程价款结算暂行办法》中对工程进度款的支付做了如下规定：

① 根据确定的工程计量结果，承包人向发包人提出支付工程进度款申请，14 天内，发包人应按不低于工程价款的 60%，不高于工程价款的 90% 向承包人支付工程进度款。按约定时间发包人应扣回的预付款，与工程进度款同期结算抵扣。

② 发包人超过约定的支付时间未支付工程进度款的，承包人应及时向发包人发出要求付款的通知，发包人收到承包人通知后仍不能按要求付款，可与承包人协商签订延期付款协议，经承包人同意后可延期支付，协议应明确延期支付的时间和从工程计量结果确认后第 15 天起计算应付款的利息（利率按同期银行贷款利率计）。

③ 发包人不按合同约定支付工程进度款，双方又未达成延期付款协议，导致施工无法进行，承包人可停止施工，由发包人承担违约责任。

10.3.4　竣工结算

竣工结算是指承包单位完成合同内工程的施工并通过交工验收后，所提交的竣工结算书经过业主和监理工程师审查签证，送交经办银行或工程预算审查部门审查签认，然后由经办银行办理拨付工程价款手续的过程。

(1) 竣工结算的内容　竣工结算的内容由直接费、间接费、计划利润和税金四部分组成，以竣工结算书的形式表现，包括单位工程竣工结算书、单项工程竣工结算书及竣工结算说明等。

竣工结算书中主要应体现“量差”和“价差”的基本内容。

“量差”是指原计价文件所列工程量与实际完成的工程量不符而产生的差别。

“价差”是指签订合同的计价或取费标准与实际情况不符而产生的差别。

（2）竣工结算的编制原则与依据

① 竣工结算的编制原则　环境工程项目竣工结算既要正确贯彻执行国家和地方基建部门的政策和规定，又要正确反映施工完成的工程价值。在进行工程结算时，要遵循以下原则：

a. 必须具备竣工结算的条件，要有工程验收报告，对于未完成工程、质量不合格的工程不能结算，需要返工修补合格后才能结算。

b. 严格执行国家和地区的各项有关规定。

c. 实事求是，认真履行合同条款。

d. 编制依据充分，审核和审定手续完备。

e. 竣工结算要本着对国家、建设单位、施工单位认真负责的精神，做到既合理又合法。

② 竣工结算的编制依据

a. 工程竣工报告、工程竣工验收证明、图纸会审记录、设计变更通知单及竣工图。

b. 经审批的施工图预算、购料凭证、材料代用价差、施工合同。

c. 本地区现行预算定额、费用定额、材料预算价格及各种收费标准、双方有关工程计价协议。

d. 各种技术资料（技术核定单、停复工报告等）及现场签证记录。

e. 不可抗力、不可预见费用的记录以及其他有关文件规定。

（3）竣工结算的编制方法

① 合同价格包干法　在考虑了工程造价动态变化的因素后，合同价格一次包死，项目的合同价就是竣工结算造价。即：

$$结算工程造价=经发包方审定后确定施工图预算造价\times(1+包干系数)$$

② 合同增减法　在签订合同时商定合同价格，但没有包死，结算时以合同价为基础，按实际情况进行增减结算。

③ 预算签证法　按双方审定的施工图预算签订合同，凡在施工过程中经双方签字同意的凭证都作为结算的依据，结算时以预算价为基础按所签凭证内容调整。

④ 竣工图计算法　结算时根据竣工图、竣工技术资料、预算定额，按照施工图预算编制方法，全部重新计算，得出结算工程造价。

⑤ 平方米造价包干法　双方根据一定的工程资料，事先协商好每平方米造价指标，结算时以每平方米造价指标乘以建筑面积确定应付的工程价款。即：

$$结算工程价款=建筑面积\times每平方米造价指标$$

⑥ 工程量清单计价法　以业主与承包单位之间的工程量清单报价为依据，进行工程结算。办理工程价款竣工结算的一般公式为：

$$竣工结算工程价款=预算或合同价款+施工过程中预算或合同价款调整数额-预付及已结算的工程价款-未扣的保修金$$

（4）环境工程项目竣工结算管理程序

① 接到承包商提交的竣工结算书后，业主应以单位工程为基础，对承包合同内规定的施工内容进行检查与核对，包括工程项目、工程量、单价取费和计算结果等。

② 核查合同工程的执行情况，包括以下几个方面：

a. 开工前准备工作的费用是否准确；

b. 加工订货的项目、规格、数量、单价等与实际安装的规格、数量、单价是否相符；

c. 特殊工程中使用的特殊材料的单价有无变化；

d. 工程施工变更记录与合同价格的调整是否相符；

e. 实际施工中有无与施工图要求不符的项目；

f. 单项工程综合结算书与单位单位工程结算书是否相符。

③ 对核查过程中发现的不符合合同规定的情况，如多算、漏算或计算错误，均应予以调整。

④ 将批准的工程竣工结算书送交有关部门审查。

⑤ 工程竣工结算书经过确认后，办理工程价款的最终结算拨款手续。

10.4 环境工程竣工验收

环境工程竣工验收是指承建单位将竣工项目及与该项目有关的资料移交给工程项目的投资商或开发商，并接受主要委托单位（或监理单位）组织的，对工程质量和技术资料的一系列审查和验收工作的总称。

环境工程项目竣工验收是检验工程项目建设和管理工作好坏以及项目目标实现程度的关键阶段，也是工程项目从施工到投入运行使用的衔接转换阶段。它既是工程项目进行交接的必需手段，又是通过竣工验收对工程质量和经济效益进行的全面考核和评估。

10.4.1 竣工验收的目的和方式

（1）竣工验收的目的

① 全面考察环境工程项目的施工质量　竣工验收阶段通过对已竣工工程的检查和试验，考核承包单位的施工成果是否达到设计要求而形成生产或使用能力，可以正式转入生产运行。通过竣工验收及时发现和解决影响生产和使用方面存在的问题，以保证项目按照设计要求的各项技术经济指标正常投入运行。

② 明确合同责任　能否顺利通过竣工验收，是判别承包单位是否按施工承包合同约定的责任范围完成了施工义务的标志。圆满地通过竣工验收后，承包单位即可与业主办理竣工结算手续，将所施工的工程移交给业主使用和照管。

③ 环境工程项目投产使用的必备程序　竣工验收是全面考核项目成果，检验项目决策、设计、施工、设备制造和管理水平，以及总结项目建设经验的重要环节。一个项目建成投产交付使用后，能否取得预想的宏观效益，需要经过国家权威管理部门按照技术规范、技术标准组织验收确认。

（2）竣工验收的方式　为了保证环境工程项目竣工验收的顺利进行，必须遵循一定的程序，并按照建设项目总体计划的要求，以及施工进展的实际情况分阶段进行，主要验收方式分为项目中间验收、单项工程验收和全部工程验收三大类，见表 10.7。规模较小、施工内容简单的项目，也可以一次进行全部项目的竣工验收。

表 10.7　竣工验收的主要方式

类　型	验收条件	验收组织
中间验收	(1)按照施工承包合同的约定,施工完成到某一阶段后要进行中间验收 (2)重要的工程部位施工已完成了隐蔽前的准备工作,改工程部位将置于无法查看的状态	由监理单位组织,业主和承包单位派人参加。该部位的验收资料将作为最终验收的依据
单项工程验收（交工验收）	(1)项目中的某个合同工程已全部完成 (2)合同内约定为分步、分项移交的工程已达到竣工标准,可移交给业主投入使用	由业主组织,会同承包单位、监理单位、设计单位及使用单位等有关部门共同进行

续表

类型	验收条件	验收组织
全部工程验收（动用验收）	(1)项目按设计规定全部建成，达到竣工验收条件 (2)初验结果全部合格 (3)竣工验收所需资料已准备齐全	大中型和限额以上项目由国家投资主管部门或由其委托项目主管部门或地方政府部门组织验收，小型和限额以下项目由项目主管部门验收。建设单位、监理单位、施工单位、设计单位和使用单位参加验收工作

10.4.2 竣工验收的范围、条件及依据

(1) 竣工验收的范围　按照国家颁布的建设法规规定，凡新建、扩建、改建的基本建设项目和技术改造项目，按批准的设计文件所规定的内容建成，符合验收标准的，必须及时组织验收，办理固定资产移交手续。在某些特殊情况下，工程施工虽未全部按设计要求完成，也应进行验收，这些特殊情况是指以下几种：

① 因少数非主要设备或某些特殊材料短期内不能解决，虽然工程内容尚未全部完成，但已可以投产或使用的工程项目；

② 按规定的内容已经建设完成，但因外部条件的制约，而使已建成工程不能投入使用的项目；

③ 有些建设工程项目或单项工程，已经形成部分生产能力，或实际上生产单位已经使用，但近期内不能按原设计规模续建，应从实际情况出发，报主管部门批准后，可以缩小规模，对已完成的工程和设备，应组织竣工验收，移交固定资产。

(2) 竣工验收的条件　环境工程项目竣工验收一般应符合以下条件。

① 完成工程设计和合同约定的各项内容。

② 施工单位在工程完工后，根据国家有关法律、法规和工程建设强制性标准和设计文件及合同要求，对工程质量进行了检查确认。

③ 有完整的技术档案和施工管理资料。

④ 有工程使用的主要建筑材料、建筑构配件和设备的进场试验报告。

⑤ 已签署工程质量保修书。

⑥ 向建设单位提交工程竣工报告，申请竣工验收。

⑦ 监理单位提交工程质量评估报告。

⑧ 勘察、设计单位提交勘察、设计文件质量自评报告。

⑨ 建设单位取得工程的规划、消防、环保验收认可文件。

⑩ 安监站已出具《建设工程施工安全评价书》。

⑪ 建设行政主管部门和质量监督站等部门签发整改的问题全部整改完成。

⑫ 建设单位向城建档案馆报送一套完整的工程档案，并取得城建档案馆出具的认可文件。

(3) 竣工验收的依据　环境工程项目竣工验收的依据主要包括：

① 上级主管部门审批的计划任务书、设计纲要、设计文件等。

② 招投标文件和工程合同。

③ 施工图纸和说明、设备技术说明书、图纸会审记录、设计变更签证和技术核定单。

④ 国家或行业颁布的现行施工技术验收规范及工程质量检验评定标准。

⑤ 有关施工记录及工程所用的材料、构件、设备质量合格文件及检验报告单。

⑥ 承建单位提供的有关质量保证等文件。

⑦ 国家颁布的有关竣工验收文件。

10.4.3 竣工验收的组织工作

(1) 组织竣工验收的权限　按现行规定，大中型和限额以上的建设项目及技术改造项目(工程)，由国家发展改革委员会或由国家发展改革委员会委托项目主管部门、地方政府部门组织验收；小型和限额以下的建设项目及技术改造项目（工程），由项目（工程）主管部门或地方政府部门组织验收。

(2) 竣工验收的组织形式　组织形式一般可分为三种：对于规模和工程复杂程度大的项目，组建建设项目验收委员会进行验收；对于规模小而且工程简易的项目，则组成建设项目验收组进行验收；特别复杂和重要的特大型项目，在验收委员会外，应另外组织专家咨询机构，为竣工验收做细致的准备和复核工作。

(3) 项目验收委员会（组）成员　环境工程项目验收委员会或验收组由项目业主负责组织，其成员除验收主管部门外，应由贷款银行、环保、消防、劳动、统计等有关部门的专业技术人员和专家组成；生产使用单位、工程监理单位、施工承包商、工程勘察设计单位、主要物资设备供应商以及项目建设的相关单位也应参加工程验收。

(4) 验收委员会或验收组的主要职责和任务

① 听取项目业主全面工作汇报和有关单位的工作总结报告。

② 审查工程档案资料。如项目可行性研究报告、设计文件、有关重要会议纪要和各种批文、主要合同、协议、项目竣工图资料等各项主要技术资料和项目文件。

③ 查验工程现场。结合现场生产运营情况，实地查验建筑工程和设备安装工程，对主要工程部位的施工质量和主要生产设备的安装质量进行复验和鉴定，对工程设计的先进性、合理性、适用性、经济性进行评审鉴定。

④ 审查生产准备，包括生产试车调试、生产试运行、各项生产准备工作情况，以及操作规程、生产管理规章制度等。

⑤ 审核竣工决算。核实建设项目全部投资的执行情况和投资效果。

⑥ 做出全面评价结论。对工程设计、施工和设备质量、环境保护、安全卫生、消防等方面，做出客观、求实的评价，对整个工程做出全面验收鉴定，对项目投入生产运行做出可靠性结论。

⑦ 核定工程收尾项目，对遗留问题提出具体解决意见，限期落实完成。

⑧ 核定移交工程清单，签署竣工验收鉴定证书，见表 10.8。

⑨ 提出竣工验收工作的总结报告。

表 10.8　竣工验收鉴定证书

<table>
<tr><td>工程名称</td><td colspan="5"></td></tr>
<tr><td>工程范围</td><td colspan="5"></td></tr>
<tr><td>工程造价</td><td colspan="5"></td></tr>
<tr><td>开工日期</td><td colspan="5"></td></tr>
<tr><td>工作天数</td><td colspan="5"></td></tr>
<tr><td>验收意见</td><td colspan="5"></td></tr>
<tr><td>验收人</td><td colspan="5"></td></tr>
<tr><td>建设
单位</td><td>（公章）
年　月　日</td><td>监理
单位</td><td>（公章）
年　月　日</td><td>施工
单位</td><td>工程负责人：________（公章）
公司负责人：________（公章）
年　月　日</td></tr>
</table>

10.4.4 竣工验收的程序

环境工程项目竣工可分为单项或单位工程完成后的交工验收和全部工程完工后的竣工验收两个大阶段，其程序如图10.3所示。

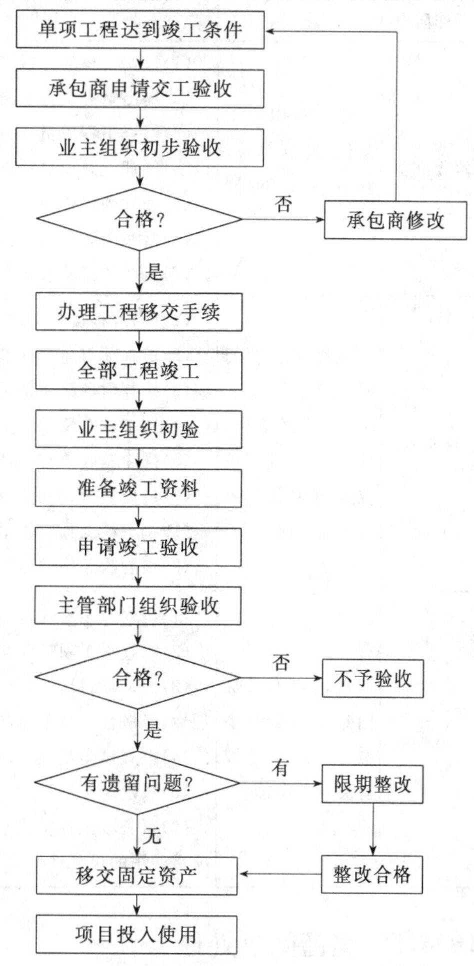

图10.3　竣工验收的程序

(1) 承包商申请交工验收　整个项目如果分成若干个合同包交给不同的承包商实施，承包商已完成了合同工程或按合同约定可分步移交工程的，均可申请交工验收。交工验收一般为单项工程，但在某些特殊情况下也可是单位工程的施工内容。承包商的施工达到竣工条件后，自己应首先进行预检验，修补有缺陷的过程部位。承包商完成上述工作和准备好竣工资料后，即可向业主提交竣工验收申请报告。

(2) 单项工程验收　单项工程验收对大型项目来说，具有重大的意义。特别是某些能独立发挥作用、产生效益的单项工程，更应竣工一项、验收一项，这样可以使项目尽早发挥效益。单项工程验收又称交工验收，即验收合格后业主方可投入使用。初步验收是指国家有关主管部门还未进行最终的验收认可，只是施工涉及的有关各方进行的验收。

有业主组织的交工验收，主要依据国家颁布的有关技术规范和施工承包合同，对以下几个方面进行检查或检验：

① 检查、核实竣工项目准备移交给业主的所有技术资料的完整性、准确性；

② 按照设计文件和合同检查已完成工程是否有漏项；

③ 检查工程质量验收资料，关键部位的施工记录等，考查施工质量是否达到合同要求；

④ 检查试车记录及试车中所发现的问题是否得到改正；

⑤ 在交工验收中发现需要返工、修补的工程，明确规定完成期限；

⑥ 其他涉及的有关问题。

验收合格后，业主和承包商共同签署“交工验收证书”，然后由业主将有关技术资料，连同试车记录、试车报告和交工验收证书一并上报主管部门，经批准后该部分工程即可投入使用。

(3) 全部工程的竣工验收　全部工程施工完成后，由国家有关主管部门组织的竣工验收，又称为动用验收。业主参与全部工程的竣工验收分为验收准备、预验收和正式验收3个阶段。各阶段的工作内容见表10.9。

整个项目进行竣工验收后，业主应迅速办理固定资产交付使用手续。在进行竣工验收时，已验收过的单项工程可以不办理验收手续，但应将单项工程交工验收证书作为最终验收的附件而加以说明。

表 10.9 竣工验收各阶段工作内容及职责

工作阶段	职责	工作内容
验收准备	业主组织施工单位、监理单位、设计单位共同进行	(1)核实工程的完成情况，列出已交工工程和未完工工程一览表 (2)提出财务决算分析 (3)检查工程质量，查明须返工或修补工程，提出具体完成时间 (4)整理汇总项目档案资料，将所有档案资料整理装订成册，分类编目，绘制好工程竣工图 (5)登载固定资产，编制固定资产构成分析表 (6)落实生产准备工作，提出试车检查的情况报告 (7)编写竣工验收报告
预验收	上级主管部门或业主会同施工单位、监理单位、设计单位、使用单位及有关部门组成预验收组	(1)检查、核实竣工项目所有档案资料的完整性、准确性 (2)检查项目建设标准，评定质量，对隐患和遗留问题提出处理意见 (3)检查财务账表是否齐全，数据是否真实，开支是否合理 (4)检查试车情况和生产准备情况 (5)排除验收中有争议的问题，协调项目有关方面、部门的关系 (6)督促返工、补做工程的完成及收尾工程的完工 (7)编写竣工预验收报告和移交生产准备情况报告 (8)预验收合格后，业主向主管部门提出正式验收报告
正式验收	由国家有关部门组成的验收委员会主持，业主及有关单位参加	(1)听取业主对项目建设的工作报告 (2)审查竣工项目移交生产使用的各种档案资料 (3)评审项目质量，对主要工程部位的施工质量进行复验、鉴定，对工程设计的先进性、合理性、经济性进行鉴定和评审 (4)审查试车规程，检查投产试车情况 (5)核定尾工项目，对遗留问题提出处理意见 (6)审查竣工预验收鉴定报告，签署“国家验收鉴定书”，对整个项目做出总的验收鉴定，对项目动用的可靠性做出结论

10.4.5 遗留问题处理

(1) 遗留问题的种类　环境工程项目竣工验收时不可避免地存在一些遗留问题，常见的遗留问题主要有以下几种。

① 遗留的尾工

a. 属于承包合同范围内遗留的尾工，要求承包商在限定的时间内扫尾完成。

b. 属于各承包合同之外的工程少量尾工，业主可以一次或分期划给生产单位包干实施。

c. 分期建设分期投产的工程项目，前一期工程验收时遗留的少量尾工，可以在建设后一期工程时一并组织实施。

② 协作配套工程

a. 投产后原材料、协作配套供应的物资等外部条件不落实或发生变化，验收交付使用后由业主和有关主管部门抓紧解决。

b. 由于运行成本较高，验收投产后要发生亏损的项目，仍应按时组织验收。

③“三废”治理工程　“三废”治理工程必须严格按照规定与主体工程同时设计、同时施工、同时投产交付使用，对于不符合要求的情况，验收委员会应会同地方环保部门，予以认真对待，凡危害严重的“三废”治理，在未解决前绝不允许运行，否则要追究责任。

④ 劳保安全措施　劳保安全措施必须严格按照规定与主体工程同时建成，同时交付使用。对竣工时遗留的或运行中发现必须新增的安全、卫生保护措施，要安排投资和材料限期

完成。完成后另行组织验收。

⑤ 工艺技术和设备缺陷　对于工艺技术有问题、设备有缺陷的项目，除应追究有关方的经济责任和索赔外，可根据不同情况区别对待：

a. 经过试运行考核，证明设备性能确实达不到设计能力的项目，在索赔之后征得原批准单位同意，可在验收中根据实际情况重新核定设计能力。

b. 主管部门审查同意，继续作为投资项目调整、攻关，以期达到预期生产能力，或另行调整用途。

（2）遗留问题的处理　办理竣工验收时，对于这些遗留问题应依据《建设项目（工程）竣工验收办法》，按照“对遗留问题提出具体解决意见，限期落实完成”的规定，实事求是地进行妥善处理，核实剩余工程数量，按工程设计留足投资和工程材料，明确负责单位，限期完成。

复习思考题

1. 环境工程施工阶段项目管理目标和任务是什么？
2. 图纸设计深化与变更管理、进度协调方法是什么？
3. 单位工程、分部分项工程验收程序为何？
4. 工程款支付和费用索赔与工期索赔实施程序为何？
5. 工程验收组织及程序和工程价款的结算方法为何？
6. 环境工程施工组织设计文件审批程序是什么？

参考文献

[1] 徐友彰．工程项目管理操作手册．上海：同济大学出版社，2008.
[2] 乌云娜．工程项目管理．北京：电子工业出版社，2009.
[3] 姚玲珍．工程项目管理学．上海：上海财经大学出版社，2003.
[4] 梁世连．工程项目管理．北京：清华大学出版社，北京交通大学出版社，2006.
[5] 仲景冰，王红兵．工程项目管理．北京：北京大学出版社，2006.
[6] 弗雷德里克．E. 古尔德．工程项目管理．孟宪海译．北京：清华大学出版社，2006.
[7] 任宏，张巍．工程项目管理．北京：高等教育出版社，2005.
[8] 刘伊生．建设项目管理．北京：清华大学出版社，北京交通大学出版社，2008.

实例5　某污水厂的运行调试管理

一、调试条件

(1) 土建构筑物全部施工完成。

(2) 设备安装完成。

(3) 电气安装完成。

(4) 管道安装完成。

(5) 相关配套项目，含人员、仪器，污水及进排管线，安全措施均已完善。

二、调试准备

(1) 组成调试运行专门小组，含土建、设备、电气、管线、施工人员以及设计与建设方代表共同参与。

(2) 拟定调试及试运行计划安排。

(3) 进行相应的物质准备，如水（含污水、自来水），气（压缩空气、蒸汽），电，药剂的购置、准备。

(4) 准备必要的排水及抽水设备；堵塞管道的沙袋等。

(5) 必需的检测设备、装置（pH 计、试纸、COD 检测仪等）。

(6) 建立调试记录、检测档案。

三、试水（充水）方式

(1) 按设计工艺顺序向各单元进行充水试验；中小型工程可完全使用洁净水或轻度污染水(积水、雨水)；大型工程考虑到水资源节约，可用 50%净水或轻污染水或生活污水，一半工业污水（一般按照设计要求进行）。

(2) 建构筑物未进行充水试验的，充水按照设计要求一般分三次完成，即 1/3、1/3、1/3 充水，每充水 1/3 后，暂停 3～8h，检查液面变动及建构筑物池体的渗漏和耐压情况。特别注意：设计不受力的两侧水位隔墙，充水应在两侧同时冲水。已进行充水试验的建构筑物可一次充水至满负荷。

(3) 充水试验的另一个作用是按设计水位高程要求，检查水路是否畅通，保证正常运行后满水量自流和安全超越功能，防止出现冒水和跑水现象。

四、单机调试

(1) 工艺设计的单独工作运行的设备、装置等均称为单机。应在充水后，进行单机调试。

(2) 单机调试应按照下列程序进行：

a. 按工艺资料要求，了解单机在工艺过程中的作用和管线连接。

b. 认真消化、阅读单机使用说明书，检查安装是否符合要求，机座是否固定牢。

c. 凡有运转要求的设备，要用手启动或者盘动，或者用小型机械协助盘动，无异常时方可点动。

d. 按说明书要求，加注润滑油（润滑脂）至油标指示位置。

e. 了解单机启动方式，如离心式水泵可带压启动；定容积水泵则应接通安全回路管，开路启动，逐步投入运行；离心式或罗茨风机则应在不带压的条件下进行启动、停机。

f. 点动启动后，应检查电机设备转向，在确认转向正确后方可二次启动。

g. 点动无误后，做 3～5min 试运转，运转正常后，再做 1～2h 的连续运转，此时要检查设备温升，一般设备工作温度不宜高于 50～60℃，除说明书有特殊规定者，温升异常时，应检查工作电流是否在规定范围内，超过规定范围的应停止运行，找出原因，消除后方可继续运行。单机连续运行不少于 2h。

(3) 单车运行试验后，应填写运行试车单，签字备查。

五、单元调试

(1) 单元调试是按水处理设计的每个工艺单元进行的，如按格栅单元、调节池单元、水解单元、好氧单元、二沉单元、气浮单元、污泥浓缩单元、污泥脱水单元、污泥回流单元等的不同要求进行的。

(2) 单元调试是在单元内单台设备试车基础上进行的，因为每个单元可能由几台不同的设备和装置组成，单元试车是检查单元内各设备连动运行情况，并应能保证单元正常工作。

(3) 单元试车只能解决设备的协调联动，而不能保证单元达到设计去除率的要求，因为它涉及工艺条件、菌种等很多因素，需要在试运行中加以解决。

(4) 不同工艺单元应有不同的试车方法，应按照设计的详细补充规程执行。

六、分段调试

(1) 分段调试和单元调试基本一致，主要是按照水处理工艺过程分类进行调试的一种方式。

(2) 一般分段调试主要是按厌氧和好氧两段进行的，可分别参照厌氧、好氧调试运行指导手册进行。

七、接种菌种

(1) 接种菌种是指利用微生物生物消化功能的工艺单元，如主要有水解、厌氧、缺氧、好氧工艺单元，接种是对上述单元而言的。

(2) 依据微生物种类的不同，应分别接种不同的菌种。

(3) 接种量的大小：厌氧污泥接种量一般不应少于水量的8%～10%，否则，将影响启动速度；好氧污泥接种量一般应不少于水量的5%。只要按照规范施工，厌氧、好氧菌可在规定范围正常启动。

(4) 启动时间：应特别说明，菌种、水温及水质条件，是影响启动周期长短的重要条件。一般来讲，低于20℃的条件下，接种和启动均有一定的困难，特别是冬季运行时更是如此。因此，建议冬季运行时污泥分两次投加，以每天6000m^3 为例，建议第一期，在水解和好氧池中各投加12t活性污泥（注意应采取措施防止无机物污泥进入），投加后按正常水位条件，连续闷曝（曝气期间不进水）3～7d后，检查处理效果，在确定微生物生化条件正常时，方可小水量连续进水20～30d，待生化效果明显或气温明显回升时，再次向两池分别投加10～20t活性污泥，生化工艺才能正常启动。

(5) 菌种来源，厌氧污泥主要来源于已有的厌氧工程，如汉斯啤酒厌氧发酵工程、农村沼气池、鱼塘、泥塘、护城河清淤污泥；好氧污泥主要来自城市污水处理厂，应取当日脱水的活性污泥作为好氧菌种。

八、驯化培养

(1) 驯化条件：一般来讲，微生物生长条件不能发生骤然的突出变化，常规讲要有一个适应过程，驯化过程应当与原生长条件尽量一致，当做不到时，一般用常规生活污水作为培养水源，果汁废水因浓度较高不能作为直接培养水，需要加以稀释，一般控制COD负荷不高于1000～1500mg/L为宜，这样需要按1∶1（生活污水∶果汁废水）或2∶1配制作为原始驯化水，驯化时温度不低于20℃，驯化采取连续闷曝3～7d，并在显微镜下检查微生物生长状况，或者依据长期实践经验，按照不同的工艺方法（活性污泥、生物膜等），观察微生物生长状况，也可用检查进出水COD大小来判断生化作用的效果。

(2) 驯化方式：驯化条件具备后，连续运行已见到效果的情况下，采用递增污水进水量的方式，使微生物逐步适应新的生活条件，递增幅度的大小按厌氧、好氧工艺及现场条件有所不同。一般来讲，好氧正常启动可在10～20d内完成，递增比例为5%～10%；而厌氧进水递增比例则要小很多，一般应控制挥发酸（VFA）浓度不大于1000mg/L，且厌氧池中pH值应保持在6.5～7.5范围内，不要产生太大的波动，在这种情况下水量才可慢慢递增。一般来讲，厌氧从启动到转入正常运行（满负荷量进水）需要3～6个月才能完成。

(3) 厌氧、好氧、水解等生化工艺是个复杂的过程，每个工程都会有自己的特点，需要根据现场条件加以调整。

九、全线调试

(1) 当上述工艺单元调试完成后，污水处理工艺全线贯通，污水处理系统处于正常条件下，即可进行全线调试。

(2) 按工艺单元顺序，从第一单元开始检测每个单元的pH值(用试纸)、SS（经验目测)、COD（仪器检测)，确定全线运行的问题所在。

(3) 对不能达到设计要求的工艺单元，全面进行检测调试，直至达到要求为止。

(4) 各单元均正常后，全线调试结束。

十、抓住重点检测分析

(1) 全线调试中，按检测结果即可确定调试重点，一般来讲，重点都是生化单元。

(2) 生化单元调试的主要问题

a. 要认真检查核对该单元进出水口的位置，布水、收水方式是否符合工艺设计要求。

b. 正式通水前，先进行通气检测，即通气前先将风机启动后，开启风量的1/4～1/3送至生化池的曝气管道中，检查管道所有节点的焊接安装质量，不能有漏气现象发生，不易检查时，应涂抹肥皂水进行检查，发现问题立即修复至要求。

c. 检查管道所有固定处及固定方式，必须牢固可靠，防止产生通水后管道松动的现象。

d. 检查曝气管、曝气头的安装质量，不仅要求牢固可靠，而且要处于同一水平面上，高低误差不大于±1mm，检查无误后方可通水。

e. 首次通水深度为淹没曝气头、曝气管深度0.5m左右，开动风机进行曝气，检查各曝气头、曝气管是否均衡曝气。否则，应排水进行重新安装，直至达到要求为止。

f. 继续充水，直到达到正常工作状态，再次启动曝气应能正常工作，气量大、气泡细、翻滚均匀为最佳状态。

g. 对不同生化方式要严格控制溶解氧（DO）量。厌氧工艺不允许有DO进入；水解工艺，可在10～12h，用弱空气搅拌3～5min；缺氧工艺DO应控制在小于0.5mg/L范围内；氧化工艺则应保证DO不小于2～4mg/L。超过上述规定将可能破坏系统正常运行。

十一、改善缺陷、补充完善

(1) 连续调试后发生的问题，应慎重研究后，采取相应补救措施予以完善，保证达到设计要求。

(2) 一般来讲，改进措施可与正常调试同步进行，直到系统完成验收为止。

十二、试运行

(1) 系统调试结束后应及时转入试运行。

(2) 试运行开始，则应要求建设方正式派人参与，并在试运行中对建设方人员进行系统培训，使其掌握运行操作。

(3) 试运行时间一般为10～15d。试运行结束后，则应与建设方进行系统交接，即试运行前期污水站全部设施、设备、装置的保管及运行责任由工程施工承包方自行承担；试运行期，则由施工方、建设方共同承担，以施工方为主；试运行交接后则以建设方为主，施工方协助；竣工验收后则全权由建设方负责。

十三、自验检测

(1) 由施工方制定自检测方案，并做好相应记录。

(2) 连续三天，按规定取水样（每2h一次，24h为一个混合样），分别在进出水口连续抽取，每天进行检测（主要为COD、pH、SS），合格后即认定自检合格。

十四、交验检测

(1) 由施工方将自检结果向建设方汇报，建设方认同后，由建设方寄出交验书面申请报告，报请当地环保监测主管部门前来检测。

(2) 施工方、建设方共同准备条件，配合环保主管部门进行检测。

(3) 检测报告完成后，工程技术验收完成。

十五、竣工验收

(1) 由施工方向建设方提交竣工验收申请，并向建设方提供竣工资料。

(2) 由建设方组织，并正式起草竣工验收报告，报请主管部门组织验收。

(3) 正式办理竣工验收手续。

第11章 环境工程项目管理前沿

11.1 信息化的内涵

信息化与城镇化、工业化的概念一样，都是20世纪的产物。信息化一词在中国出现早于“城镇化”，但迟于“工业化”。20世纪80年代中期，中国学者开始关注信息化问题并探讨了“信息化”概念的含义。结合其他方面的文献不难看出：有的是从信息技术角度下定义，有的是从信息产业角度下定义，有的是从信息基础结构下定义，还有的是从经济的、社会的或过程的角度下定义。这些定义尽管有这样或那样的不足，但都是从不同的侧面、不同的角度、不同的层次，对信息化的概念及本质进行概括。这对于我们给定科学的信息化定义很有帮助。这里从以下三个层面来界定信息化的概念。

11.1.1 信息化的一般定义

所谓信息化，就是指计算机和互联网生产工具的革命所引起的工业经济转向信息经济的一种社会经济过程。它包括信息技术的产业化、传统产业的信息化、基础设施的信息化、生产方式的信息化、生活方式的信息化等几个方面。信息化是一个相对概念，它所对应的是社会整体及各个领域的信息获取、处理、传递、存储、利用的能力和水平。这一定义表明，信息化是一个发展中的概念。

11.1.2 国民经济和社会信息化的内涵

所谓国民经济和社会信息化就是指通过在国民经济和社会体系内，全面运用现代信息技术开发信息资源，推动经济运行机制、社会组织形式和人民生活方式革命性转变的过程。其包括国民经济信息化和社会信息化两方面，具体内涵包括信息技术的运用、信息资源的开发利用、经济运行机制、社会组织和人民生活方式的转变等。

11.1.3 国家信息化的定义

1967年，日本科学技术和经济研究团体，首次给“信息化”下了定义：指在整个社会经济结构中，信息产业获得长足发展并逐步取得支配地位的一种社会变革的历史过程。1995年俄罗斯国家杜马给国家信息化做了这样的定义：信息化是指在组建和使用信息资源的基础上，为满足公民、国家政权机关、地方自治机关、机构、社会团体的信息需求和其实现权益而创造最佳条件的组织筹备、社会经济和科学技术的过程。1997年4月，中国第一次信息化工作会议在深圳召开。该次会议提出了国家信息化的定义及国家信息化体系的概念。所谓国家信息化，就是指在国家统一规划和组织下，在农业、工业、科学技术、国防及社会生活各个方面应用现代信息技术，深入开发、广泛利用信息资源，加速国家实现现代化的进程。这个定义包含四个方面的含义：一是实现四个现代化离不开信息化，信息化也要为四个现代化服务；二是国家要统一规划和统一组织信息化建设；三是各个领域要广泛应用现代信息技术，深入开发利用信息资源；四是信息化是一个不断发展的过程。国家信息化体系框架包括六个方面：信息资源、信息网络、信息技术应用、信息技术和产业、信息化人才队伍、信息化政策法规和标准规范等。

将以上三个方面进行归纳概括，可以求得信息化内容的一般理论模型，这个理论模型主要内容包括：核心层、支撑层与应用层三个方面。核心层是信息网络和信息资源；支撑层包括信息化所需的人才队伍、信息技术、信息产业和信息化所需的各种规制环境；应用层包括应用实效、政府导向、消费观念、用户需求、市场供应和价格定位等。中国信息化内容的理论模型信息化概念及内容的复杂性、广博性，使得人们难以对其特征进行概括或归纳。但从最一般的意义而言，信息化具有几个方面的特征：一是知识含量高；二是技术多样性；三是业务综合性；四是行业合作性；五是市场竞争性；六是用户选择性；七是数字化；八是网络化；九是智能化；十是广泛渗透性；十一是虚拟化。此外，也有学者将信息化的特征概括为五个方面：一是传输高速宽带化；二是网络互联普及化；三是服务系统综合化；四是系统人工智能化；五是管理法制规范化。信息化的本质及其特征决定了信息化的多样性。对此，可以从不同的角度，依据不同的标准对其进行分类，目的是为了更好地、更深入地去理解和认识信息化的理论。

11.2 环境工程项目管理信息化的内涵

信息化在工程项目管理中扮演着重要的角色。伴随着大型工程项目的启动、规划、实施等项目生命周期的展开，与项目有关的合同、图纸、照片、文件、音像等各种纸类和非纸类信息会层出不穷地产生，它包括：项目的组织类信息、管理类信息、经济类信息、技术类信息和法规类信息等。

对工程项目进行信息化管理，就是要利用信息系统的处理功能，以建设施工项目为中心，将政府行政管理、工程设计、工程施工过程（经营管理和技术管理）所发生的主要信息有序、及时、成批地存储。以部门间信息交流为中心，以业务工作标准为切入点，采用工作流程和数据后处理技术，解决工程项目从数据采集、信息处理与共享到决策目标生成等环节的信息化，及时准确地以量化指标为政府主管行政部门、建筑承包商、材料设备供应商等单位的决策管理提供依据。

11.2.1 环境工程项目信息的特征

作为工程项目的一个重要方面，环境工程项目信息的特征如下。

(1) 信息来源的广泛性　环境工程项目信息来自建设单位、设计单位、施工承包单位以及其他各组织与部门；来自可行性研究、设计、招投标、施工及保修等项目的各个环节；来自结构、材料、机电等各个专业；来自质量控制、投资控制、进度控制、合同管理等项目管理各个方面。由于环境工程项目信息来源的广泛性，往往给信息的收集与整理工作造成很大的困难，如何完整、准确、及时地收集项目信息以及合理地整理项目信息是环境工程项目信息管理首先要解决的问题，它直接影响到工程项目管理人员判断和决策的正确性和及时性。

(2) 信息资源的非消耗性　工程项目信息可供信息管理系统中的多个子系统或一个系统

中的不同过程反复使用而不被消耗。由于这一特性，在环境工程项目信息管理中提出信息整合的概念。项目信息整合是一种信息管理理论与计算机系统结合的应用方案，可以预见它是环境工程项目信息管理的一种趋势。

（3）信息量大　由于环境工程项目建设规模大、牵涉面广、协作关系复杂，使得工程建设管理工作涉及大量的信息。管理人员不仅要了解国家及地区的有关政策、法规、技术标准及规范，而且要掌握工程建设各方面的信息。既要掌握计划信息，又要掌握实际进展信息，还要对他们进行对比分析。因此项目管理人员每天都要处理大量的数据。而这些数据光靠人工操作处理是极其困难的，只有引入计算机才能及时、准确地进行处理，从而为项目管理人员的正确决策提供及时、可靠的支持。

（4）信息具有系统性和时空上的不一致性　环境工程项目信息是在一定的时空内形成的，与工程项目管理活动密切相关，同时工程项目信息的收集、加工、传递及反馈是一个连续的闭合环路，具有明显的系统性。时空上的不一致性体现于在工程项目的不同阶段、不同地点都将发生、处理和应用大量的信息。

11.2.2　环境工程项目信息的分类

环境工程项目建设过程中所涉及的大量的信息，依据不同标准可划分如下。

（1）按环境工程项目建设的来源划分

① 项目内部信息　内部信息取自建设本身，如工程概况、设计文件、施工方案、合同文件、合同管理制度、信息资料的编码系统、项目的进度目标、投资目标、质量目标等。

② 项目外部信息　主要是指来自项目外部环境的信息，如国家有关的政策法规、国内外市场上原材料及设备的价格、类似工程造价、投标单位的信誉、招标单位的实力、竞争单位等。

（2）按信息层次划分

① 战略层信息　指有关项目建设过程中的战略决策所需的信息，如项目规模、项目投资总额、建设总工期、承建商的选定、合同价的确定等信息。

② 管理层信息　指提供给建设施工单位中高层领导及部门负责人做短期决策用的信息，如财务计划、项目年度计划等。

③ 业务层信息　指各业务部门的日常信息，如月进度、月支付额等。

（3）按环境工程项目管理施工过程划分

① 费用控制信息　包括：费用规划信息，如资金使用计划，各阶段费用计划，费用规划信息，以及费用定额、指标等；实际费用信息，如已支出的各类费用，各种支付账单，工程计量数据，工程变更情况，现场签证，以及物价指数等。

② 质量控制信息　如质量目标和标准，设计文件资料及说明，项目的功能、使用要求，有关标准及规范，质量检查测试数据，验收记录，质量问题处理报告，材料等。

③ 进度控制信息　包括项目总进度规划，总进度计划，分进度目标，各阶段进度计划，单体工程计划，操作性计划，以及项目日志、工程实际进度统计信息等。

④ 合同管理信息　如建筑法规，招投标文件，参与项目的各方情况信息，合同执行情况信息，合同变更、签证记录，工程索赔事项等。

⑤ 项目其他信息　包括有关政策、制度规定文件，政府及上级有关部门批文，市政公用设施资料，工程会议信息、来往信件，各类项目报告等。

（4）按信息的管理功能划分　按环境工程项目管理的功能划分，工程项目信息又可分为：管理类信息、经济类信息、组织类信息和技术类信息。各类信息又可根据施工的不同阶段目标进一步划分，如图 11.1 所示。

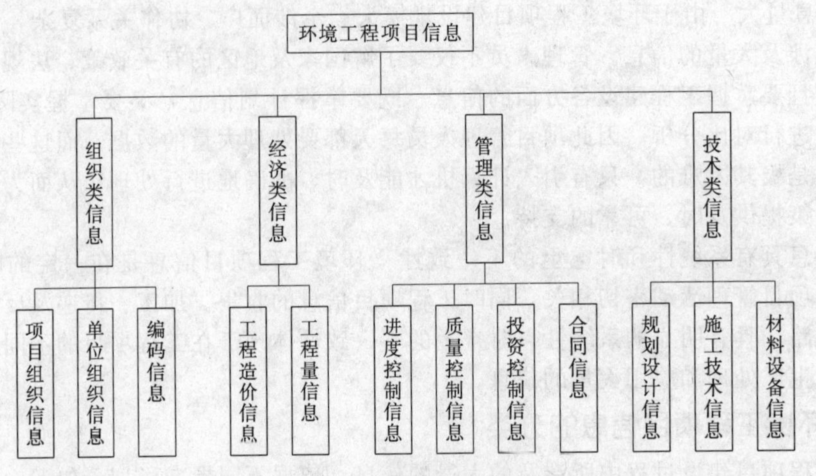

图 11.1　工程项目信息分类

以上四种是常用的几种分类方式。把环境工程项目信息按一定的标准进行分类，对于信息的管理有重要的意义。因为不同的阶段所需要的信息不同，而分类的信息能给管理工作提供很多便利。

11.3　环境工程项目管理信息化的实施

11.3.1　环境工程项目管理信息化实施的可行性

信息技术主要指计算机技术、通信技术以及二者结合形成的网络技术。在过去的二十年中，计算机技术的发展使得计算机的功能不断增强、价格急剧降低，上亿台计算机和成千上万的软件包正在帮助人们进行工作和生活。通信技术的发展使得光纤远距离通信的速率达到每秒千兆位。与此同时，网络技术的发展势头来得更为迅猛，首先是 100 兆位的局域网普遍推广，广域网正向高速、宽带联网发展。信息技术的飞速发展从经济上、技术上和工程应用等几个方面保证了环境工程项目信息化管理的可行性。

（1）经济上　信息设备性能价格比的大幅度提高，使其在环境工程项目管理中的普及应用成为可能。以目前的市场价格，为一个项目组配置 10 台性能较好的计算机并组成局域网，用不到 20 万元的投资就可以办到。而信息技术的推广、信息资源的综合利用为一个稍微大点的项目从物资以及管理成本中节省下来的开支，将远远超过这 20 万。况且这种一次性的投资，能给施工单位带来多年的信息资源利用和数百个项目的成本节省。

（2）技术上　信息技术的利用，使工程项目信息能够基于电子介质进行海量存储、高效加工和高速传输，使各项目参与者能够通过网络方便地共享信息、协同工作，从而更有效地综合利用信息资源，促进工程技术水平和管理水平的提高，从根本上改变环境工程项目管理领域高新技术含量不高的局面。

（3）工程应用　首先是以计算机集成制造系统 CIMS 为代表的信息技术等现代高新技术在制造行业的综合应用，为全国许多家企业带来了明显的经济效益和社会效益。其次，在工程项目管理领域，以一些技术力量雄厚的大型企业为代表，计算机辅助施工和信息技术综合利用已有了长足进步。例如，上海金贸大厦的施工中，已经出现了利用计算机监测混凝土温度和通水量，利用计算机多点监测标高引导钢模板体系的提升可避免出现模板的垂直偏差。这些信息技术在工程中成功应用的实例证明，环境工程项目的信息化管理必然具有广阔的发展前景。

11.3.2 环境工程项目管理信息化实施的要求

目前，环境工程项目管理越来越多地应用信息技术进行辅助管理，但大都还是限于一些局部过程。因此对工程项目的各个环节都进行信息化管理要达到以下要求。

（1）信息处理环节　工程项目管理过程中的所有信息处理环节，包括数据的采集、存储、检索、加工、传递、利用等全面实现数字化、系统化。实现信息处理各环节的数字化和系统化是信息化的基础。这就要求工程项目的各参与单位配置必要的计算机硬件系统和接入互联网，并应用与工程项目相关的软件进行信息处理。

（2）项目参与方　工程项目各参与方（业主方、设计方、施工方和设施管理方等）均要实现信息化。单个单位或局部的信息化所带来的好处是有限的，只有各参与单位均实现信息化，整个工程项目的管理才能够实现全方位的信息化。这就必然要求工程项目的各参与方建立起各自的工程项目管理信息系统。为了真正实现整个工程项目管理全方位的信息化，要建立起工程项目各参与方进行信息交流和信息共享的平台和工具，为工程项目各参与方具有共同语言创造环境和氛围。否则只是局部实现了信息化，从而产生“信息孤岛”的问题。

（3）新技术的应用　在工程项目管理信息化中，将充分利用高新技术来实现信息化。工程项目管理信息化绝不是简单地应用计算机进行项目数据的处理和文档资料的存储，而是要实现对工程项目全过程的有效管理，实现项目各参与方之间的有效沟通。因此引进一些先进的软件，并拥有一批既懂工程项目技术，又会应用现代信息技术的复合型人才显得尤为重要。这就要求各企业对传统的、落后的管理思想、管理方式进行改造，优化组织机构，推行知识优化政策，大力引进和培养复合型人才，重视员工的培训，提高全员信息化意识和运用信息技术的能力。

11.3.3 环境工程项目管理信息化实施方式

要实现环境工程项目管理信息化，必须使整个工程项目生命周期管理中的各个阶段，通过分享信息，共同合作。通过各部门的协同合作，改进信息的收集、管理和共享，从而达到提高决策准确性、运营效率和项目质量的目的。

基于互联网的环境工程项目管理系统，是实现现代环境工程项目管理信息化的基本途径。其主要通过以下三种方式实现。

（1）自行研发　项目的总承包商聘请咨询公司和软件公司针对项目的特点自行研发，系统的设计、开发和维护都由项目承包商自己承担。该方式适用于大型的、复杂的以及对系统要求较高的工程项目。其优点是针对性强，安全性和可靠性高；缺点是研发费用高，实施周期长，且维护的工作量大。

（2）直接购买　指项目的总承包商出资购买市场上的项目管理软件，安装在公司内部服务器上，提供给所有的项目参与方使用。该方式只适用于大型的工程项目。其优点同直接购买方式一样，针对性较强；缺点是购买和维护费用较高。

（3）服务租用　即 ASP 模式。租用 ASP 供应商提供的已经成熟的项目信息管理系统，并按租用时间、用户数、子项目数和数据量收费。该方式适用于中小型、复杂性较低以及对系统要求较低的项目。其优点是实施费用低，维护量小，实施周期短；缺点是针对性差，安全性和可靠性低。

11.3.4 环境工程项目管理信息化实施的意义和作用

(1) 环境工程项目管理信息化实施的意义　环境类工程项目行业与其他工业（制造业、航天工业等）之间存在明显的差距。由于行业自身特点，建筑业参与方众多，从业人员素质参差不齐，机械化、信息化应用水平也非常有限，缺乏有效的沟通方式使得环境工程项目建设发展举步维艰。在发达国家与发展中国家的工程项目管理之间，也存在明显的差距。由于历史原因，发展中国家与发达国家之间在信息资源的开发和信息技术的应用领域都存在明显差距，发展中国家工程项目管理落后，使得发展中国家在新时期工程项目建设市场竞争中处于极为不利的地位。如何找到跨越差距的有效途径和方式，是整个环境工程项目建设行业迫切需要解决的问题。

环境工程项目管理信息化为企业项目管理跨越差距提供了前所未有的机遇。以改善环境工程项目管理中的有效沟通和实现信息化管理为契机，通过建设项目信息资源及信息技术的全过程、全方位有效开发和利用，环境工程项目管理将迎来真正的信息时代，并为自己创造进一步发展的巨大空间。与此同时，发展中国家可以站在高起点上发挥后发优势，跨越与发达国家的差距。环境工程项目管理信息资源的开发和信息资源的充分利用，可吸取类似环境工程项目的正反两方面的经验和教训。许多有价值的组织信息、管理信息、经济信息、技术信息和法规信息将有助于环境工程项目决策期多种可能方案的选择，有利于环境工程项目实施期的项目目标控制，也有利于项目建成后的运行。通过信息技术在环境工程项目管理中的开发和应用能实现：

① 信息存储数字化和存储相对集中，这有利于环境工程项目管理信息的检索和查询，有利于数据和文件版本的统一，并有利于项目的文档管理；

② 信息处理和变换的程序化，这有利于提高数据处理的准确性，并提高数据处理的效率；

③ 信息传输的数字化和电子化，这可提高数据传输的抗干扰能力，使数据传输不受距离限制并可提高数据传输的保真度和保密性；

④ 信息获取便捷、信息透明度提高以及信息流扁平化，这有利于环境工程项目各参与方之间的信息交流和协同工作。环境工程项目管理信息化有利于提高环境工程项目的经济效益和社会效益，以达到项目增值的目的。

(2) 环境工程项目管理信息化实施的作用　环境工程项目管理信息化，对于改进环境工程项目管理、提高工效和工作质量、降低造价、积累信息财富、提高企业市场竞争力具有重要的作用。具体体现在以下方面。

① 辅助决策　针对环境工程项目管理过程中积累的大量信息，借助信息化手段建立起信息存储、管理、交流的平台，可以实现跨地域的同步交流与管理。计算机信息系统为环境工程项目各参与单位随时提供工程的进度、安全、质量和材料采购情况等，及时收集、追踪各种信息，减少了人工统计数据的片面性和误差，使信息传递更加快捷、开放。各参与单位可以通过平台方便、快捷地获得需要的数据，通过数据分析，减少了决策过程中的不确定性、主观性，增强了决策的理性、科学性和快速反应能力。

② 提高管理水平　借助信息化工具对环境工程项目的信息流、物流、资金流进行管理，可以及时准确地提供各种数据，杜绝由于手工和人为因素造成的错误，保证流经多个部门的信息的一致性，避免了由于口径不一致而造成的混乱。同时，利用信息管理平台可以把建设

项目的各参与单位紧密联系起来，利用项目管理数据库提供的各种环境工程项目信息，实现异地协调和控制。

③ 再造管理流程　环境工程项目管理是通过环环相扣的业务流程，把各项投入变成最终产品。在同等人、财、物投入的情况下，不同的业务流程所产生的结果是不同的。传统的环境工程项目组织及管理模式存在多等级、多层次、沟通困难、信息传递失真等弊端。以信息化建设为契机，利用成熟系统所蕴含的先进管理理念，对环境工程项目管理进行业务流程的梳理及变革，将有效地促进项目组织管理的优化。信息化系统减少了管理层次，缩短了管理链条，精简了人员，使决策层与执行层能直接沟通，缩短了管理流程，加快了信息传递。

④ 降低成本，提高工作效率　环境工程项目管理信息化，可以大大降低管理人员的劳动强度。通过网络进行各种文件、资料的传送和查询，节约了沟通的成本。

⑤ 提高管理创新能力　通过信息化可以借鉴先进的管理理念、规范制度，提升管理水平。同时，利用网络资源可以方便、快捷、广泛地获取新技术、新工艺、新材料信息，为创优质工程提供了条件。

11.4　环境工程项目管理的网络平台

随着信息技术的发展和在工程领域的广泛应用，工程建设的信息化趋势越来越明显。在这些趋势中，比较突出的发展方向是在网络平台上进行项目管理。

环境工程项目管理的网络平台一般搭建在局域网或互联网上，为项目管理提供服务，主要用于项目管理过程中的信息交流、文档管理和工作协调。影响一个项目管理网络平台成败的因素有多个方面，如平台的构成情况、平台搭建的过程细节、在网络平台上实施项目管理的客观条件等。只有全面考虑了这些因素，采取了相应的对策和充分的保障措施，才有可能保障项目管理网络平台在建设项目实施过程的成功应用。

11.4.1　环境工程项目管理网络平台的构成

环境工程项目管理网络平台在构成上主要包括了两个方面：硬件系统和软件系统，如图11.2所示。硬件系统包括整个网络平台运行所需要的服务器、个人电脑和相应的网络设施，如果是互联网，还会包括与互联网相连的硬件设备。不同的网络、不同的系统、不同的软件对硬件都会有不同的要求，但都需要硬件具有安全、稳定和高速度的性能。软件系统包括网络平台运行过程中所需要的各种软件，如电脑的操作系统软件、办公应用软件、项目管理应用软件、网络通讯软件以及网络系统运行软件等。

软件系统中，核心是网络系统运行软件。这一类的项目管理网络平台系统软件在实际使用中名称各不相同，不同的软件开发商可能会根据不同的使用要求来定义不同的名字。本书采用一个被广大用户所接受的名字：项目信息门户（project information portal），并按照其定义来讨论这种网络平台系统软件。

项目信息门户是指在网络的基础上对项目信息进行集中储存和管理的系统运行软件，它为项目用户提供个性化的信息入口，并提供相互之间的信息交流和沟通渠道。项目信息门户的定义描述了这种系统软件几个方面的特征，也体现了网络平台上项目管理的几个比较明显的优势：

① 工程项目中信息的集中存储和管理；

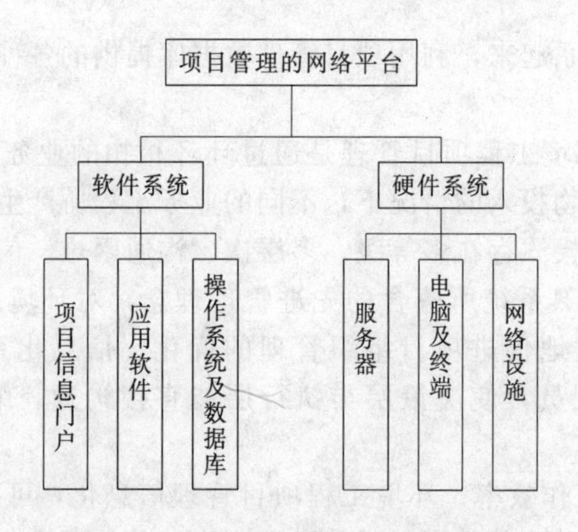

图 11.2　项目管理网络平台的构成

② 工程项目各用户的个性化信息入口和相互之间信息沟通的渠道；

③ 工程项目参与各方共同的网络项目管理工作环境；

④ 提高项目管理数据处理的效率；

⑤ 可方便形成各种项目管理需要的报表。

11.4.2　项目管理网络平台的建立

项目管理信息化网络平台包括网上办公系统和电子商务系统两个方面。

(1) 网上办公系统　项目管理网上办公系统的目标主要有以下几个方面。

① 加强企业的内部信息交流　网上办公系统的使用，可以实现企业内信息的共享和上传下达，使信息流通更加方便快捷。同时，以企业本部为核心的网络系统的建立，可以为各部门提供全面的信息服务。

② 实现项目建设的信息化管理　有了网上办公系统，可以使会议在一天内的任何时候、任何地点召开；可以使项目组成员在任何时间、任何地点进行信息交流；同时可以使施工现场的各种信息及时反馈到公司本部；可以自动生成各类竣工验收资料等。

③ 实现项目管理的无纸化办公　传统的以纸为载体的项目信息管理层次多，费用高，效率低，并且经常造成信息的流失，从而影响工程质量。调查显示，每年因传递项目管理文件和图纸而花在特快专递上的费用约 30 亿元，占项目成本的 1%～2%。因此，网上办公系统的建立势在必行。

(2) 电子商务系统　项目管理的电子商务系统主要由 Internet 来实现。通过专业网站及一系列相关的链接来存储和发布信息。它建立了项目信息数据库，使项目参与人能及时、方便地获取项目的各种信息。

除了对外发布信息、对内提供资料外，项目管理电子商务系统还可以对项目中的相关数据进行收集、传递、存储、加工、检索等处理，为项目参与各方提供有用的决策信息。

11.5　网络平台上的虚拟项目管理组织

在网络平台上进行工程项目管理工作，要求每个用户根据其权限和岗位责任在网络系统内履行自身职责，相互之间按照分工进行协调配合，在网络平台的环境下形成一个虚拟的项目管理组织，功能健全，如一个真正的项目管理组织一样平稳顺利地运转。

11.5.1 项目管理组织的特点

（1）以建设项目为中心的组织机构　以建设项目为中心的组织机构是一种传统的项目管理方法，其功能结构呈塔状，按等级的权力从一个最高点伸展到最低的层次进行控制指挥，如图 11.3 所示。

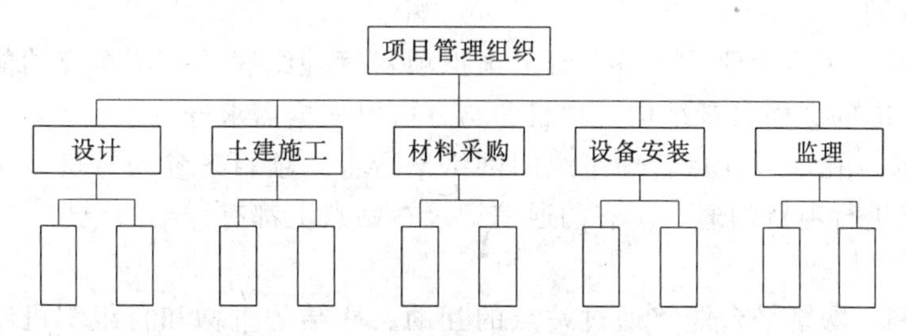

图 11.3　工程项目组织机构图

这种组织形式有以下优点。

① 直线领导　每个部门只有一个上级，所有人只向一个人负责，执行一个上级的指示。这样避免了多头领导，减少纠纷。

② 决策快，易于信息流通。

③ 使得项目的目标分解和落实更加容易，不会遗漏，减少障碍，降低费用，易于控制。

④ 任务明确，责、权、利关系清楚。

（2）组织机构的演变　随着计算机技术的发展和信息时代的到来，企业的竞争已经从硬件系统向软件系统转化。充分利用计算机来采集、存储、分析管理、处理和查询项目管理中所涉及的信息已成为今后项目管理发展的方向。而这一趋势首先体现在项目管理组织机构的演变上，虚拟项目管理组织由此而诞生。

11.5.2 网络平台上的虚拟项目管理组织

在项目实施全过程中对项目参与各方产生的信息进行集中式存储和管理的基础上，以项目为中心对项目信息进行有效的组织与管理，为项目各参与方提供项目信息共享、信息交流和协同工作的环境和网络平台，这就是虚拟项目管理组织。

（1）网络平台上虚拟项目管理组织的特征　虚拟项目管理组织是一个由独立机构、公司和专业人士等组成的临时性网络，是一种动态联盟。这些组成部分是为了互补资源和取得显著的竞争优势，而通过信息与通讯技术等手段自发地形成。它们就像一个组织一样，具有统一的核心竞争力与功能。其具有以下特征。

① 专长化　虚拟项目管理组织只保留自己的核心专长及相应的功能，比如专于设计的，就保留设计功能；专于制造的，就保留制造功能；专于维修的，就保留维修功能。而将其他不专长的能力及相应功能去掉，以提高企业的核心竞争力，并实现核心竞争力的互补。

② 合作化　实体组织利用“内部化”的资源支撑组织的活动，而虚拟组织不再具有完整的功能和资源，因此其完成一个项目时，必须利用外部的市场资源和别的功能及资源上形成互补关系的虚拟企业进行合作。一旦项目完成，彼此又成为市场上毫无关系的企业个体；同时随着新项目的出现，又结合起新的（也可能是原有的）虚拟组织实现运作。因此，在虚拟组织运作过程中，通过合作关系形成一个虚拟组织的合作网络，而在这个网络上，不时有网络中的虚拟企业出去，又不时地有网络外的企业进入。

③ 离散化　指虚拟项目管理组织本身在空间上的存在不是连续的。虚拟组织的资源、

功能成离散状态分散在世界不同的地方，彼此之间通过高效的信息网络（如 Internet）连接在一起，因为高效的信息传递超越了时间障碍，所以地理空间的距离也被超越，“天涯咫尺”，所以客观上的不连续存在实际运作时却是连续的。

(2) 网络平台上虚拟项目管理组织的内容　在网络平台上进行项目管理，工作的主要内容是围绕建设项目信息处理所进行的一些任务，概括起来可以分为三个方面：文档管理、信息沟通和组织协调。

① 文档管理　文档管理是网络平台上虚拟项目管理组织的一项重要功能，它是在项目的站点上提供标准的文档目录结构，项目参与方可以根据需求进行定制。

② 信息沟通　在虚拟项目管理组织的网络平台上，项目各参与方可以通过平台中的内置邮件通信功能进行项目沟通，所有的通信记录在站点上都有详细的记录，从而便于争议的处理。

③ 组织协调　网络平台能够通过站点的互助、联结的重构和自组织机制协调运作，更好地促进各部门的协作创新，促进企业内外部各种资源的整合，提高企业网络协作能力和环境适应性。

(3) 项目管理虚拟组织的优点与不足

① 项目管理虚拟组织的优点

a. 虚拟组织是由独立企业——虚拟组织单位——组成的联盟，这些虚拟组织单位通常比采用传统结构形式的企业规模小、层级控制少，因此虚拟组织对外界的反应更快，具有小公司的特征。

b. 为了抓住市场机会采用虚拟组织的形式可以迅速聚集所需要的众多资源，资源利用的数量，仅仅受识别和评估众多潜在的合作伙伴的能力限制。对于一个加入虚拟组织的企业来说，其可以利用的资源是所有虚拟组织单位资源的总和。

c. 项目各参与方在充分、准确、及时地掌握项目信息的基础上，可通过各方有效、有序地搭接，缩短建筑产品生产周期。

d. 通过虚拟组织形式进行跨地区合作，能够为项目参与方提供更多的市场机会。

② 项目管理虚拟组织的缺点

a. 信任问题　虚拟组织的临时性这一特征给企业带来灵活快速的市场反应能力和灵捷的生产能力，但由于组织成员位于不同的地理位置，难以实现经常性面对面交流，因此给协调工作带来新的课题。

b. 控制问题　虚拟组织作为一种更加松散的耦合系统，合作伙伴之间的协调和控制是通过市场机制和合同来进行的，因此，对经营活动失去控制的可能性大为增加。

c. 目标一致问题　项目参与者的目标并不会简单地因为采取哪种组织方式而改变。我们不能想当然地认为建立了虚拟组织，组织的目标就会一致了。合作者们更关心的是自己具体的目标，各合作者都希望实现自己利益的最大化。

d. 整合问题　与多部门的企业不同，虚拟组织需要整合独立的合作伙伴之间的流程和系统，这种整合通常耗资很大、耗时很多。

e. 知识共享问题　虚拟组织的一大特点就是知识共享带来的优势。但是最重要的组织知识是那些无法言传但又不言而喻的知识。由于组织知识具有与人的潜意识相似的特点，它往往不被人所察觉，所以要找出组织知识是一件困难的事情。即使能够找到，如何实现共享也是个问题。合作者没有机会获得时间与空间范围内的交流，那么这些重要的知识将无法实现真正的共享。

f. 层次问题 参与者在虚拟组织中的地位可以是有层次的，但以平行的组织形式为主。这也是虚拟组织应用于建筑业的最大障碍，也是必须克服的“瓶颈”。

11.6 网络平台上的项目信息管理

传统的工程项目实施过程中，信息管理是一项任务非常繁重的工作，琐碎而繁杂。项目管理网络平台的应用在很大程度上改变了项目信息管理的工作性质和工作方式，这种改变涉及项目信息管理的各个环节，如信息的收集、管理和交流共享等。

11.6.1 网络平台上项目信息管理的特点

(1) 项目信息管理的特征 工程项目信息管理主要有以下几个方面的特征：

① 信息创建者和信息使用者的分离；

② 信息交流的复杂和多样；

③ 以业主方为主导、多方参与的信息沟通和共享。

工程项目信息管理的上述特征，对于工程项目管理系统中的信息处理方法和手段的选择有很大影响。

(2) 项目信息管理工作的环节 根据项目信息管理的特征，项目信息管理工作可以分为以下几个环节。

① 信息的收集 应明确信息的收集部门和收集人，信息的收集规格、时间和方式等，信息收集的重要标准是及时、准确和全面。

② 信息的管理 要保证畅通无阻和快速准确地传递，应建立具有一定流量的通道、明确规定合理的信息流程以及尽量减少传递的层次。

③ 信息的处理 即对原始信息去粗取精、去伪存真的加工过程，其目的是使信息真实、更有用。

④ 信息库 要求做到存储量大，便于查阅，为此建立存储量大的数据库和知识库。同时，完善信息库，是发挥信息效应的重要保证。为此应合理建立信息收集制度，合理规定信息传递渠道，提高信息的吸收能力和利用率，建立灵敏的信息反馈系统，使信息充分发挥作用。

(3) 项目信息管理的新特征 随着项目管理信息化的逐步推进，项目信息管理呈现出新的特征：

① 信息的自动收集；

② 信息的集中管理；

③ 信息的高度共享。

11.6.2 项目信息的创建

(1) 工程项目信息的分类 按照建设项目信息的不同类型、内容、主要环节以及参与项目的各方，建设项目信息分类见图 11.4。

(2) 工程项目实施各阶段信息的创建

① 前期准备阶段信息的创建 在工程项目前期准备阶段，项目管理人员应收集以下资料。

a.“项目建议书”、“可行性研究报告”、“设计任务书”。

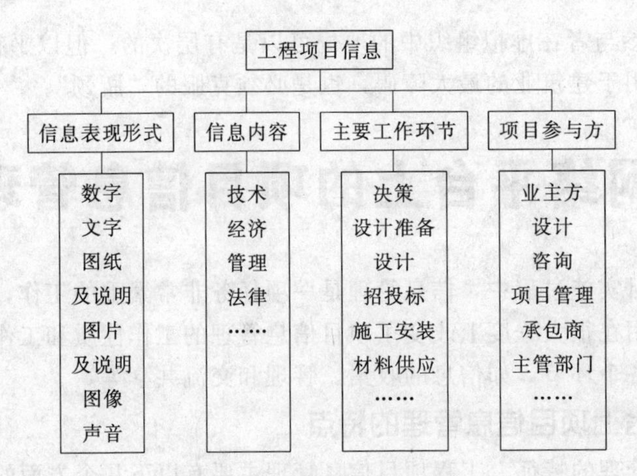

图 11.4　工程项目信息分类

b. 选址申请及选址规划意见通知书、用地批准书、国有土地使用证等。

c. 工程地质勘察报告、水文地质勘察报告区域图、地形测量图等。

d. 自然条件及矿藏资源报告。

e. 设备条件及规定的设计标准、国家或地方有关的技术经济指标等。

② 工程项目设计阶段信息的创建　在工程项目阶段产生的一系列设计文件是施工阶段实施项目管理的重要依据，包括项目规模、总体规划布置、结构形式和涉及尺寸、建设工期、总概算以及开发商与各部门的协议文件等。

③ 施工招标阶段信息的创建　包括投标邀请书、投标须知、合同协议书、投标书及附件、技术规范、投标单位补充的所有书面文件、中标通知书等，此外还有上级各部门的批文和有关批示。

④ 工程项目施工阶段信息的创建　在这个阶段，每天会产生大量的信息，因此，对信息进行及时的整理非常必要。这些信息主要包括以下几个方面的信息。

a. 开发商提供的信息　如材料的数量、规格、价格，工程的进度、质量，上级部门对工程建设的看法和意见等。

b. 承包商提供的信息　包括开工报告、各种计划、施工方案、分包申请、竣工报验单、质量问题报告等。

c. 工程监理记录　包括工地日记、现场监理负责人的日记、现场负责人周报和月报、工程质量记录、工程竣工记录。

d. 其他方面的信息。

⑤ 工程项目竣工阶段信息的创建　在项目的竣工验收阶段，需要大量与竣工验收有关的资料，这些资料一部分是在整个施工过程中积累起来的，一部分是在竣工验收期间整理所得。完整的竣工资料应移交给开发商。

11.6.3　项目信息的收集

近十多年来，信息的收集的特点是：一方面，部分信息的收集可以通过软件之间直接的数据传输进行；另一方面，项目管理网络平台的应用使多数的管理技术人员直接参与信息的管理工作。信息的收集工作由建设项目的业主方负责，业主方拥有建设项目信息的所有权。

工程项目信息的收集工作是信息管理工作中一项单调、繁琐而又持续时间很长的任务，信息来自所有参与方，随着项目的实施不断产生，信息收集工作不能遗漏任何一个方面，也不能忽视工程施工活动中的任何一个过程。传统的工作管理方式中，通过制定严格的规章制度和工作流程，由专职的信息管理人员通过问询、函件、会议、报告等多种方式进行信息收集，确保与工程项目有关的信息能被全面、完整、详细地保存下来。随着信息技术的发展和应用，一部分信息可以通过软件之间的数据传输进行收集，不再需要繁琐的人工操作；也可以利用信息管理平台的建立，使多数的管理和技术人员直接把有关数据资料传送到数据库，减少信息收集的工作环节，也提高了信息的准确度。

11.6.4 项目信息的集中管理

在项目管理网络平台上进行信息集中管理的对象是建设项目的信息文档。文档结构一般应包含以下几方面：

① 建设项目结构；

② 建设项目经过的阶段；

③ 项目参与方；

④ 信息内容的类别。

信息集中管理的职责和权限工作是一个比较复杂和敏感的内容。因此，信息的管理机制既要保证信息的集中存储，也要保证信息的区别使用，这两个方面不能有任何方面的偏颇。

将工程项目信息的集中管理与最新出现的网络技术和工具结合起来，就会形成一个高效率的网络信息管理和信息沟通系统，将为工程项目的信息管理工作提供极大的方便和应用空间，实现信息管理的跨越性的发展。

11.6.5 项目信息共享

在项目管理网络平台上进行信息共享包括信息在平台上的公开发布，信息的定时、定向自动发送和信息在多方间的交流等方式。通过各方的信息交流、知识交互，可以克服一般项目管理中分散化、高成本和低效率的问题。

复习思考题

1. 简述信息的特征及属性。
2. 简述信息化的内涵。
3. 简述环境工程项目管理信息化的实施方法。
4. 简述环境工程项目管理网络平台的构成。

参 考 文 献

[1] 梁世才．工程项目管理学．沈阳：东北财经大学出版社，2002.

[2] 乌云娜．工程项目管理．北京：电子工业出版社，2009.

[3] 刘伊生．建设项目信息管理．北京：中国计量出版社，1999.

[4] 刘伊生．建设项目管理．北京：北方交通大学出版社，2003.

[5] 克里斯．T．翰觉克森．建设项目管理．徐勇戈等译．北京：高等教育出版社，2005.

[6] 宋伟，刘岗．工程项目管理．北京：科学出版社，2006.